J. LANGLEBERT

ÉLÉMENTS

DE ZOOLOGIE

PARIS

DELALAIN FRÈRES. ÉDITEURS

ÉLÉMENTS DE ZOOLOGIE

Cours des Écoles normales primaires.

Éléments de Géologie et de Botanique, rédigés conformément aux programmes officiels par *M. J. Langlebert*, professeur de sciences physiques et naturelles : 2ᵉ édition ; 1 vol. in-12, *avec 400 gravures dans le texte et une carte géologique de la France*,

br. 3 f.; — *rel. toile*, 3 f. 25 c.

Cours complet d'Histoire naturelle, répondant aux programmes officiels prescrits pour l'enseignement secondaire classique et spécial dans les lycées et collèges et pour les cours des écoles normales primaires, par *M. J. Langlebert*; 51ᵉ édition, revue et corrigée par l'auteur.conformément aux derniers programmes, et tenue au courant des progrès de la science les plus récents (1887); 1 fort vol. in-12, *avec 617 gravures dans le texte*, br. 4 f.

Cours de Chimie, répondant aux programmes officiels prescrits pour l'enseignement classique et l'enseignement spécial dans les lycées et collèges et pour les cours des écoles normales primaires, par *M. J. Langlebert :* 39ᵉ édition, augmentée d'un *Traité d'Analyse chimique*, et tenue au courant des progrès de la science les plus récents (1887); 1 fort vol. in-12, *avec 158 gravures dans le texte*, br. 4 f.

Cours de Physique, répondant aux programmes officiels prescrits pour l'enseignement secondaire classique et spécial dans les lycées et collèges et pour les cours des écoles normales primaires, par *M. J. Langlebert*; 42ᵉ édition, revue et corrigée par l'auteur conformément aux derniers programmes, et tenue au courant des progrès de la science les plus récents (1887); 1 fort vol. in-12, *avec 339 gravures dans le texte*, br. 4 f.

Études biographiques et critiques sur les textes d'explication du Brevet supérieur prescrits par *arrêté du 22 juillet 1887* pour les sessions des années 1888, 1889 et 1890, par *MM. Louis Tarsot*, licencié ès lettres, rédacteur au Musée pédagogique, et *Maurice Charlot*, rédacteur au Ministère de l'Instruction publique; 1 fort vol. in-12, cart. 5 f.

Chaque volume, Prose ou Poésie, se vend séparément :

— **Première Partie, Poésie** ; in-12, br. 2 f.

— **Deuxième Partie, Prose** ; in-12. br. 3 f.

Guide pédagogique et administratif pour la préparation aux fonctions d'Instituteur, à l'usage des *aspirants au Certificat d'aptitude pédagogique* et des instituteurs titulaires, par *M. Jules Trabuc*, ancien instituteur, ancien maître adjoint d'école normale, ancien commis principal d'inspection académique, inspecteur de l'enseignement primaire; 1 vol. in-12, 1887, br. 3 f.

Éléments de Morale, précédés de **Notions de Psychologie** rédigés conformément au programme officiel des écoles normales primaires, par *M. H. Joly*, doyen honoraire de la faculté des lettres de Dijon, professeur suppléant au Collège de France ; 1 vol. in-12, br. 2 f. 50 c.

Rousseau (J. J.). Émile ou de l'Éducation, Livre II, à l'usage des candidats aux examens de l'enseignement primaire et de l'enseignement secondaire spécial, avec une introduction biographique et critique et des notes pédagogiques et explicatives, par *M. L. Tarsot*; 1 vol. in-12, br. 2 f.

Rabelais et Montaigne, Extraits relatifs à *l'Éducation*, avec introduction biographique et critique, notes et glossaires par *M. E. Talbot*, docteur ès lettres, professeur de rhétorique au lycée Condorcet, membre du Conseil académique de Paris; in-12. br. 2 f. 50 c.

ÉLÉMENTS
DE ZOOLOGIE

Répondant aux Cours d'Histoire naturelle
prescrits pour les Écoles normales primaires
(Arrêté du 18 janvier 1887, Annexe H)

Par J. LANGLEBERT

PROFESSEUR DE SCIENCES PHYSIQUES ET NATURELLES
DOCTEUR EN MÉDECINE, OFFICIER D'ACADÉMIE.

Avec 160 gravures dans le texte.

TROISIÈME ÉDITION.

PARIS

IMPRIMERIE ET LIBRAIRIE CLASSIQUES

MAISON JULES DELALAIN ET FILS

DELALAIN FRÈRES, Successeurs

56, RUE DES ÉCOLES.

ÉCOLES NORMALES PRIMAIRES D'INSTITUTEURS.

Deuxième année.

ZOOLOGIE.

Préliminaires. — *Corps bruts et êtres vivants.* — *Animaux et végétaux.*

Division des animaux en embranchements. — Embranchement des Vertébrés. — Examen rapide des principaux appareils anatomiques et des fonctions de ces appareils. — Division en classes.

Caractères généraux de chaque classe. — Division en ordres. — Principaux animaux de chaque ordre.

Distribution géographique des vertébrés.

Embranchement des Annelés. — Caractères généraux. — Division en classes. Étude sommaire des principaux ordres de chaque classe.

Embranchement des Mollusques. — Caractères généraux. — Division en classes. — Principaux animaux de ces classes.

Embranchement des Radiaires. — Caractères généraux. — Division en groupes naturels. — Notions sur les principaux animaux de ces groupes.

Protozoaires. — Notions succintes sur les infusoires.

Troisième année.

ZOOLOGIE (suite).

Zoologie, anatomie et physiologie de l'homme.

Éléments anatomiques. — Leur vie indépendante.

Squelette. — Structure et accroissement des os. — Articulations.

Digestion. — Dents : leur structure.

Tube digestif. — Déglutition.

Glandes digestives et transformation des aliments.

Respiration. — Organes. — Mécanisme : phénomènes chimiques. — Larynx, voix.

Circulation. — Sang. — Lymphe. — Chyle.

Organes de la circulation. — Cœur. — Artères, veines capillaires. — Vaisseaux lymphatiques.

Absorption. — Osmose et dialyse.

Nutrition.

Sécrétions et excrétions. — Peau. — Reins.

Mouvements. — Muscles, structure, contractilité. — Distribution générale des muscles. — Marche, course, natation.

Système nerveux. — Cellules et fibres nerveuses. — Encéphale et moelle épinière. — Nerfs. — Nerfs de sensibilité, nerfs de mouvement. — Système nerveux du grand sympathique.

Organes des sens et sensations. — Ouïe. — Odorat et goût. — Toucher. — Vision.

Fonctions des centres nerveux.

Bilan organique.

Le même programme, dans son ensemble, doit être suivi dans la Deuxième année *des* Écoles normales d'Institutrices.

HISTOIRE NATURELLE.

ÉCOLES NORMALES PRIMAIRES.

ZOOLOGIE.

NOTIONS PRÉLIMINAIRES.

1. *Division des corps naturels en trois règnes*. — Parmi les corps que la nature nous présente, les uns nous apparaissent comme des masses inertes, exclusivement soumises aux lois physiques : ce sont les *minéraux* ou *corps inorganiques*. D'autres, au contraire, nous offrent le phénomène de la vie, c'est-à-dire d'une activité spéciale, inhérente à un système composé d'*organes* ou instruments destinés à l'accomplissement de certains actes : ce sont les *corps vivants* ou *organisés*. Ces derniers se divisent à leur tour en deux groupes distincts : les *animaux* et les *végétaux*. De là les trois *règnes* de la nature admis dans la science et dans le langage habituel, savoir :

Le RÈGNE ANIMAL, comprenant tous les êtres vivants que nous désignons sous le nom d'animaux ;

Le RÈGNE VÉGÉTAL, comprenant tous les êtres vivants nommés végétaux ou plantes ;

Le RÈGNE MINÉRAL, comprenant tous les corps bruts ou inorganiques, c'est-à-dire les minéraux.

L'étude du règne animal, qui doit faire le sujet de ce livre, porte le nom de ZOOLOGIE ou science des animaux (ζῶον, animal, et λογός, discours), considérés aux divers points de vue de leur organisation, de leur structure, de leurs fonctions vitales, et surtout de leur classification, qui seule nous permet de connaître dans leur ensemble les êtres innombrables et si variés de forme dont ce règne se compose.

2. *Organes et fonctions de la vie animale.* — Bien qu'il soit difficile, pour ne pas dire impossible, de donner une définition exacte et rigoureuse qui puisse s'appliquer à tous les animaux, on peut dire cependant, d'une manière générale, qu'*un animal est un être qui jouit de la faculté de se nourrir, de sentir et de se mouvoir volontairement.*

Chez les animaux comme chez les végétaux, la vie se compose d'un certain nombre d'actes, que les physiologistes ont désignés sous le nom de *fonctions.* Ces fonctions sont le résultat de l'activité de divers instruments ou *organes* dont la réunion constitue le corps de l'être vivant.

Lorsque plusieurs organes concourent à l'exécution d'une même fonction, on donne à cet assemblage le nom d'*appareil.* C'est ainsi que l'on dit *appareil de la locomotion,* pour désigner l'ensemble des organes qui servent à transporter un animal d'un lieu dans un autre ; *appareil de la digestion, de la circulation, etc.,* pour désigner les organes qui concourent à la digestion des aliments, à la circulation du sang, etc.

Ces diverses fonctions, chez les animaux, forment deux classes distinctes, savoir :

Les FONCTIONS DE NUTRITION, qui ont pour but la conservation de l'individu, et que l'on désigne encore sous le nom de *fonctions de la vie végétative,* parce qu'elles sont communes aux animaux et aux végétaux ;

Les FONCTIONS DE RELATION, qui ont pour but de mettre l'animal en relation avec le monde extérieur. Ces fonctions, exclusivement propres aux animaux, comprennent le *mouvement* et la *sensibilité,* à laquelle se rattachent les manifestations de l'intelligence et de l'instinct.

Aux fonctions de nutrition appartiennent, chez les animaux, les appareils de la digestion, de la circulation, de la respiration et des diverses sécrétions ; aux fonctions de relation, les organes du mouvement, le système nerveux et les organes des sens. Nous étudierons successivement ces deux ordres de fonctions en prenant pour type l'organisme humain.

1.

CHAPITRE I.

Fonctions de nutrition. Appareils de la digestion, de la circulation
et de la respiration. Sécrétions.

DIGESTION.

Appareil digestif.

3. *Digestion et appareil digestif.* — La *digestion* a pour objet
de faire subir aux aliments une élaboration particulière, en
vertu de laquelle l'animal extrait de leur substance toutes les
parties qui peuvent servir à sa nutrition. Cette fonction s'exécute au moyen d'un système d'organes désigné sous le nom
d'*appareil digestif*. Cet appareil, considéré chez l'homme et
chez la plupart des animaux, se compose essentiellement d'une
cavité ayant la forme d'un long tube ou *canal*, présentant
deux ouvertures, dont l'une, appelée *bouche*, est destinée à
l'introduction des aliments, et dont l'autre, nommée *anus*, sert
à l'expulsion des matières impropres à la nutrition. A ce canal,
nommé *canal digestif*, sont annexés divers organes, tels que
les *glandes salivaires*, le *foie*, le *pancréas*, qui sécrètent des
liquides particuliers, dont l'action sur les aliments a pour but
de les fluidifier et de les transformer de manière à les rendre
capables d'être absorbés.

Canal digestif.

4. *Canal digestif.* — On distingue dans le canal digestif diverses parties dont les fonctions et les usages sont différents.
Ces parties sont : 1° la *bouche*, 2° le *pharynx* ou arrière-bouche, 3° l'*œsophage*, 4° l'*estomac*, 5° l'*intestin grêle*, 6° le *gros
intestin*.

1° *Bouche.* — La bouche (*fig.* 1) est une cavité ovalaire
comprise dans l'intervalle des deux mâchoires, et limitée en
avant par les lèvres, en haut par le palais ou voûte palatine,
en bas par la langue, sur les côtés par les joues, en arrière par
un voile membraneux nommé voile du palais. Chez l'homme
et chez tous les animaux vertébrés (mammifères, oiseaux, rep-

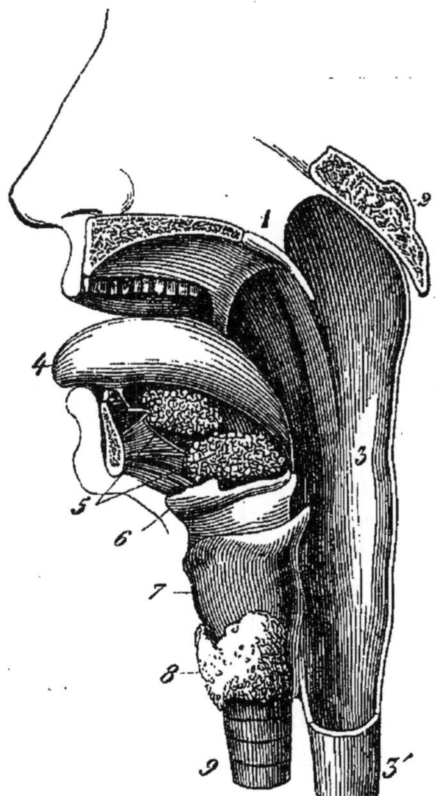

Fig. 1. *Coupe verticale de la bouche
et du pharynx.*

1. Voile du palais. — 2. Base du crâne.
— 3. Pharynx. — 3'. Commencement de
l'œsophage. — 4. Langue. — 5. Glandes
salivaires. — 6. Os hyoïde. — 7. Larynx.
— 8. Glande thyroïde. — 9. Trachée-artère.

tiles, poissons), les deux mâchoires sont situées l'une au-dessus de l'autre; la mâchoire supérieure est solidement fixée au crâne, tandis que la mâchoire inférieure y est articulée de manière à pouvoir exécuter des mouvements étendus. Ces deux parties osseuses de la bouche portent des cavités ou *alvéoles*, dans lesquelles sont implantées les *dents*, dont nous allons étudier la structure et le développement.

Les dents (*fig.* 2) se divisent, quant à leur forme, en deux parties bien distinctes : l'une, située en dehors de l'alvéole et de la gencive, est appelée la *couronne* ou le *corps* de la dent; l'autre, fixée dans l'alvéole, est désignée sous le nom de *racine*. Entre la couronne et la racine existe un petit étranglement qui correspond au bord libre des gencives et que l'on appelle *collet*. On distingue trois espèces de dents : les *incisives*, les *canines* et les *molaires*.

Les *incisives* occupent le devant des mâchoires; elles ont une racine simple et se terminent par un bord mince et tranchant, propre à couper les aliments.

Les *canines* sont situées sur les côtés, à la suite des incisives. Leur couronne est ordinairement longue et pointue, principalement chez les animaux carnassiers; leur racine est simple, mais elle s'enfonce profondément dans l'intérieur des mâchoires.

Les *molaires* ou *mâchelières* occupent les deux côtés de la bouche ; elles ont une couronne ordinairement large, épaisse et inégale, et des racines multiples au nombre de deux, trois, quatre, et quelquefois cinq pour une seule dent, ce qui leur donne beaucoup de solidité et de force pour broyer les aliments.

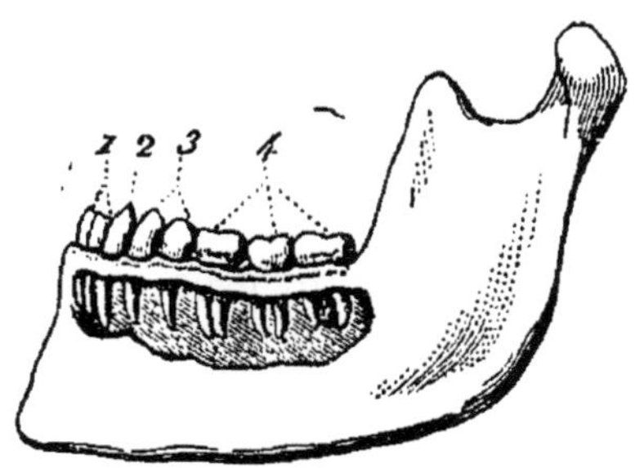

Fig. 2. *Mâchoire inférieure de l'homme.*

1. Dents incisives. — 2. Dent canine. — 3. Petites molaires. — 4. Grosses molaires.

Chacune de ces trois espèces de dents se compose de deux substances : l'une intérieure, molle et vasculaire, c'est la *portion molle* ou *pulpe dentaire ;* l'autre extérieure, dure et pierreuse, c'est la *portion dure* ou *corticale*, laquelle est elle-même formée de deux substances : l'une interne, de nature osseuse, nommée *ivoire* ou *dentine ;* l'autre externe, étendue sur toute la surface de la couronne comme une couche vitreuse de porcelaine, et que l'on appelle *émail*. Cette couche d'émail, d'un blanc bleuâtre et demi-transparente, présente son maximum d'épaisseur à l'extrémité triturante de la dent et diminue à mesure qu'elle s'approche de la racine, où elle se termine brusquement. On trouve encore vers l'extrémité de la racine une troisième substance qui a reçu le nom de *cément*, et qui enveloppe la racine comme l'émail enveloppe la couronne.

Le système dentaire varie beaucoup chez les différents animaux, selon la nature des aliments dont ils se nourrissent. Les différences que l'on observe dans le nombre et dans la forme des dents fournissent, comme nous le verrons plus tard, de précieux caractères pour la classification.

L'homme et les mammifères présentent deux évolutions dentaires successives, connues sous le nom de *première* et de *seconde dentition*. Chez l'homme, la première dentition se montre vers le sixième mois après la naissance, et se termine vers la fin de la troisième année. Elle comprend 20 dents, nommées *dents de lait*, composées, pour chaque mâchoire, de 4 incisives, 2 canines et 4 molaires. Vers l'âge de sept ans, les dents de lait commencent à tomber, et sont successivement remplacées par d'autres plus fortes et plus nombreuses. Lorsque cette seconde dentition est achevée, l'homme est pourvu de 32 dents, comprenant, pour chaque mâchoire, 4 incisives, 2 canines et 10 molaires (*fig. 2*).

Les deux premières molaires de chaque côté n'ont que deux racines et sont nommées *petites molaires* ou *fausses molaires*; les trois autres, plus volumineuses et plus profondément situées, sont appelées *grosses molaires*; elles présentent généralement trois ou quatre racines, tantôt divergentes, tantôt parallèles, et quelquefois recourbées en crochet de manière à embrasser une portion plus ou moins considérable de l'os maxillaire.

La seconde dentition, chez l'homme, s'opère entre sept et quatorze ans, sauf pour la dernière grosse molaire, dite *dent de sagesse*, laquelle n'apparaît généralement que de dix-huit à trente ans et même, dans quelques cas exceptionnels, beaucoup plus tard, jusque dans l'extrême vieillesse.

2° *Pharynx*. — Cette seconde partie du canal digestif (*fig. 1*) fait suite à la bouche, dont elle est séparée par le voile du palais. C'est une espèce de canal musculo-membraneux et infundibuliforme, étendu depuis la base du crâne jusqu'au milieu du cou, où il se continue avec l'œsophage. Le pharynx est composé d'une couche fibro-musculeuse, dont les fibres s'entre-croisent dans diverses directions, et d'une membrane muqueuse qui le tapisse intérieurement. Le pharynx est l'organe actif de la déglutition.

3° *OEsophage*. — L'œsophage (*fig. 3*) est un conduit cylindrique qui s'étend depuis le pharynx, dont il est la continuation, jusqu'à l'estomac, dans lequel il s'ouvre par un orifice nommé *cardia*. Il descend le long du cou, derrière la trachée-artère, pénètre dans la poitrine en passant derrière le cœur et les poumons, et vient s'ouvrir dans l'estomac après avoir traversé le muscle diaphragme, qui sépare la poitrine de la cavité abdominale. Ce conduit est formé extérieurement par une membrane musculeuse, et intérieurement par une membrane muqueuse.

4° *Estomac*. — L'estomac est l'organe principal de la digestion. C'est une poche membraneuse, se continuant d'un côté
avec l'œsophage par l'orifice cardiaque, de l'autre avec la première portion de l'intestin grêle, par une ouverture nommée

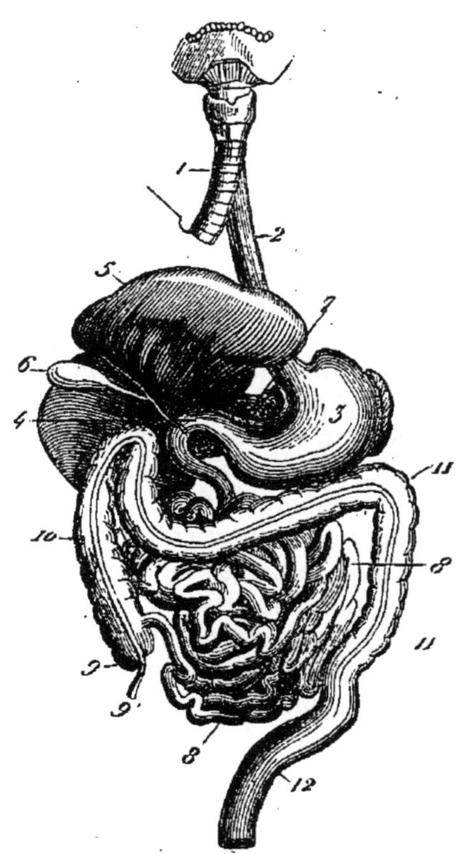

Fig. 3. *Appareil digestif de l'homme.*

1. Trachée-artère. — 2. Œsophage. — 3. Estomac. — 4. Duodenum. — 5. Foie.
— 6. Vésicule biliaire. — 7. Pancréas. — 8-8. Intestin grêle. — 9, 10, 11, 12.
Gros intestin : 9. Cœcum ; 9'. Appendice cœcal; 10, 11. Colon ; 12. Rectum.

pylore. L'estomac est recourbé sur lui-même, et présente chez
l'homme la forme d'une cornemuse. Il est formé par trois
membranes ou tuniques superposées : l'une séreuse, l'autre
musculeuse et la troisième muqueuse. La séreuse appartient
au péritoine, dont nous parlerons plus loin. La tunique musculeuse est composée de fibres musculaires blanchâtres, dont les

unes sont longitudinales et les autres obliques et circulaires. La membrane muqueuse est celle qui forme la face interne de l'estomac; elle est molle, épaisse, d'un blanc rougeâtre, et est criblée de petites cavités sécrétoires appelées *follicules gastriques*. Ce sont ces follicules qui produisent le liquide nommé *suc gastrique*, nécessaire à la digestion.

5° *Intestin grêle.* — C'est la portion la plus longue du canal digestif. Il a la forme d'un tube assez étroit, étendu depuis l'estomac jusqu'au gros intestin et replié un grand nombre de fois sur lui-même. Sa longueur chez l'homme est d'environ cinq à six fois celle du corps. Il est un peu plus court chez les animaux carnassiers et beaucoup plus long chez les herbivores, où il peut atteindre jusqu'à vingt-huit fois la longueur du corps de l'animal. Ces différences tiennent à ce que les substances animales étant d'une digestion beaucoup plus facile que les matières végétales, doivent séjourner moins longtemps que celles-ci dans le canal alimentaire.

L'intestin grêle a été divisé par les anatomistes en trois parties : le *duodenum*, le *jejunum* et l'*iléon*. Mais cette division est tout à fait arbitraire et n'a que très peu d'importance en physiologie. La première portion ou duodenum est remarquable en ce qu'elle reçoit les conduits excréteurs de deux glandes importantes, le foie et le pancréas.

L'intestin grêle est formé par trois membranes ou tuniques qui sont de dehors en dedans : la tunique séreuse, la tunique musculeuse et la membrane muqueuse. Cette dernière, blanchâtre et assez épaisse, présente un grand nombre de plis transversaux, nommés *valvules conniventes*, ainsi qu'une foule de petits appendices filiformes, minces, saillants et très flexibles, que l'on désigne sous le nom de villosités, et qui sont les agents principaux de l'absorption intestinale.

6° *Gros intestin.* — Cet intestin fait suite à l'intestin grêle; c'est lui qui reçoit, pour le transmettre au dehors, le résidu de la digestion, c'est-à-dire la partie des aliments qui n'a pu être absorbée. On le divise en *cœcum*, en *colon* et en *rectum*. Le *cœcum*, situé à droite, près de l'os de la hanche, forme un prolongement en cul-de-sac au-dessous du point d'insertion de l'intestin grêle. Le *colon* est un canal volumineux, bosselé, faisant suite au cœcum; il remonte à droite vers le foie, traverse l'abdomen au-dessous de l'estomac et redescend à gauche vers le bassin, où il se continue avec le *rectum*, qui termine les voies digestives.

Le gros intestin est formé, comme l'intestin grêle, d'une membrane séreuse, d'une tunique musculeuse et d'une membrane muqueuse. L'extrémité inférieure du rectum, ou *anus*, est entourée d'un muscle nommé *sphincter*, dont la contraction permanente s'oppose à la sortie spontanée des matières accumulées dans le gros intestin.

Toutes les parties du canal digestif, depuis l'estomac inclusivement jusqu'au rectum, sont tapissées extérieurement par une vaste membrane séreuse nommée *péritoine*. Cette membrane recouvre également la face interne des parois de l'abdomen (ventre), et forme un grand nombre de replis qui servent à unir entre eux et à fixer dans leur position les différents organes contenus dans cette cavité.

Organes annexes du canal digestif.

5. *Organes annexes du canal digestif.* — Indépendamment du canal dont nous venons de décrire les différentes parties, l'appareil digestif comprend d'autres organes qui ont pour but de sécréter les liquides nécessaires au travail de la digestion. Ces organes sont : 1° les *glandes salivaires* ; 2° le *foie* ; 3° le *pancréas*.

1° *Glandes salivaires.* — Ces glandes (*fig.* 1), ainsi nommées parce qu'elles ont pour fonction de sécréter la *salive*, sont, chez l'homme, au nombre de six, placées symétriquement de chaque côté de la bouche, savoir : les deux *glandes parotides*, situées au-devant de l'oreille et derrière la mâchoire inférieure ; les deux *glandes sous-maxillaires* logées à droite et à gauche, sous l'angle de la mâchoire inférieure, et les deux *glandes sublinguales*, placées au-dessous de la partie antérieure de la langue. Ces glandes communiquent chacune avec l'intérieur de la bouche par des conduits excréteurs qui y versent la salive nécessaire à la digestion.

2° *Foie.* — Cet organe, sécréteur de la bile (*fig.* 3), est situé à la partie droite et supérieure de l'abdomen. C'est la plus volumineuse de toutes les glandes du corps. Son tissu est dense, friable, de couleur brune rougeâtre, et paraît formé d'un nombre infini de petites granulations solides, de la grosseur d'un grain de millet, auxquelles viennent aboutir des vaisseaux sanguins, et d'où partent les radicules des conduits excréteurs de la bile. Ces petits conduits se réunissent en branches successivement plus volumineuses, pour former un canal nommé *canal hépatique*, lequel sort du foie par la face inférieure de cet organe et va s'ouvrir dans le duodenum, à une petite distance de l'estomac. Ce conduit, avant sa terminaison, communique avec une petite poche membraneuse que l'on appelle *vésicule du fiel*, et qui sert de réservoir à la bile.

M. Cl. Bernard a démontré que le foie n'a pas seulement pour fonction de sécréter la bile; il sert encore à transformer en glucose ou sucre d'amidon certains produits de la digestion intestinale.

3° *Pancréas*. — C'est une glande profondément située, étendue transversalement entre l'estomac et la colonne vertébrale (*fig.* 3). Son tissu a la plus grande analogie avec celui des glandes salivaires. Il est d'un blanc grisâtre et se compose de granulations réunies en lobules distincts, d'où naissent les radicules d'un conduit excréteur qui va s'ouvrir, comme celui du foie, dans le duodenum. Le pancréas sécrète un liquide nommé *suc pancréatique*, qui exerce une action spéciale sur les produits de la digestion.

Telle est l'organisation et la composition de l'appareil digestif chez l'homme et chez les animaux qui s'en rapprochent. Nous ferons connaître les modifications que subit cet appareil, lorsque nous étudierons l'ensemble de la série animale.

Aliments. Mécanisme de la digestion.

6. *Aliments*. — On donne le nom d'*aliment* à toute substance qui, introduite dans l'appareil digestif, a pour but de fournir au sang les matériaux nécessaires à son entretien.

Les aliments se divisent en *aliments minéraux* et en *aliments organiques*. L'homme et les animaux ne font qu'un très petit usage des premiers, qui sont plus particulièrement destinés aux végétaux. Le règne minéral fournit cependant quelques substances indispensables à la constitution des humeurs et des parties solides : telles sont le fer, qui entre dans la composition du sang; le sel marin, qui fait partie de presque tous les liquides de l'organisme; le phosphate et le carbonate de chaux, qui servent à former les os. Quant aux aliments organiques, on les divise en *aliments végétaux* et en *aliments animaux*. On donne le nom d'*herbivores* aux animaux qui se nourrissent exclusivement des premiers, et de *carnivores* à ceux qui ne font usage que des seconds. Enfin les physiologistes appellent *omnivores* les animaux qui peuvent presque indifféremment adopter tel ou tel genre de nourriture, comme le chien, l'ours, le cochon, le rat, etc. En considérant l'immense variété des aliments dont l'homme peut se nourrir, ainsi que l'organisation de son système dentaire, il est facile de reconnaître qu'il est essentiellement omnivore.

Les aliments végétaux et les aliments animaux diffèrent beaucoup moins par leur composition qu'on ne pourrait le supposer. On sait aujourd'hui que les principes nutritifs fondamentaux, l'*albumine*, la *fibrine* et la *caséine*, se trouvent dans les végétaux comme dans les animaux. La seule différence que l'on puisse établir entre ces deux classes d'aliments, c'est que les aliments végétaux contiennent beaucoup moins de ces principes azotés, et qu'ils renferment, en outre, d'autres principes non azotés qui manquent dans la chair, tels que les fécules, le sucre, la gomme, etc.

7. *Mécanisme de la digestion.* — Les aliments préalablement divisés par les dents et ramollis par la salive, qui afflue dans la bouche pendant la mastication, sont saisis par le pharynx, et conduits aussitôt par l'œsophage dans l'estomac chargé de les digérer. Cette digestion, dite *stomacale*, demande un laps de temps pouvant varier, suivant la nature des aliments ingérés, de deux à trois ou quatre heures; elle a pour effet de transformer, par suite d'actions chimiques, dues à la salive et au suc gastrique, la masse alimentaire en une pâte molle et grisâtre nommée *chyme*.

De l'estomac, le chyme, poussé par les contractions de cet organe, passe dans la première partie de l'intestin grêle (*duodenum*), où il reçoit la bile et le fluide pancréatique, qui le transforment à son tour en un liquide blanc et d'apparence laiteuse, appelé *chyle*. Ce chyle, ainsi formé, parcourt ensuite tout le reste de l'intestin grêle, où il est absorbé chemin faisant par les veines et par des vaisseaux particuliers, nommés *vaisseaux chylifères*, qui le transportent dans la masse du sang, dont il répare ainsi les pertes subies à chaque instant pour l'entretien de la vie.

CIRCULATION.

Composition du sang. — Sang artériel et sang veineux.

8. *Composition du sang.* — Lorsqu'on examine au microscope le sang de l'homme ou d'un animal vertébré, on observe qu'il est formé d'un liquide incolore et transparent tenant en suspension une multitude de petits corpuscules rougeâtres auxquels on a donné le nom de *globules du sang* (*fig.* 4). Chez l'homme et chez la plupart des mammifères, les globules sanguins sont circulaires, aplatis en forme de disques et renflés sur leurs bords ; leur diamètre est environ de six à sept millièmes de millimètre. Chez les oiseaux, les reptiles et les poissons, ils sont elliptiques et renflés au milieu ; leurs dimensions sont beaucoup plus considérables, surtout chez les reptiles, où leur plus grand diamètre peut atteindre un trentième de millimètre.

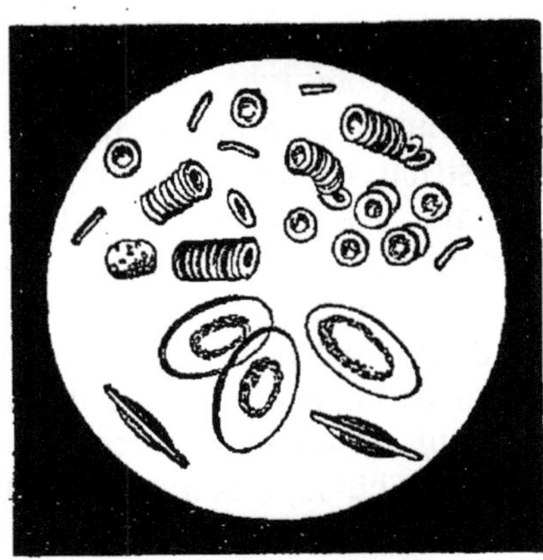

Fig. 4. *Globules du sang.*

Globules circulaires du sang de l'homme grossis environ 400 fois en diamètre. — Globules elliptiques du sang des oiseaux, des reptiles et des poissons.

Les globules du sang sont formés d'une matière albumineuse unie ou combinée avec une matière colorante nommée *hémoglobuline*, composée de carbone, d'oxygène, d'hydrogène, d'azote et d'une petite proportion de fer. Ces globules sont flexibles et très élastiques, ce qui leur permet de s'allonger et de circuler facilement dans certains vaisseaux capillaires d'un diamètre plus petit que le leur.

Le sang, extrait des vaisseaux d'un animal vivant et abandonné à lui-même, se sépare bientôt en deux parties : l'une liquide, jaunâtre et transparente ; l'autre solide, opaque, de couleur rouge intense, ayant la consistance d'une gelée. Ce phénomène porte le nom de *coagulation du sang*.

La partie liquide ou *sérum* est composée d'eau tenant en dissolution de l'albumine, et plusieurs sels à base de soude, de

potasse, de chaux et de magnésie (chlorure de sodium, carbo-
nates et phosphates de soude, de chaux et de magnésie, lactate
de soude, etc.). On y trouve encore plusieurs matières grasses,
de l'acide carbonique libre et de l'azote.

La partie solide ou *caillot* est constituée par une trame de
fibrine coagulée, emprisonnant comme dans un réseau les globules sanguins. Elle se compose par conséquent de fibrine, de
substances albumineuses et de matière colorante rouge ou
hémoglobuline.

9. *Sang artériel et sang veineux*. — En circulant à travers
les organes qu'il nourrit le sang s'altère et se modifie : d'une
part, il cède aux tissus dans lesquels il pénètre des particules
que ceux-ci s'approprient et incorporent à leur propre substance ; d'autre part, il se charge de matériaux que ces mêmes
tissus lui abandonnent pour les transmettre en dehors de l'organisme. Il résulte de ce fait que le sang qui se rend aux
organes diffère essentiellement de celui qui les a déjà traver-
sés et qui a servi à les nourrir. Le premier porte le nom de
sang artériel, et le second de *sang veineux*.

Le *sang artériel* est rouge vermeil ; il contient beaucoup de
globules et se coagule très facilement. Le *sang veineux* est d'un
rouge noirâtre ; il est moins coagulable et moins riche en globules que le sang artériel.

Mais ce qui distingue surtout le sang artériel du sang veineux, c'est que l'un est éminemment propre à l'entretien de la
vie, tandis que l'autre a perdu cette faculté. Toutefois, le sang
veineux reprend bientôt ses qualités vivifiantes ; car il suffit de
l'action de l'air pour le transformer immédiatement en sang
artériel. Cette transformation, dite *hématose*, est le point capi-
tal du phénomène de la respiration, dont nous nous occupe-
rons un peu plus loin.

Appareil circulatoire.

10. *Appareil circulatoire*. — La *circulation*, dans le sens physiologique de ce mot, est le *transport continuel du sang de l'appareil respiratoire dans tous les organes du corps, et le retour du
sang de ces organes à l'appareil de la respiration*. Le sang qui va
de l'appareil respiratoire aux organes est du sang artériel ; celui
qui revient des organes à l'appareil de la respiration est du

sang veineux. Complètement ignorée des anciens, la circulation fut entrevue par Galien, Michel Servet et Césalpin; mais la gloire de cette découverte appartient toute entière à l'immortel Harvey, médecin du roi d'Angleterre Charles 1er (1619).

Chez l'homme ainsi que chez la plupart des animaux (mammifères, oiseaux, reptiles, batraciens, poissons, mollusques, crustacés), l'appareil circulatoire se compose : 1º d'un organe central appelé *cœur*, destiné à mettre le sang en mouvement; 2º d'un système de *canaux* ou *vaisseaux sanguins*, servant à distribuer ce liquide dans toutes les parties du corps.

1º COEUR. — Cet organe, situé au centre de l'appareil circulatoire, est une poche charnue ou musculeuse, ordinairement divisée en plusieurs cavités distinctes. Chez l'homme, ainsi que chez les mammifères et les oiseaux, le cœur est logé dans la

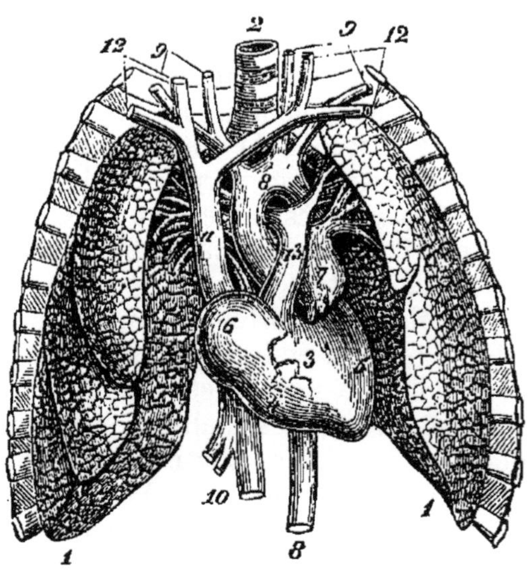

Fig. 5. *Poumons, cœur et principaux vaisseaux de l'homme.*

1-1. Poumons. — 2. Trachée-artère. — 3. Cœur. — 4. Ventricule droit. — 5. Ventricule gauche. — 6. Oreillette droite recevant les deux veines caves. — 7. Oreillette gauche recevant les veines pulmonaires. — 8-8. Aorte. — 9-9. Artères carotides et sous-clavières. — 10. Veine cave inférieure. — 11. Veine cave supérieure. — 12-12. Veines jugulaires et sous-clavières. — 13. Artère pulmonaire.

poitrine entre les deux poumons (*fig.* 5). Il a la forme d'un cône ou pyramide renversée, et présente quatre cavités que l'on distingue en deux *oreillettes* et deux *ventricules*.

Les deux oreillettes (*fig.* 5 et 6) occupent la base de la pyramide que forme le cœur ; les deux ventricules sont situés au-dessous. Il résulte de cette disposition que le cœur peut être partagé en deux moitiés, l'une droite et l'autre gauche, contenant chacune une oreillette et un ventricule. De là les noms d'oreillette *droite*, ventricule *droit*, oreillette *gauche*, ventricule *gauche*, pour distinguer ces cavités les unes des autres.

Les oreillettes ne communiquent pas entre elles ; il en est de même des ventricules. Une cloison verticale sépare les cavités droites des cavités gauches. Mais, de chaque côté, l'oreillette communique avec le ventricule correspondant au moyen d'un orifice nommé auriculo-ventriculaire.

Les cavités droites du cœur, oreillette et ventricule, ne renferment que du sang veineux ; les cavités gauches ne contiennent que du sang artériel. Les premières, comme nous le verrons bientôt, reçoivent le sang de tout le corps et le chassent dans les poumons ; les secondes reçoivent le sang des poumons et le chassent dans tout le corps.

Les parois des ventricules sont beaucoup plus épaisses et plus fortes que celles des oreillettes. Le ventricule gauche est également plus fort que le ventricule droit. Ces dispositions sont en rapport avec les fonctions de ces diverses parties. Entre chaque oreillette et le ventricule correspondant se trouve une valvule membraneuse qui s'abaisse quand le sang passe

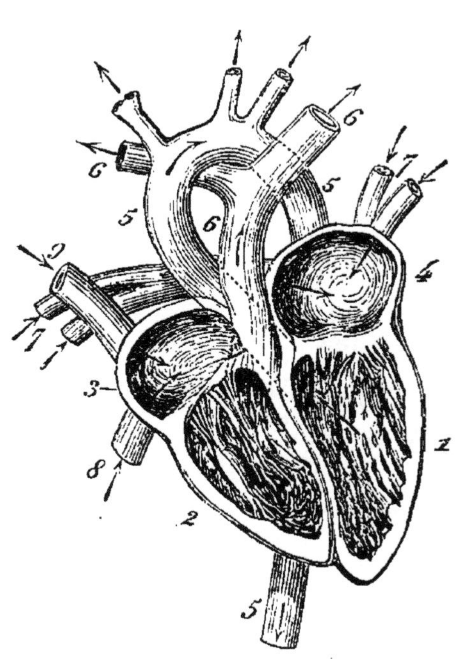

Fig. 6. *Coupe verticale du cœur.*

1. Ventricule gauche ou aortique. — 2. Ventricule droit ou pulmonaire. — 3. Oreillette droite.—4. Oreillette gauche.— 5-5-5. Aorte. — 6-6. Artère pulmonaire. — 7-7. Veines pulmonaires. — 8. Veine cave inférieure. — 9. Veine cave supérieure.

NOTA. *Les flèches indiquent le cours du sang dans ces différents vaisseaux.*

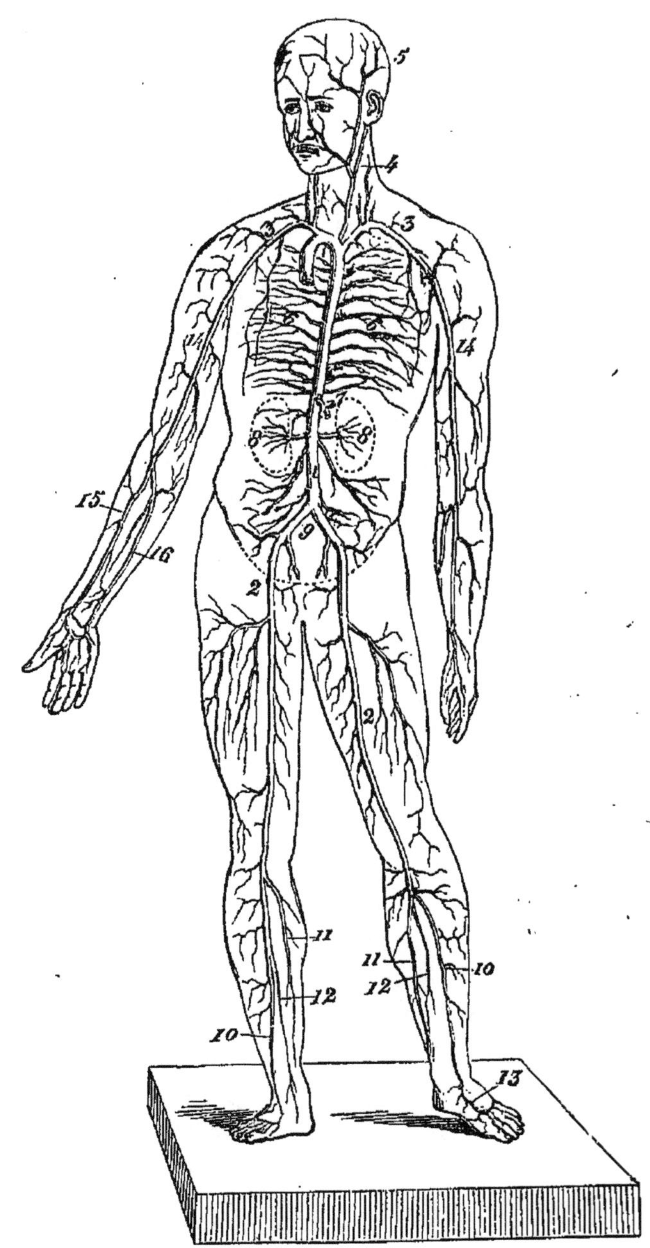

Fig. 7. *Système artériel de l'homme.*

1-1. Aorte. — 2-2. Artères fémorales. — 3-3. Artères sous-clavières. — 4. Artères carotides. — 5. Rameaux artériels de la face et du cuir chevelu. — 6-6. Artères intercostales. — 7. Artère cœliaque. — 8-8. Artères rénales. — 9. Artères iliaques. — 10-10. Artères tibiales antérieures. — 11-11. Artères tibiales postérieures. — 12-12. Rameaux musculaires. — 13. Artère pédieuse. — 14-14. Artères humérales. — 15. Artère radiale. — 16. Artère cubitale.

de l'oreillette dans le ventricule, mais qui se relève quand le ventricule se contracte, et s'oppose ainsi au retour du sang dans l'oreillette. La valvule qui se trouve à l'orifice auriculo-ventriculaire droit porte le nom de *valvule tricuspide;* celle qui se trouve à l'orifice auriculo-ventriculaire gauche s'appelle *valvule mitrale.*

2° VAISSEAUX SANGUINS. — Les *vaisseaux* dans lesquels le sang circule se distinguent en *artères,* en *veines* et en *vaisseaux capillaires.* Tous ces vaisseaux communiquent avec le cœur par l'intermédiaire des gros troncs artériels ou veineux que représente la figure 5.

Artères. — Les *artères* (*fig.* 7) sont les vaisseaux qui servent à porter le sang du cœur dans toutes les parties du corps. Elles naissent des ventricules du cœur, celles du ventricule gauche par un seul tronc nommé *artère aorte.* Cette artère (1) remonte d'abord vers la base du cœur, puis se recourbe de droite à gauche en forme de crosse, et se dirige ensuite verticalement en bas, en suivant la colonne vertébrale, jusque vers la partie inférieure de l'abdomen. Dans ce trajet, l'aorte fournit un grand nombre de branches dont les principales sont les deux *artères carotides* (4), qui remontent sur les parties latérales du cou et distribuent le sang à la tête; les deux artères *sous-clavières* (3), qui se rendent aux membres supérieurs, où elles prennent successivement les noms d'*artères humérales, radiales* et *cubitales* (14, 15, 16); l'artère *cœliaque* (7), qui se divise en trois branches pour se porter à l'estomac, au foie et à la rate; les artères *rénales* (8), qui vont dans les reins ou organes sécréteurs de l'urine; les artères *mésentériques,* qui se distribuent aux intestins; enfin les artères *iliaques* (9), qui vont porter le sang dans les membres inférieurs, où elles prennent successivement les noms d'artères *fémorales, tibiales, péronières* et *pédieuses* (2, 10, 11, 13).

Le ventricule droit ne fournit qu'une seule artère, nommée *artère pulmonaire,* destinée à porter le sang veineux dans les poumons. Ce vaisseau (*fig.* 5) remonte à côté de l'aorte et se divise bientôt en deux branches qui vont se ramifier l'une et l'autre sur les parois des vésicules pulmonaires, où s'opère la transformation du sang veineux en sang artériel.

Veines. — Les *veines* sont les vaisseaux qui ramènent le sang de toutes les parties du corps dans le cœur. Elles sont plus grosses et plus nombreuses que les artères, dont elles suivent généralement le trajet, à l'exception des veines sous-cutanées ou superficielles qui rampent sous la peau.

Toutes les veines du corps, excepté les veines pulmonaires, se terminent au cœur par deux gros troncs qui s'ouvrent dans l'oreillette droite, et qui ont reçu les noms de *veines caves supérieure et inférieure* (*fig.* 5 et 6). Les *veines pulmonaires*, qui ramènent au cœur le sang qui s'est artérialisé dans les poumons, s'ouvrent par quatre troncs distincts dans l'oreillette gauche.

Vaisseaux capillaires. — A mesure que les artères s'éloignent du cœur, elles se divisent en branches de plus en plus petites qui s'entre-croisent et s'anastomosent de manière à former un vaste réseau, dont les mailles, d'une extrême finesse, pénètrent dans tous les organes pour y porter le fluide nourricier (*fig.* 8). Ces dernières ramifications des artères portent le nom de *vaisseaux capillaires* (de *capillus*, cheveu), qui leur a été donné à cause des dimensions microscopiques de leur diamètre.

Après un trajet plus ou moins long dans la trame organique, les vaisseaux capillaires se réunissent et se continuent avec les veines, de telle sorte que les deux systèmes, artériel et veineux, communiquent directement par l'intermédiaire de ces petits vaisseaux.

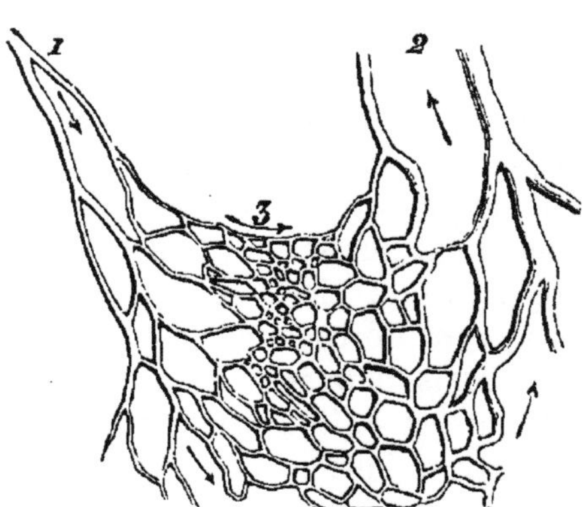

Fig. 8. *Artères, veines et vaisseaux capillaires.*

1. Artères. — 2. Veines. — 3. Vaisseaux capillaires.

Mécanisme de la circulation.

11. *Mécanisme de la circulation.* — Le mécanisme de la circulation est très facile à comprendre. Le sang (*fig.* 9), après avoir traversé les vaisseaux capillaires, parcourt le système veineux et se rend par les deux veines caves inférieure et supérieure dans l'oreillette droite du cœur. De l'oreillette droite il passe dans le ventricule droit, qui, en se contractant, le

2.

chasse dans l'artère pulmonaire. Arrivé dans les poumons, le sang qui était veineux se transforme au contact de l'air en sang artériel, puis il revient par les veines pulmonaires à l'oreillette gauche. De l'oreillette gauche, il passe dans le ventricule gauche, dont les contractions le poussent dans l'aorte, et de là dans tout le système artériel jusqu'aux capillaires, que nous avons choisis pour point de départ du trajet circulaire que le sang parcourt dans sa marche incessante.

Remarquons cependant que ce trajet représente réellement deux cercles, dont l'un part du ventricule gauche et revient à l'oreillette droite, et dont l'autre part du ventricule droit et revient à l'oreillette gauche. Le mouvement du sang dans le premier cercle a reçu le nom de *grande circulation*, et dans le second cercle, de *petite circulation* ou *circulation pulmonaire*. Remarquons encore que la grande et la petite circulation se font, pour ainsi dire, en sens inverse l'une de l'autre, relativement à la nature du sang qui coule dans les vaisseaux. Ainsi, dans la grande circulation, le sang artériel est dans les artères et le sang veineux dans les veines. Dans la petite circulation, au contraire, c'est du sang veineux qui passe dans l'artère pulmonaire, tandis que les veines du même nom ramènent au cœur du sang artériel.

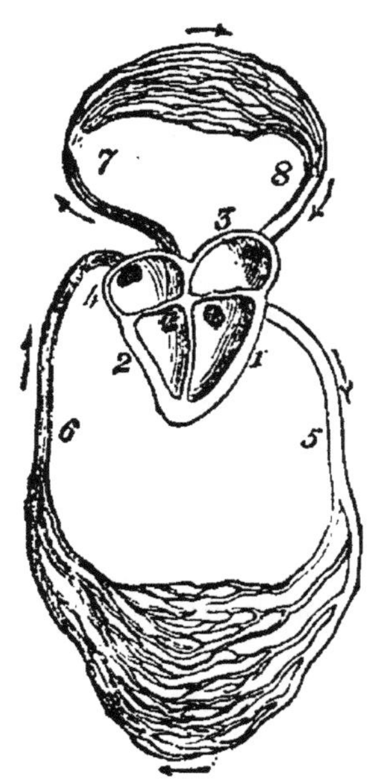

Fig. 9. *Figure théorique pour faire voir la grande et la petite circulation.*

1. Ventricule gauche du cœur. — 2. Ventricule droit. — 3. Oreillette gauche. — 4. Oreillette droite. — 5. Artère aorte partant du ventricule gauche et portant le sang artériel dans toutes les parties du corps. — 6. Veine cave ramenant le sang veineux dans l'oreillette droite. — 7. Artère pulmonaire partant du ventricule droit et portant aux poumons le sang veineux. — 8. Veine pulmonaire ramenant au cœur le sang artérialisé dans les poumons.

Telle est l'organisation de l'appareil circulatoire chez l'homme et chez les oiseaux. Nous verrons plus loin les modifications qu'il subit dans les autres classes du règne animal.

RESPIRATION.

Appareil respiratoire.

12. *Respiration. Appareil respiratoire.* — Nous avons vu que le sang artériel se transforme dans les vaisseaux capillaires en sang veineux, et qu'il devient alors impropre à l'entretien de la vie ; mais, au contact de l'air, ce sang veineux, en absorbant de l'oxygène, repasse à l'état de sang artériel et reprend ainsi ses propriétés vivifiantes. Or, *la respiration est la fonction organique qui a précisément pour but d'opérer cette transformation du sang veineux en sang artériel.*

Cette fonction constitue l'un des phénomènes les plus généraux de la nature vivante. Tous les animaux et tous les végétaux, sans exception, ont besoin pour exister de l'influence de l'air atmosphérique. Aucun d'eux ne peut vivre dans un milieu qui en serait complètement dépourvu. Les poissons qui vivent au sein des eaux ne font pas exception à cette loi générale : ils respirent au moyen de l'air que tient en dissolution le liquide dans lequel ils sont plongés.

Chez l'*homme* et chez les autres *mammifères*, l'appareil respiratoire se compose essentiellement :

1° Des *poumons*, ou organes destinés à recevoir l'air atmosphérique ;

2° Du *thorax*, ou cavité dans laquelle sont logés les poumons.

Poumons. — Les *poumons* (*fig.* 10) sont des organes celluleux, au nombre de deux, situés dans la cavité thoracique, devant la colonne vertébrale et derrière le sternum. Ils communiquent avec l'air extérieur par la bouche et par les fosses nasales au moyen d'un conduit nommé *trachée-artère*. Ce conduit est un long tuyau qui descend le long du cou au-devant de l'œsophage et pénètre dans le thorax. Il est formé par une série d'anneaux cartilagineux interrompus en arrière et reliés entre eux par une membrane fibreuse, que tapisse intérieurement une seconde membrane de nature muqueuse. Ces anneaux cartilagineux sont très élastiques et ont pour but de s'opposer à l'affaissement du conduit aérien sur lui-même.

A sa partie supérieure, la *trachée-artère* fait suite au *larynx*, qui est l'organe spécial de la voix. Inférieurement, elle se divise en deux tuyaux qui se rendent chacun à l'un des deux poumons, et que l'on désigne sous le nom de *bronches*. A

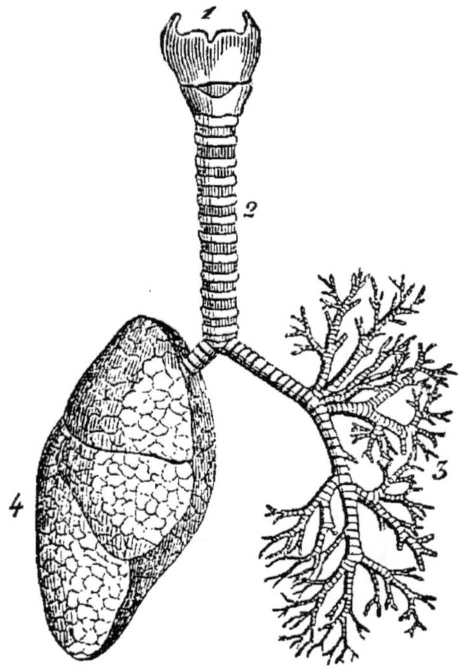

Fig. 10. *Trachée-artère et poumons de l'homme.*

1. Larynx ou organe de la voix. — 2. Trachée-artère. — 3. Bronches et ramuscules bronchiques. — 4. Poumon droit.

peine entrées dans les poumons, les bronches se divisent en une quantité innombrable de ramifications qui deviennent de plus en plus étroites et qui finissent par se terminer en autant de petits culs-de-sac, formant ce que l'on appelle les *vésicules bronchiques*. L'ensemble de ces vésicules constitue la masse spongieuse des poumons.

Sur les parois minces et transparentes des vésicules bronchiques viennent se répandre les ramifications de l'artère pulmonaire (*fig.* 5), dans lesquelles le sang veineux se met en rapport avec l'air introduit dans les poumons. De ces dernières ramifications de l'artère pulmonaire naissent les radicules des veines du même nom, qui doivent rapporter dans l'oreillette gauche du cœur le sang revivifié par l'air atmosphérique.

Thorax. — On appelle ainsi la cavité dans laquelle sont logés les poumons et le cœur. Cette cavité (*fig.* 11) a la forme d'un cône dont le sommet est dirigé en haut et la base en bas. Elle représente une espèce de cage osseuse formée en arrière par la colonne vertébrale, en avant par le sternum, et sur les parties latérales par les côtes. Les espaces que laissent entre eux ces derniers os sont remplis par des muscles qui s'étendent de l'un à l'autre, et que l'on nomme, pour cette raison, *muscles intercostaux.*

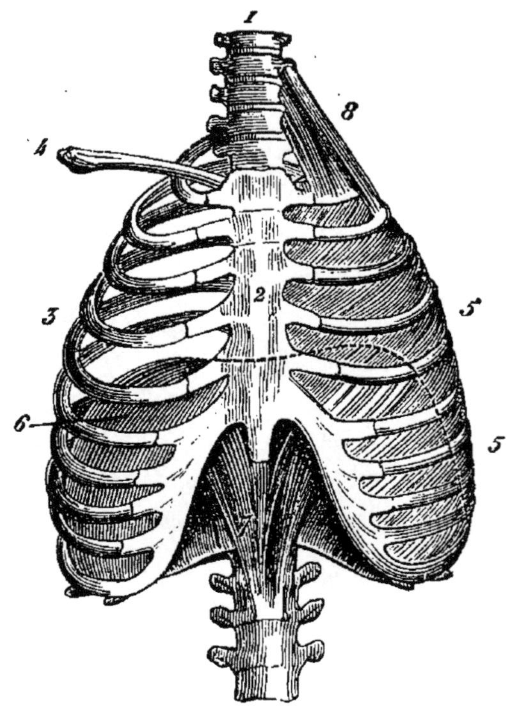

Fig. 11. *Thorax de l'homme.*

1. Colonne vertébrale. — 2. Sternum. — 3. Côtes. — 4. Clavicule droite. — 5-5. Muscles intercostaux. — 6. Diaphragme. — 7. Piliers du diaphragme. — 8. Muscles scalènes ou élévateurs des deux premières côtes.

La partie supérieure du thorax présente une ouverture par laquelle pénètrent dans sa cavité l'œsophage et la trachée-artère, ainsi que des nerfs et des vaisseaux importants. Inférieurement le thorax est fermé et séparé de la cavité abdominale par une espèce de cloison charnue, ou muscle plat, que l'on nomme *diaphragme.* Ce muscle, dans l'état de repos, forme une voussure considérable qui remonte dans l'intérieur de la poitrine et qui s'efface en partie lorsqu'il se contracte.

Le thorax donne encore insertion à un grand nombre de muscles, tels que les muscles scalènes, pectoraux, grands et petits dentelés, droits et obliques de l'abdomen, etc., dont les contractions jouent un très grand rôle dans le mécanisme de la respiration.

Mécanisme et théorie de la respiration.

15. *Mécanisme de la respiration*. — Ce mécanisme a pour but de déterminer l'entrée et la sortie alternatives de l'air dans les poumons. Il comprend par conséquent deux mouvements opposés, l'un d'*inspiration* et l'autre d'*expiration*, complètement analogues à ceux d'un soufflet, si ce n'est que, dans les poumons, l'introduction et l'expulsion de l'air se font par le même conduit.

L'*inspiration* est le résultat de la dilatation de la poitrine. Sous l'influence d'une sensation interne qui provoque le besoin de respirer, les parois du thorax, c'est-à-dire les côtes et le sternum, se soulèvent par l'action d'une partie des muscles qui l'entourent, tandis que le diaphragme s'abaisse et pousse le ventre en avant. Ce double mouvement ayant pour effet d'agrandir de tous côtés la cavité du thorax, l'air que contenaient les poumons se dilate aussitôt et cesse alors d'être en équilibre de pression avec l'air extérieur. Celui-ci, en raison de sa tension plus forte, se précipite alors dans la poitrine à travers la bouche, les fosses nasales, la trachée-artère et les bronches, de la même manière que l'eau se précipite dans un corps de pompe dont on élève le piston.

L'*expiration* a pour but l'expulsion de l'air qui vient de servir à rendre au sang ses propriétés vivifiantes. Dès que les contractions musculaires qui avaient produit la dilatation du thorax cessent d'agir, celui-ci se resserre, et les poumons, en vertu de leur élasticité, reviennent sur eux-mêmes : d'où résulte la compression et, par suite, la sortie de l'air qui remplissait en partie leurs vésicules.

Le nombre des mouvements respiratoires varie chez l'homme suivant les individus et suivant les âges. Chez l'adulte, on en compte en général de seize à dix-huit par minute; chez l'enfant, ils sont plus fréquents. La quantité d'air qui, chez un adulte, entre dans les poumons et en sort à chaque mouvement respiratoire est d'environ un demi-litre; de sorte qu'il ne faut pas moins de douze mètres cubes d'air pour entretenir pendant vingt-quatre heures la respiration d'un homme.

Le soupir, le bâillement, le rire et les pleurs ne sont que des modifications des mouvements respiratoires en rapport avec certains états de l'âme et du système nerveux.

14. *Théorie de la respiration.* — Nous savons que l'air atmosphérique est essentiellement composé, en volume, d'environ 21 parties d'oxygène, 79 parties d'azote et d'une très petite proportion d'acide carbonique. Or, le phénomène le plus remarquable de la respiration des animaux *consiste dans l'absorption d'une certaine quantité d'oxygène et dans l'exhalation d'une quantité à peu près égale d'acide carbonique.* Ainsi, dans chaque inspiration, l'homme et les animaux dépouillent l'air d'une partie de son oxygène (environ 5 p. 100 en volume) et le remplacent par une quantité à peu près équivalente d'acide carbonique.

Une quantité plus ou moins grande de vapeur d'eau s'échappe également des poumons à chaque expiration. C'est cette vapeur qui, en se condensant, forme l'espèce de nuage ou de brouillard qui sort de notre bouche lorsque nous respirons dans un air froid, ou qui ternit momentanément la surface d'un miroir sur lequel on souffle. L'exhalation de vapeur d'eau pendant la respiration a reçu le nom de *transpiration pulmonaire.*

Nous avons vu précédemment qu'il existe deux sortes de sang : le *sang artériel,* rouge vermeil, riche en oxygène fixé dans ses globules, et le *sang veineux,* rouge violacé, noirâtre, contenant un excès d'acide carbonique. La respiration a précisément pour but, ainsi que nous l'avons dit, de ramener le sang veineux à l'état de sang artériel, en lui enlevant son excès d'acide carbonique pour le remplacer par une proportion équivalente d'oxygène. Cette transformation s'opère à chaque instant dans les poumons. Le sang veineux, revenu au cœur et lancé par le ventricule droit dans les vésicules pulmonaires, s'y empare d'une partie de l'oxygène de l'air atmosphérique et y exhale, en échange, une partie de son acide carbonique, ce qui a pour effet *son changement immédiat en sang artériel,* après quoi il retourne au cœur, pour être lancé de nouveau par le ventricule gauche dans toutes les parties du corps. On pourrait donc, en résumé, définir encore la respiration : *un phénomène d'absorption et d'exhalation par suite duquel le sang*

veineux, venant en contact avec l'air dans les organes respira-
toires, se charge d'oxygène et abandonne de l'acide carbonique,
pour se convertir en sang artériel.

15. *Chaleur animale.* — L'acide carbonique contenu dans le
sang *est le résultat d'une véritable combustion,* tout à fait
semblable, sauf l'intensité, à celle que nous obtenons dans nos
foyers en y brûlant du charbon. L'oxygène absorbé par le sang
dans les poumons, et transporté par les artères et les vaisseaux
capillaires dans l'épaisseur des organes, s'y combine avec le
carbone que contient le sang lui-même ou que lui cèdent les
tissus vivants. De là la production d'acide carbonique, qui
d'abord se dissout dans le sang devenu veineux, pour être
ensuite exhalé par les poumons et remplacé par l'oxygène nécessaire à de nouvelles combinaisons. « La respiration, disait
Lavoisier, n'est donc qu'une combustion lente, analogue à celle
qui s'opère dans une lampe ou dans une bougie qui brûle.
Sous ce rapport, les animaux qui respirent sont de véritables
combustibles qui brûlent et se consument. »
Cette combustion incessante de carbone au sein de nos tissus,
à laquelle il faut ajouter aussi la combustion d'une petite quantité d'hydrogène, est la véritable source de la chaleur propre
des animaux, dite *chaleur animale.* Des expériences nombreuses ont en effet démontré que la quantité de chaleur produite
par un animal dans un temps donné est généralement égale à
celle que fournirait la combustion directe du carbone et de
l'hydrogène que l'animal a brûlés pendant ce temps. Quant au
lieu où s'opèrent ces phénomènes de combustion vitale, nous
savons aujourd'hui qu'ils s'accomplissent, ainsi que nous
venons de le dire, dans la profondeur même des organes, partout où le sang pénètre et circule.

16. *Animaux à sang chaud et à sang froid.* — La faculté de
produire de la chaleur n'est pas la même chez tous les animaux. Ceux dont la nutrition est active, dont la circulation et
la respiration se font d'une manière complète et avec énergie,
se distinguent entre tous par l'élévation de leur température,
et sont désignés sous le nom d'*animaux à sang chaud :* tels
sont les mammifères et les oiseaux. Ceux, au contraire, dont
les fonctions nutritives s'exécutent lentement, dont la circulation et la respiration sont incomplètes, ne produisent que peu

de chaleur, et sont appelés *animaux à sang froid* : tels sont les reptiles, les poissons et presque tous les invertébrés.

Les animaux à sang chaud ont une température moyenne qui reste à peu près stationnaire ou constante, malgré les variations de la température extérieure. Les animaux à sang froid ne jouissent pas de cette faculté : leur température s'élève ou s'abaisse selon celle du milieu dans lequel ils sont plongés, et elle n'en diffère jamais que d'un petit nombre de degrés. C'est à peine si la température des reptiles ou des poissons dépasse de deux degrés celle de l'air ou de l'eau dans lesquels ils respirent. Au lieu de diviser les animaux en animaux à sang chaud et à sang froid, peut-être serait-il plus exact de les distinguer en animaux à *température constante* et en animaux à *température variable*.

Les oiseaux sont, de tous les animaux à sang chaud, ceux qui produisent le plus de chaleur : leur température moyenne varie de 40 à 44 degrés centigrades. Ce sont aussi de tous les animaux ceux qui consomment le plus d'oxygène et dont la combustion respiratoire est la plus active. Ajoutons que les plumes nombreuses qui les recouvrent tendent à diminuer les pertes de chaleur qui s'opèrent à leur surface. Après les oiseaux viennent les mammifères, dont la température moyenne, variable selon les espèces, oscille entre 36 et 40 degrés.

La température moyenne de l'homme est d'environ 37 degrés centigrades. Cette température est à peu près la même sous tous les climats. Entre les individus qui habitent les pays les plus chauds et ceux qui vivent dans les contrées les plus froides, on observe à peine une différence de 1 degré en faveur des premiers. Les variétés de race et de couleur n'ont aucune influence à cet égard. Les saisons n'apportent aussi que des changements très faibles; en hiver comme en été, le sang qui circule dans nos vaisseaux possède à très peu de chose près la même température.

SÉCRÉTIONS.

Organes des sécrétions ou glandes.

17. *Sécrétions.* — On désigne sous le nom de *sécrétion* la formation de certaines humeurs qui se produisent aux dépens du sang dans des organes spéciaux nommés *glandes*. Ainsi la formation de la salive dans les glandes salivaires est une sécrétion. Il en est de même de la production de la bile dans le foie, de l'urine dans les reins, des larmes dans la glande lacrymale, etc.

Parmi les nombreux liquides que sécrète l'économie animale, les uns sont destinés à jouer un rôle dans l'accomplissement des fonctions : c'est ainsi que la salive, le suc gastrique, la bile et le fluide pancréatique servent à la digestion des aliments, que les larmes viennent en aide au phénomène de la vision, etc. D'autres, au contraire, sont immédiatement expulsés au dehors et ne paraissent avoir d'autre but que de purifier le sang en le débarrassant de matériaux nuisibles ou devenus inutiles à l'organisme : telles sont, par exemple, la sueur et l'urine.

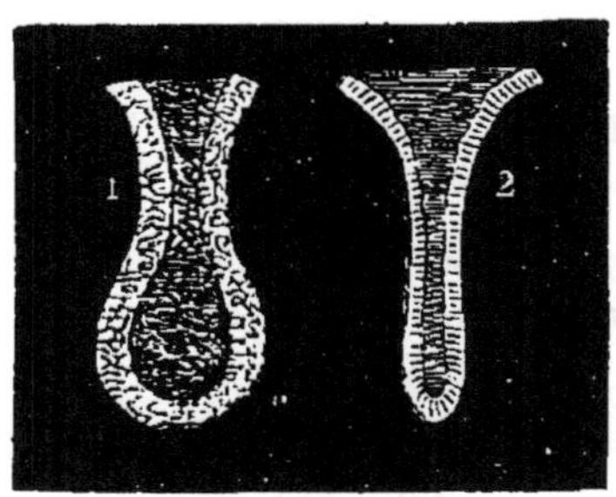

Fig. 12. *Glandes simples ou follicules.*

1. Follicule sébacé de la peau. — 2. Follicule muqueux.

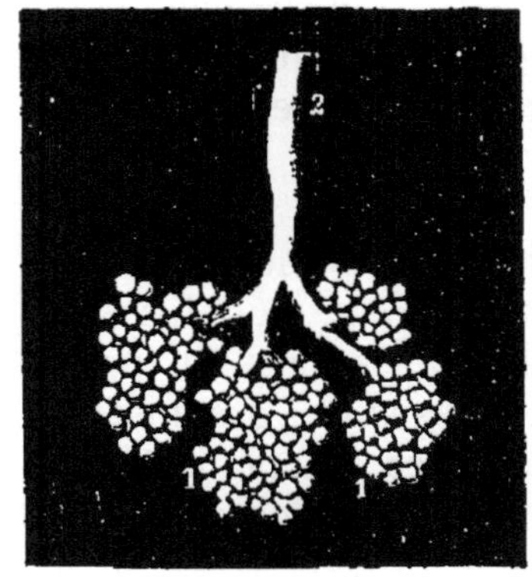

Fig. 13. *Glande composée. Fragment de la parotide ou glande salivaire.*

1-1. Follicules formant le corps de la glande. — 2. Canal excréteur.

18. *Glandes.*— C'est dans l'intérieur des glandes ou organes spéciaux des sécrétions que s'opère, sous l'influence du système nerveux, ce travail de chimie vivante qui a pour effet la production des humeurs organiques. Les glandes sont *simples* ou *composées.*

Les *glandes simples* ou *follicules* (*fig.* 12) se présentent sous la forme de petites poches ou de tubes très fins, creusés en cul-de-sac dans l'épaisseur de la peau et des membranes muqueuses, et dont les orifices, plus ou moins étroits, viennent s'ouvrir à la surface libre de ces membranes.

Les *glandes composées* (*fig.* 13) ne sont autre chose que des agglomérations de tubes ou de follicules communiquant ensemble par de petits conduits qui peu à peu se réunissent, de manière à ne plus former qu'un seul canal ou plusieurs canaux excréteurs par lesquels s'échappent au dehors les liquides sécrétés. On peut donc se représenter une glande composée comme un conduit ramifié dont les dernières branches se terminent par de petites ampoules ou par de simples tubes fermés. Les glandes simples et les glandes composées reçoivent dans leur épaisseur un grand nombre de vaisseaux sanguins et de filets nerveux.

Les principales glandes de l'économie sont les *glandes salivaires*, le *foie*, le *pancréas*, dont nous avons déjà parlé, les *glandes lacrymales*, qui sécrètent les larmes, les *glandes sudoripares*, petites glandes logées dans l'épaisseur de la peau, où elles sécrètent la sueur, et les *reins* ou organes de la sécrétion urinaire, profondément situés dans l'abdomen de chaque côté de la colonne vertébrale.

Phénomènes généraux de la nutrition. Assimilation.

19. *Phénomènes généraux de la nutrition.* — Considérée d'une manière générale, la nutrition est le travail incessant de composition et de décomposition qui s'opère au sein des êtres organisés. Ce phénomène, qui caractérise en quelque sorte la matière vivante, est commun aux plantes et aux animaux. Chez l'homme et chez les animaux supérieurs, il est le résultat de diverses fonctions que nous venons de faire connaître : la *digestion*, la *circulation*; la *respiration* et les *sécrétions*. Ces fonctions ont reçu pour cette raison le nom de fonctions nutritives ou organiques; elles s'enchaînent et se coordonnent de la manière la plus étroite pour concourir à l'entretien des organes et à la production de la chaleur animale.

20. *Assimilation.* — L'assimilation est le but final des diverses fonctions de nutrition. C'est par elle que les substances alimentaires, absorbées et entraînées dans le torrent circulatoire, vont se déposer dans les tissus et s'organiser en matière vivante. La nature intime de ce phénomène, qui appartient à l'essence même de la vie, nous échappe. Nous savons seulement que la partie liquide du sang traverse les parois des vaisseaux capillaires, se répand dans la profondeur des organes, et qu'après y avoir déposé ses éléments réparateurs, elle rentre dans la masse du sang. Mais nous ignorons complètement par quel mécanisme ce liquide nourricier, partout le même, va former ici des muscles, là des nerfs, plus loin des os, des cartilages, des membranes, en un mot, tous les tissus de l'organisme animal. Le travail d'assimilation a son maximum d'activité dans les premiers temps de l'existence, lorsque le corps s'accroît. Dans l'âge adulte, il se ralentit, et son rôle se borne alors à réparer les pertes incessantes que le mouvement de la vie fait subir aux organes.

Résumé.

I. Les divers corps que la nature nous présente se divisent en trois grands groupes ou régnes : le RÈGNE ANIMAL, le RÈGNE VÉGÉTAL, comprenant ensemble tous les êtres vivants, et le RÈGNE MINÉRAL auquel appartiennent tous les corps bruts ou inorganiques.

II. On donne le nom d'animal à tout être jouissant de la faculté de se nourrir, de sentir et de se mouvoir volontairement. L'étude de ces êtres constitue la zoologie.

III. Chez les animaux comme chez les végétaux, la vie se manifeste par un certain nombre d'actes nommés *fonctions*. Ces fonctions sont exécutées par des *organes*, dont l'ensemble forme le corps de l'être vivant. Lorsque plusieurs organes concourent à l'accomplissement d'une même fonction, on donne à cet assemblage le nom d'*appareil*.

IV. Les fonctions des animaux se divisent en deux classes : les *fonctions de nutrition* qui ont pour but la conservation de l'individu, et les *fonctions de relation* qui ont pour but de mettre l'animal en relation avec le monde extérieur. Les premières sont communes aux plantes et aux animaux et sont encore nommées, pour cette raison. *fonctions végétatives*; les secondes, qui comprennent la sensibilité et le mouvement volontaire, sont exclusivement propres aux animaux, d'où le nom de *fonctions de la vie animale*, par lequel on les désigne également.

V. Chez l'homme et les animaux qui s'en rapprochent le plus, les fonctions de nutrition sont au nombre de quatre principales : la *digestion*, la *circulation*, la *respiration* et les *sécrétions*.

VI. La DIGESTION a pour objet de faire subir aux aliments une élaboration particulière, en vertu de laquelle l'animal extrait de leur substance toutes les parties qui peuvent servir à sa nutrition. Cette fonction s'exécute au moyen d'un système d'organes nommé *appareil digestif.*

VII. L'*appareil digestif* se compose d'une cavité ou canal que l'on appelle *canal digestif* et d'organes annexes qui ont pour but de sécréter des liquides nécessaires à la digestion. On distingue dans le canal digestif diverses parties dont les fonctions et les usages sont différents. Ces parties sont : la *bouche*, le *pharynx*, l'*œsophage*, l'*estomac*, l'*intestin grêle* et le *gros intestin*. Les organes annexes sont : les *glandes salivaires*, le *foie* et le *pancréas*.

VIII. On donne le nom d'*aliment* à toute substance ayant pour but de réparer et de maintenir le sang dans sa composition normale. Les aliments sont : les uns végétaux, les autres composés de matières animales. Quelques-uns seulement, tels que le fer, qui existe dans le sang, le sel marin, qui fait partie de nos humeurs, le phosphate et le carbonate de chaux, qui servent à former nos os, etc., sont tirés du règne minéral.

IX. On appelle *herbivores* les animaux tels que le bœuf, le mouton, le cheval, etc., qui se nourrissent exclusivement de matières végétales; *carnivores*, ceux qui ne vivent que de matières animales; *omnivores*, ceux qui peuvent indifféremment se conformer à l'un ou à l'autre régime. L'homme est omnivore.

X. Les aliments, broyés par les dents et imbibés de salive, sont saisis par le pharynx (déglutition) et conduits par l'œsophage dans l'estomac, où, sous l'influence de la salive et d'un suc acide, le suc gastrique, que sécrète l'estomac, ils se transforment en *chyme*. Celui-ci passe dans l'intestin grêle, où, par l'action combinée de la bile et du suc pancréatique, il se convertit en un liquide laiteux, le *chyle*, lequel est absorbé par les villosités de l'intestin, et conduit ensuite par des vaisseaux spéciaux (chylifères) dans la masse du sang, qu'il est chargé d'entretenir et de réparer sans cesse.

XI. Le *sang* ou *fluide nourricier* est le liquide qui entretient la vie dans les organes et qui fournit aux tissus les matériaux de leur formation. Il se compose essentiellement d'un liquide albumineux, tenant en suspension une multitude de petits corpuscules rougeâtres, nommés *globules rouges* ou *sanguins*, renfermant une matière colorante nommée *hémoglobuline* qui contient une petite proportion de fer.

XII. Le sang, extrait des vaisseaux d'un animal vivant et abandonné à lui-même, se sépare bientôt en deux parties : l'une liquide, jaunâtre et transparente, nommée *serum*; l'autre solide, opaque, de couleur rouge intense, formant ce qu'on appelle le *caillot*. Ce phénomène porte le nom de *coagulation du sang*.

XIII. La CIRCULATION est une fonction qui a pour but le transport continuel du sang de l'appareil respiratoire dans tous les organes du corps, et le retour du sang de ces organes à l'appareil de la respiration. Le sang qui se rend de l'appareil respiratoire aux organes est du *sang artériel*, rouge vermeil; celui qui revient des organes qu'il a nourris à l'appareil respiratoire est du *sang veineux*, rouge noirâtre ou violacé.

XIV. Chez l'homme, les mammifères et les oiseaux, *l'appareil circulatoire* se compose du *cœur*, des *artères*, des *veines* et des *vaisseaux capillaires*. Le *cœur* est une poche musculeuse présentant quatre cavités, distinguées en deux *oreillettes* et en deux *ventricules*. Les *artères* portent le sang du cœur à toutes les parties du corps. Les *veines* le ramènent au cœur. Les *capillaires* sont des vaisseaux très déliés, faisant communiquer directement les artères avec les veines.

XV. La circulation du sang, chez l'homme, les mammifères et les oiseaux, présente les quatre phases suivantes :

1° Le sang veineux qui a nourri les organes se rend, par les deux veines caves, inférieure et supérieure, dans l'oreillette droite du cœur;

2° De l'oreillette droite il passe dans le ventricule droit, qui, en se contractant, le chasse dans l'artère pulmonaire;

3° Arrivé dans les poumons, il se transforme en sang artériel, puis il revient par les veines pulmonaires à l'oreillette gauche;

4° De l'oreillette gauche il passe dans le ventricule gauche, qui le pousse dans l'aorte, et de là dans tout le système artériel jusqu'aux capillaires, d'où il retourne au cœur par les veines, et ainsi de suite.

XVI. La RESPIRATION est une fonction qui a pour but d'opérer, par l'action de l'oxygène contenu dans l'air, la transformation du sang veineux en sang artériel. Chez l'homme et chez les mammifères, l'appareil respiratoire se compose essentiellement des *poumons*, ou organes destinés à recevoir l'air atmosphérique, et d'une cavité nommée *thorax*, dans laquelle sont logés les poumons.

XVII. Les *poumons* sont au nombre de deux, situés dans la cavité thoracique, devant la colonne vertébrale et derrière le sternum. Ils communiquent avec l'air extérieur par la bouche et par les fosses nasales au moyen d'un conduit nommé *trachée-artère*. Celle-ci, à sa partie supérieure, fait suite au *larynx*, qui est l'organe spécial de la voix. Inférieurement, elle se divise en deux tuyaux qui se rendent chacun à l'un des deux poumons, et que l'on désigne sous le nom de *bronches*.

XVIII. Les *bronches* se divisent en une quantité innombrable de ramifications. qui deviennent de plus en plus étroites et se terminent en autant de petits culs-de-sac. nommés *vésicules bronchiques*. L'ensemble de ces vésicules constitue la masse spongieuse des poumons.

XIX. Le *thorax* est la cavité dans laquelle sont logés les poumons et le cœur. Cette cavité a la forme d'un cône dont le sommet est dirigé en haut et la base en bas. Elle représente une espèce de cage osseuse formée, en arrière par la colonne vertébrale, en avant par le sternum, et sur les parties latérales par les côtes. Un muscle plat, nommé *diaphragme*, sépare inférieurement le thorax de la cavité abdominale.

XX. Le phénomène le plus remarquable de la respiration des animaux consiste dans l'absorption par le sang veineux (qui arrive dans les poumons, après avoir nourri les organes) d'une certaine quantité d'oxygène, et dans l'exhalation d'une quantité correspondante d'acide carbonique et de vapeur d'eau. *Ce sang veineux passe aussitôt à l'état de sang artériel* et retourne au cœur, qui le renvoie aux organes, et ainsi de suite.

XXI. L'acide carbonique et la vapeur d'eau qui se dégagent dans la respiration sont le résultat d'une combustion lente de carbone et d'une petite proportion d'hydrogène, laquelle combustion, dite *combustion respiratoire*, s'opère incessamment dans toutes les parties de l'organisme animal.

XXII. La *chaleur animale* est la conséquence de la combustion. incessante de carbone et d'hydrogène qui se fait dans les organes aux dépens de l'oxygène absorbé par les poumous. Les animaux brûlent donc et consument une partie de leurs aliments. et en tirent de la chaleur de la même manière que nos appareils de chauffage brûlent et consument le charbon qui les alimente.

XXIII. La faculté de produire de la chaleur n'est pas la même chez tous les animaux. De là leur division en animaux à *sang chaud* et en animaux à *sang froid*, ou, plus exactement, en animaux à *température constante* et en animaux à *température variable*.

XXIV. Les animaux à sang chaud sont ceux qui produisent beaucoup de chaleur et dont la température reste constante : tels sont les mammifères et les oiseaux. Les oiseaux sont de tous les animaux à sang chaud ceux qui produisent le plus de chaleur; leur température propre varie de 40 à 44 degrés centigrades. La température moyenne de l'homme est d'environ 37°. Cette température est à peu près la même dans tous les climats et en toute saison.

XXV. On donne le nom de *sécrétion* à la formation de certaines
humeurs qui se produisent aux dépens du sang dans des organes
spéciaux nommés *glandes*. Les glandes sont *simples* ou *composées*.
Les *glandes simples* ou *follicules* se trouvent dans l'épaisseur de
la peau et des membranes muqueuses. Les principales *glandes
composées* sont les glandes salivaires, les glandes lacrymales et
sudoripares, le foie, le pancréas, les reins ou organes sécréteurs de
l'urine, etc.

XXVI. La *nutrition* est le travail incessant de composition et
de décomposition qui s'opère au sein des êtres organisés. Chez
l'homme et les animaux supérieurs, ce travail est le résultat des
diverses fonctions nutritives, telles que la digestion, la circulation,
la respiration et les sécrétions.

XXVII. L'*assimilation* est le but suprême et final des fonctions
de nutrition ; c'est par elle que les substances nutritives, absorbées et entraînées dans le torrent circulatoire, vont se déposer dans
les tissus et s'organiser en matière vivante.

CHAPITRE II.

Fonctions de relation. — Mouvement volontaire et sensibilité. —
Appareil de la locomotion. — Système nerveux. — Organes des
sens.

Fonctions de relation. Mouvement volontaire et sensibilité.

21. *Fonctions de relation. Mouvement volontaire et sensibilité.*
— Les fonctions de relation ont pour but, ainsi que nous l'avons
dit, de mettre l'animal en rapport avec le monde extérieur.
Elles présentent deux ordres de phénomènes distincts : le *mouvement volontaire* et la *sensibilité*. On entend par *mouvement
volontaire* la faculté dont jouissent tous les animaux de se
transporter d'un lieu dans un autre, ou de déplacer certaines
parties de leur corps selon leurs désirs et pour satisfaire leurs
besoins. Par *sensibilité*, il faut entendre la faculté par laquelle les animaux prennent connaissance de ce qui les envi-
ronne au moyen de certains organes qui leur permettent d'apprécier les diverses qualités des corps extérieurs.

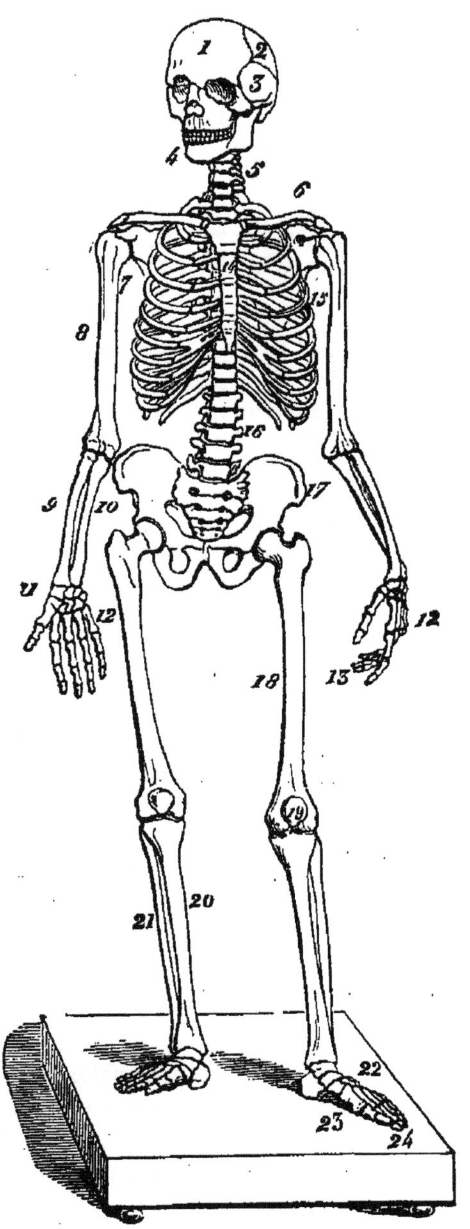

Fig. 14. *Squelette de l'homme.*

1. Os frontal. — 2. Pariétal. — 3. Temporal. — 4. Maxillaire inférieur. — 5. Vertèbres cervicales. — 6. Clavicule. — 7. Omoplate. — 8. Humérus. — 9. Radius. — 10. Cubitus. — 11. Carpe. — 12-12. Métacarpe. — 13. Phalanges. — 14. Sternum. — 15. Côtes. — 16. Vertèbres lombaires. — 17. Os iliaque et sacrum formant le bassin. — 18. Fémur. — 19. Rotule. — 20. Tibia. — 21. Péroné. — 22. Tarse. — 23. Métatarse. — 24. Orteils.

3.

APPAREIL DE LA LOCOMOTION.

Organes du mouvement.

22. *Organes du mouvement.* — Les organes au moyen desquels l'animal peut se mouvoir doivent être distingués en deux ordres : les organes *passifs* et les organes *actifs*. Les premiers sont constitués par des parties dures, résistantes, qui reçoivent la force motrice et lui obéissent ; les seconds sont ceux qui produisent ou transmettent directement cette force. L'ensemble des organes passifs du mouvement forme ce qu'on appelle le *squelette;* les organes actifs sont les *muscles* et le *système nerveux.*

Chez les animaux inférieurs, tels que les insectes, les crustacés, les arachnides, etc., c'est la peau qui, tantôt molle et flexible, tantôt cornée ou incrustée de matières calcaires, sert de point d'appui aux muscles et constitue le squelette *externe* de l'animal. Mais chez l'homme et chez tous les animaux qui s'en rapprochent, tels que les mammifères, les oiseaux, les reptiles et les poissons, le squelette est *interne*, c'est-à-dire situé à l'intérieur du corps, et se compose de pièces osseuses ou cartilagineuses unies entre elles par des articulations et formant, pour ainsi dire, la charpente solide qui sert à soutenir et à protéger tous les autres organes.

Organes passifs du mouvement. Composition générale du squelette.

23. *Composition générale du squelette.* — Examiné dans son ensemble, le squelette de l'homme et des animaux supérieurs se compose (*fig.* 14) de trois parties distinctes : le *tronc*, la *tête* et les *membres.*

1° Tronc. Le tronc est formé par un axe central appelé *colonne vertébrale*, par les *côtes* et par le *sternum.*

La *colonne vertébrale* (*fig.* 15) représente une espèce de tige osseuse, située sur la ligne médiane du corps, et s'étendant depuis la tête jusqu'à l'extrémité postérieure ou inférieure du tronc. Elle se compose d'un nombre variable de *vertèbres*, petits os courts empilés les uns sur les autres et solidement unis,

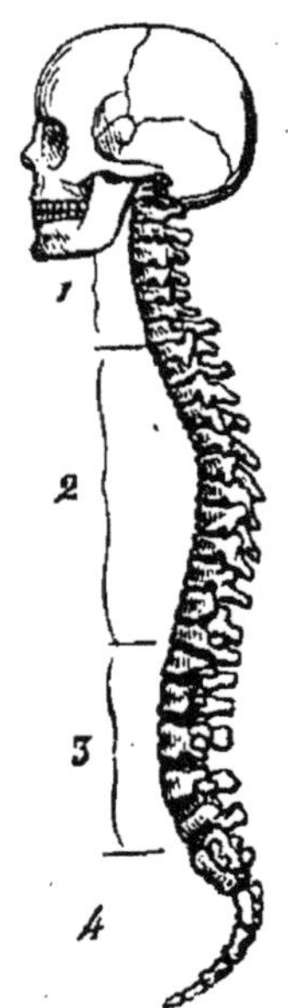

Fig. 15. *Colonne vertébrale.*

1. Région cervicale, composée de sept vertèbres. — 2. Région dorsale, composée de douze vertèbres. — 3. Région lombaire, composée de cinq vertèbres. — 4. Sacrum et coccyx.

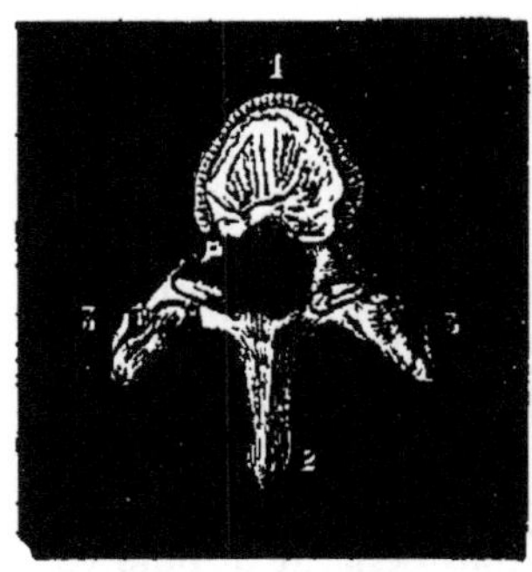

Fig. 16. *Vertèbre de l'homme.*

1. Corps de la vertèbre. — 2. Apophyse épineuse. — 3-3. Apophyses transverses.

quoique mobiles. Chacune de ces vertèbres (*fig.* 16) présente un trou circulaire qui, en se réunissant à ceux des autres vertèbres, forme un canal dans lequel est logée la moelle épinière.

En avant de ce trou est une espèce de disque assez épais que l'on appelle le *corps de la vertèbre* ; en arrière et sur les parties latérales sont des éminences osseuses désignées sous le nom d'*apophyses épineuses et transverses*. La série des apophyses épineuses constitue l'espèce de crête que l'on nomme ordinairement l'*épine du dos*.

La colonne vertébrale est formée chez l'homme par trente-trois vertèbres, parmi lesquelles on distingue sept vertèbres *cervicales*, douze *dorsales*, cinq *lombaires*, et neuf autres soudées entre elles de manière à ne former que deux os, le *sacrum* et le *coccyx*.

Les *côtes* sont des espèces d'arcs osseux, allongés et aplatis, qui forment les parois latérales du thorax. Elles sont au nombre de douze paires chez l'homme, s'articulant en arrière avec la colonne vertébrale, et en avant avec le sternum, par l'intermédiaire de prolongements cartilagineux nommés *cartilages costaux*. Les cartilages des sept premières paires, nommées *vraies côtes*, sont les seules qui s'articulent directement avec le sternum. Les cartilages des cinq autres paires, appelées *fausses côtes*, se réunissent simplement à ceux des côtes précédentes.

Le *sternum* est un os plat situé en avant sur la ligne médiane du corps et formant la paroi antérieure du thorax. Il est soutenu latéralement par les côtes, et s'articule en haut avec les clavicules.

2° **Tête.** La tête se divise en deux parties : le *crâne* et la *face*.

Le *crâne* est une espèce de boîte osseuse de forme ovalaire, servant à loger et à protéger le *cerveau* et le *cervelet*. Il est formé par la réunion de plusieurs os plats, qui sont : en avant, le frontal ; sur les côtés, et en haut, les pariétaux ; en arrière, l'occipital ; sur les côtés et en bas, les temporaux ; inférieurement et sur la ligne médiane, le sphénoïde et l'ethmoïde.

Le *crâne* présente plusieurs ouvertures parmi lesquelles nous indiquerons le trou occipital, que traverse la moelle épinière, et le conduit auditif externe.

La *face* sert à loger et à protéger les organes de la vue, de l'odorat et du goût. Elle est constituée par un grand nombre d'os dont les principaux sont : sur les parties latérales et en haut, les deux os maxillaires supérieurs, les os propres du nez et ceux de la pommette ; en bas, le maxillaire inférieur, qui a la forme d'un fer à cheval et qui compose à lui seul la mâ-. choire inférieure; en arrière et sur la ligne médiane, le vomer, qui forme en partie la cloison moyenne des fosses nasales; sur les côtés et en dehors, les deux os unguis, qui entrent dans la composition des orbites; en dedans, les deux cornets inférieurs des fosses nasales.

3° **Membres.** Les membres, au nombre de quatre, se divisent en *membres supérieurs* ou *antérieurs* et en *membres inférieurs* ou *postérieurs*.

Les membres supérieurs se composent de l'*épaule*, du *bras*, de l'*avant-bras*, et de la *main*.

L'*épaule* représente une espèce de ceinture osseuse, prenant son point d'appui sur la partie supérieure du thorax. Elle est composée de deux os, la *clavicule* en avant et l'*omoplate* en arrière.

Le *bras* est formé par un seul os nommé *humérus* ; cet os est long, cylindrique et renflé à ses deux extrémités. Son extrémité supérieure, qui est arrondie en forme de tête, s'articule avec l'omoplate ; son extrémité inférieure représente une poulie sur laquelle se meut l'avant-bras.

L'*avant-bras* est composé de deux os qui sont : en dedans le *cubitus*, et en dehors le *radius*. Ces deux os s'unissent par leur extrémité supérieure avec l'humérus et par leur extrémité inférieure avec la main.

La *main* se divise en trois parties : le *carpe*, le *métacarpe* et les *doigts*. Le *carpe* est formé par huit petits os articulés entre eux et disposés sur deux rangées. Le *métacarpe* comprend cinq os appelés métacarpiens, et distingués les uns des autres en premier, second, troisième, quatrième et cinquième métacarpien, en comptant à partir du pouce. Les *doigts* sont divisés en *phalanges* articulées les unes à la suite des autres, et au nombre de trois pour chaque doigt, à l'exception du pouce, qui n'en a que deux.

Les membres inférieurs se composent de la *hanche*, de la *cuisse*, de la *jambe* et du *pied*.

La *hanche* représente l'épaule ; elle est formée de chaque côté par un seul os, large et très solide, nommé *os iliaque*. Ces deux os, en s'articulant entre eux en avant, et avec le sacrum en arrière, constituent une large ceinture osseuse, que l'on désigne sous le nom de *bassin*, et qui est destinée à loger et à protéger les viscères contenus dans le bas-ventre.

La *cuisse* n'a qu'un seul os, que l'on appelle *fémur* : c'est le plus long et le plus volumineux de tous les os du squelette ; il s'articule en haut avec l'os de la hanche et en bas avec la jambe.

La jambe comprend deux os, le *tibia* et le *péroné ;* le premier est situé en dedans et le second en dehors. Ils s'unissent par leur extrémité supérieure avec le fémur et par leur extrémité inférieure avec le pied. Au-devant de l'articulation du fémur avec le tibia se trouve un petit os irrégulièrement arrondi nommé *rotule*, qui a pour but de compléter et de consolider le genou.

Le *pied* présente, comme la main, trois régions : le *tarse*, le *métatarse* et les *orteils*. Le *tarse*, qui représente le carpe, est composé de sept os, dont l'un, nommé astragale, s'articule avec la jambe, et dont l'autre, appelé calcanéum, forme en arrière la saillie du talon. Le *métatarse* comprend cinq os, désignés comme ceux du métacarpe sous les noms de premier, second, troisième, etc., métatarsien. Les *orteils*, comme les doigts, sont constitués par des phalanges en même nombre et disposées de la même manière que celles des doigts.

24. *Composition des os. Articulations.* — Les *os* dont se compose le squelette sont formés d'une substance cartilagineuse nommée *osséine*, qui en constitue la trame organique, et d'une matière pierreuse (phosphate et carbonate de chaux), incrustée dans les fibres et les lamelles de la première. Les os sont unis entre eux au moyen d'*articulations*, les unes *mobiles*, c'est-à-dire permettant aux os qu'elles maintiennent unis des mouvements plus ou moins étendus, les autres *immobiles* et ne servant alors que comme moyen d'union.

Organes actifs du mouvement. Muscles et tendons.

25. *Structure des muscles.* — Les muscles, avons-nous dit, sont les organes actifs des mouvements. Ce sont eux qui, par leur contraction, font mouvoir les uns sur les autres les différents os dont se compose le squelette. Ces organes, qui forment ce que l'on appelle vulgairement la *chair* des animaux, sont composés (*fig.* 17 et 18) de faisceaux de fibres pouvant être eux-mêmes divisés en faisceaux de plus en plus petits, dont les dernières fibres, d'une extrême ténuité, sont droites et disposées parallèlement entre elles. Ces fibres sont essentiellement formées par une substance particulière la *myosine*, analogue à la fibrine, que nous avons déjà signalée comme faisant partie du sang.

On distingue deux sortes de muscles : les muscles à fibres *striées* (*fig.* 17), dont les contractions sont déterminées par la volonté, et les muscles à fibres *lisses* (*fig.* 18), dont les mou-

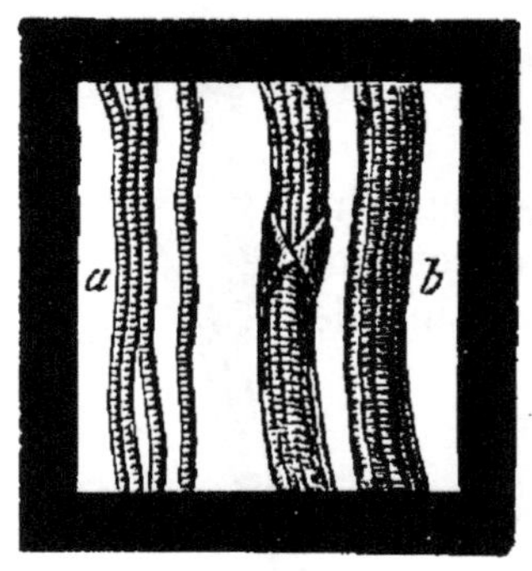

Fig. 17. *Tissu musculaire strié.*

a. Fibres musculaires striées. —
b. Les mêmes réunies en faisceaux.

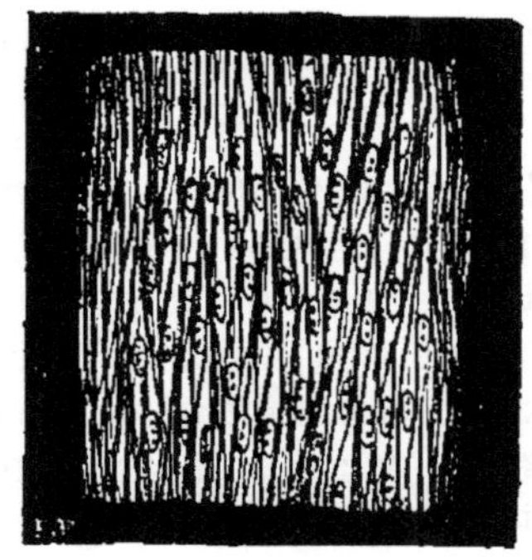

Fig. 18. *Tissu musculaire lisse.*

Fibres musculaires lisses formant une
membrane continue (intestin).

vements sont involontaires. Les premiers appartiennent à la vie animale ou de relation ; les seconds servent aux fonctions

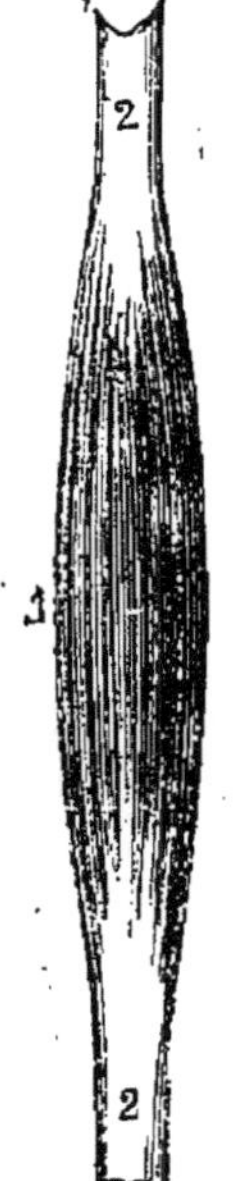

Fig. 19. *Muscle et tendons.*

1. Corps du muscle. — 2-2. Tendons.

de la vie organique. On les trouve disséminés ou réunis sous forme de membranes, dans les intestins, les bronches, la trachée, les veines, les artères et autres organes dont les fonctions sont soustraites à l'empire de la volonté. Il faut toutefois en excepter le cœur qui, bien que n'obéissant pas à la volonté, est constitué par des fibres striées d'une nature particulière.

26. *Mode d'insertion des muscles ; tendons.* — Les muscles sont fixés par leurs extrémités aux os et aux autres parties qu'ils doivent mouvoir, telles que la peau, certains cartilages, le globe de l'œil, etc. Mais cette insertion sur les parties mobiles n'a pas lieu directement. Elle se fait par l'intermédiaire de cordons blanchâtres et nacrés, d'une texture fibreuse, nommés *tendons* (*fig.* 19). Ces tendons, extrêmement solides, reçoivent d'un côté les fibres musculaires, avec lesquelles ils se continuent, et vont se fixer, de l'autre, soit aux os, soit aux autres organes auxquels ils doivent transmettre le mouvement.

Mécanisme des mouvements. Contraction musculaire.

27. *Mécanisme des mouvements.* — Sous l'influence de l'action nerveuse ou de certains excitants, tels que le galvanisme, l'étincelle électrique, on voit les fibres musculaires se *contracter*, c'est-à-dire se raccourcir brusquement en se plissant en zigzags, et les faisceaux qu'elles forment devenir en même temps plus gros et plus durs. Il est facile de comprendre que les muscles, en se contractant, doivent tendre à rapprocher

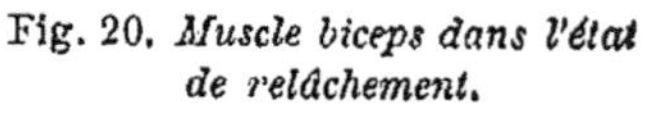

Fig. 20. *Muscle biceps dans l'état de relâchement.*

les deux parties du squelette sur lesquelles s'insèrent leurs
extrémités; mais, comme il arrive le plus souvent que l'une
de ces parties est fixe, tandis que l'autre est mobile, il en résulte que c'est cette dernière seule qui se déplace et se rapproche de la première, dont le rôle est alors de fournir un
point fixe à la contraction du muscle. Un exemple rendra ce
mécanisme plus facile à saisir.

L'avant-bras est articulé sur le bras de manière à pouvoir
s'étendre et se fléchir sur lui. Un muscle nommé *biceps* (*fig.*20)
s'insère, d'une part, à l'omoplate, qui est un des os de l'épaule,
et, d'autre part, au radius, qui est un des deux os de l'avant-
bras.

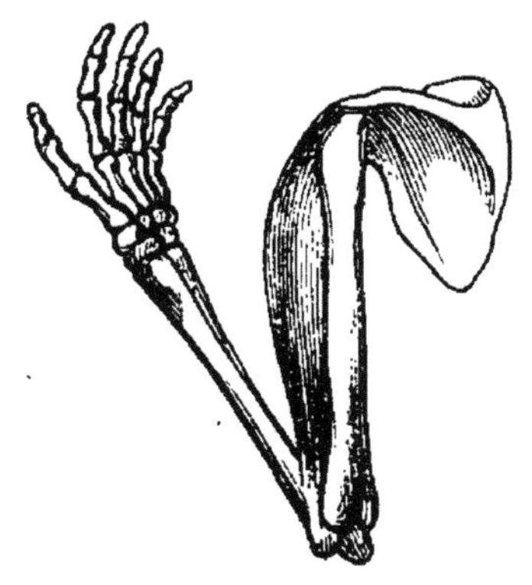

Fig. 21. *Muscle biceps dans l'état
de contraction.*

Or, si le muscle biceps se
contracte (*fig.* 21), l'épaule
servira de point fixe, et l'a-
vant-bras, entraîné seul par
la puissance contractile du
muscle, se fléchira sur le
bras. On verra en même
temps le corps du biceps
former, à la région moyenne
et antérieure du bras, une
tumeur dure et plus ou moins
volumineuse. Il peut arriver
cependant que, dans certaines
circonstances, les muscles
déplacent les os qui leur servent ordinairement de points
d'appui : c'est ainsi que le biceps fait mouvoir l'épaule lorsque,
le corps étant suspendu par les mains, on cherche à s'élever.

Les différents os du squelette représentent de véritables le-
viers soumis, dans tous leurs mouvements, aux lois ordinaires
de la mécanique.

SYSTÈME NERVEUX.

Organisation générale du système nerveux.

28. *Organisation générale du système nerveux.* — Siège des
sensations, de l'intelligence et de l'instinct, agent incitateur
des mouvements, le système nerveux est l'appareil intermédiaire entre le monde extérieur et le monde intérieur, le lien
mystérieux qui, chez l'homme, unit la matière à l'esprit.

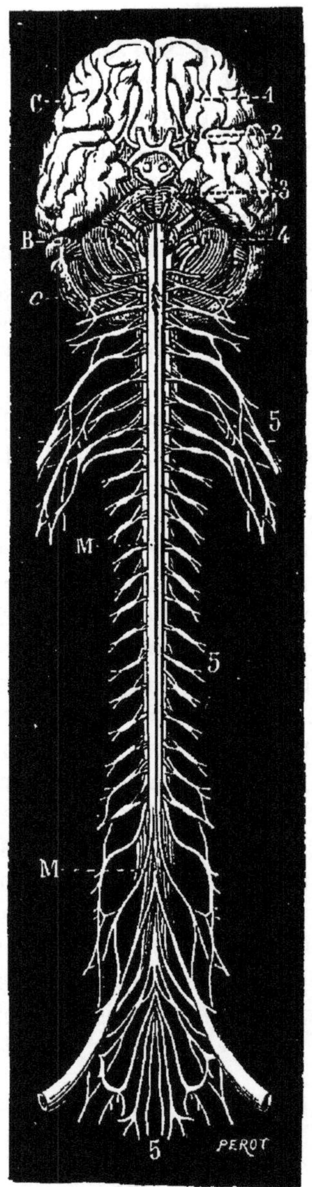

Fig. 22. *Système nerveux central de l'homme (face antérieure).*

C. Cerveau (base relevée d'avant en arrière). — B. Bulbe rachidien ou moelle allongée. — c. Cervelet. — M-M. Moelle épinière. — 1. Nerf olfactif. — 2. Nerf optique. — 3. Protubérance annulaire. — 4. Pyramides antérieures du bulbe rachidien. — 5-5-5. Nerfs spinaux.

Chez l'homme et chez tous les animaux vertébrés (mammifères, oiseaux, reptiles, batraciens et poissons), le système nerveux de la vie de relation se compose (*fig. 22*) d'une partie centrale ou *axe cérébro-spinal*, comprenant le *cerveau*, le *cervelet*, le *bulbe rachidien*, la *moelle épinière*, et d'une partie périphérique formée par des cordons allongés et ramifiés que l'on désigne sous le nom de *nerfs*.

Cerveau. Le cerveau est la partie la plus antérieure et la plus volumineuse du système nerveux. Il présente, chez l'homme, la forme d'un ovoïde déprimé, dont la grosse extrémité est tournée en arrière. Il est logé dans la cavité du crâne, dont il occupe la plus grande partie, et il est, en outre, enveloppé et protégé par trois membranes superposées, la *dure-mère*, l'*arachnoïde* et la *pie-mère*.

Le cerveau présente sur la ligne médiane un sillon très profond qui le divise en deux moitiés latérales nommées *hémisphères du cerveau*. Chacun de ces hémisphères est à son tour subdivisé en trois lobes, et porte à sa surface un grand nombre de sillons tortueux séparant des éminences arrondies et contournées sur elles-mêmes ; ces éminences ont reçu le nom de *circonvolutions du cerveau*. Dans l'intérieur des hémisphères se trouvent plusieurs cavités communiquant toutes les unes avec les autres, et que l'on désigne sous le nom de *ventricules*. On y remarque encore plusieurs masses nerveuses (couches optiques, corps striés, etc.), dont les fonctions spéciales ne sont encore qu'imparfaitement connues.

Le cerveau est composé de deux substances différentes : l'une *blanche*, qui se trouve à l'intérieur de sa masse, et l'autre de couleur *grise* qui forme à sa surface une couche continue, variant de 3 à 6 millimètres d'épaisseur. Ces deux substances sont molles, pulpeuses, et sont constituées, la première, par des faisceaux de *fibres* ou *tubes nerveux*, la seconde, par un amas de *cellules nerveuses*, fibres et cellules dont l'ensemble constitue le *tissu nerveux*.

Cervelet. Le cervelet est beaucoup moins volumineux que le cerveau. Il est situé en arrière et au-dessous de cet organe, et il offre, comme lui, deux lobes ou hémisphères latéraux entre lesquels se trouve un lobe moyen. La surface du cervelet ne porte pas de circonvolutions ; mais elle est creusée d'un grand nombre de sillons placés parallèlement les uns à côté des autres. Le cervelet occupe la partie postérieure et inférieure du crâne, et est enveloppé par les trois membranes qui recouvrent le cerveau ; comme ce dernier, il est composé de substance grise occupant sa surface extérieure, et de substance blanche située à l'intérieur. Ce centre blanc du cervelet présente, sur une coupe verticale de l'organe, une disposition arborescente qui lui a valu le nom d'*arbre de vie*.

Bulbe rachidien. Entre le cerveau, le cervelet et la moelle épinière se trouve le *bulbe rachidien*, qui a la forme d'un cône tronqué, ayant sa base en haut et son sommet en bas, où il se continue avec la moelle épinière, d'où le nom de *moelle allongée* sous lequel il est encore désigné.

Le cerveau, le cervelet et le bulbe rachidien, contenus dans le crâne, forment ce qu'on nomme l'*Encéphale* (ἐν, dans; κεφαλή, tête).

Moelle épinière. La moelle épinière est un long cordon de substance nerveuse qui fait suite au bulbe rachidien, et qui est logé dans le canal vertébral. Elle est entourée de tous côtés par un liquide nommé *céphalo-rachidien*, que contient un prolongement des membranes du cerveau. Sur le milieu de ses faces, antérieure et postérieure, se voit un sillon longitudinal qui la divise en deux moitiés latérales et symétriques. Comme le cerveau et le cervelet, elle est composée de substance grise et de substance blanche, mais avec cette différence que la substance grise, au lieu d'être à sa surface, en occupe le centre.

Nerfs. Les nerfs sont des cordons blanchâtres composés de faisceaux de fibres nerveuses, dont la substance est identique avec la substance blanche du cerveau et de la moelle épinière. Ces faisceaux sont entourés d'une membrane celluleuse nommée *névrilème*, et se divisent en branches et en ramuscules qui se répandent dans tous les organes. Il existe chez l'homme *quarante-trois* paires de nerfs, parfaitement symétriques :

Douze paires naissent des centres nerveux logés dans le crâne ; on les appelle *nerfs crâniens.*

Trente et une paires, nommées *nerfs spinaux*, naissent de la moelle épinière.

Fonctions du système nerveux de la vie de relation. Nerfs moteurs et nerfs sensitifs.

29. *Fonctions du système nerveux de la vie de relation.* — Nous ne pouvons qu'indiquer ici les diverses fonctions du système nerveux de la vie de relation : qu'il nous suffise de dire que le *cerveau* est le centre où viennent aboutir toutes les sensations et où elles sont perçues par le *moi*. Il est l'instrument de l'intelligence, de l'instinct et de la volonté. Le *cervelet* paraît être étranger aux fonctions élevées qui appartiennent au cerveau ; son rôle essentiel, selon la plupart des physiologistes, est de coordonner les mouvements volontaires. Quant à la *moelle épinière*, son usage principal est de transmettre au cerveau les impressions du dehors, et de conduire dans les nerfs le principe des mouvements que dirige la volonté.

Les *nerfs* servent à établir la communication des centres nerveux (cerveau, cervelet, moelle épinière), soit avec les muscles ou organes du mouvement, soit avec la peau, les muqueuses et autres parties sensibles de l'organisme. De là deux ordres de nerfs essentiellement différents quant à leurs fonctions : les *nerfs moteurs* et les *nerfs sensitifs*. Les pre-

miers font mouvoir les muscles ; les seconds transmettent les
impressions du dehors au cerveau, où elles sont perçues, et
converties en sensations. On comprend dès lors que pour qu'un
nerf puisse transmettre une impression au cerveau ou le principe du mouvement à un muscle, il est nécessaire qu'il s'étende
sans interruption, soit du point où l'impression s'est produite
jusqu'au cerveau, soit de cet organe au muscle qu'il doit mouvoir. Voilà pourquoi la section des nerfs qui se rendent à un
membre détermine aussitôt la *para'ysie* de ce membre, c'est-à-
dire l'abolition complète de la sensibilité et du mouvement.

Organes des sens.

30. *Organes des sens.* — C'est par l'intermédiaire de ces
organes que l'animal perçoit et apprécie les diverses qualités
ou propriétés des corps qui l'environnent. Chez l'homme, ainsi
que chez la plupart des animaux, les sens sont au nombre de
cinq, savoir : le *toucher*, le *goût*, l'*odorat*, la *vue* et l'*ouïe*.
..Chacun de ces sens s'exerce au moyen d'un appareil spécial
comprenant : 1° un organe particulier plus ou moins complexe
qui reçoit l'impression ; 2° un nerf sensitif chargé de conduire
l'impression produite ; 3° un centre nerveux qui la perçoit et
la transforme en *impression consciente* ou *sensation*.

Sens du toucher. Sensibilité tactile ou générale ; toucher proprement dit.

31. *Sens du toucher. Sensibilité tactile ou générale ; toucher
proprement dit.* — Le sens du toucher est celui qui nous aver-
tit du contact des corps extérieurs, et qui nous permet d'apprécier les diverses qualités de leur surface, leur grandeur,
leur forme, leur consistance, leur température, etc. Il faut
distinguer dans ce sens la *sensibilité tactile* ou *générale* et le
toucher proprement dit.

La *sensibilité tactile* est en quelque sorte un toucher passif ;
elle appartient à presque tous les organes, et plus particulièrement à toute la surface de la peau et des membranes muqueuses, d'où le nom de *sensibilité générale* par lequel on la désigne également. La sensibilité tactile nous instruit de la présence
immédiate des corps, mais elle ne nous donne aucune notion
précise sur leur forme, leur grandeur et toutes leurs autres

qualités extérieures : c'est le *toucher proprement dit* qui nous fournit ces dernières notions.

Loin d'être, comme la sensibilité tactile, répandu sur toute la surface du corps, le *toucher proprement dit* ne réside que dans certaines parties d'une sensibilité plus parfaite, et qui sont disposées de manière à pouvoir s'appliquer exactement sur les objets soumis à leur examen. Ainsi, chez l'homme, c'est la main, ou plutôt l'extrémité des doigts, qui est l'organe spécial de ce sens. Chez certains animaux, tels que le chat, le tigre, le lion, le cheval, etc., ce sont les lèvres et les poils du museau ; chez l'éléphant, le bout de la trompe ; chez quelques poissons, les appendices digitiformes des nageoires ; chez les insectes, les palpes et les antennes, etc.

Sens du goût.

52. *Sens du goût.* — Ce sens est celui qui nous fait connaître la saveur des corps. Il a pour siège principal la *langue* (*fig.* 1), organe charnu et très mobile dont la masse est presque entièrement formée par des fibres musculaires entre-croisées en divers sens. Libre dans sa partie antérieure, qui en forme la pointe, la langue est recouverte par une membrane muqueuse très vasculaire qui présente un grand nombre d'éminences ou *papilles* de formes variées. La langue reçoit trois nerfs crâniens, dont deux (le *lingual* et le *glosso-pharyngien*) lui donnent sa sensibilité spéciale, et le troisième (l'*hypoglosse*) sert à y exciter les mouvements.

Les substances sapides n'agissent sur le sens du goût qu'à la condition d'être préalablement dissoutes dans l'eau ou dans la salive. Les corps complètement insolubles sont généralement sans saveur. Les glandes salivaires doivent donc être considérées comme des organes accessoires du sens du goût. Il en est de même des organes de la mastication, qui, en divisant les aliments, multiplient leurs points de contact avec la langue et favorisent ainsi la perception des saveurs.

Sens de l'odorat.

53. *Sens de l'odorat.* — Les odeurs sont produites par des particules d'une extrême ténuité que certains corps laissent dégager dans l'air, et qui viennent se mettre en contact avec l'organe de l'odorat. Cet organe consiste en une membrane muqueuse, appelée *membrane pituitaire,* qui tapisse les *fosses nasales,* et reçoit un nerf de sensibilité spéciale nommé *nerf olfactif.*

Les *fosses nasales* (*fig.* 23) sont deux cavités osseuses creusées dans la face et séparée l'une de l'autre par une cloison médiane et verticale. Ces deux cavités s'ouvrent au dehors par les narines, et communiquent en arrière avec le pharynx. Leurs parois latérales présentent des lamelles osseuses, recourbées sur elles-mêmes, au nombre de trois de chaque côté chez l'homme; ce sont les *cornets* du nez, que l'on distingue en cornet supérieur, moyen et inférieur, et que séparent des gouttières ou sillons longitudinaux appelés *méats.*

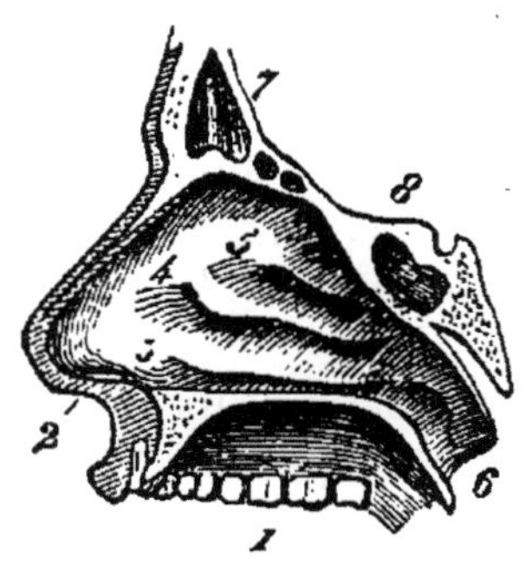
Fig. 23. *Organe de l'odorat.*

1. Bouche. — 2. Ouverture antérieure des fosses nasales. — 3. Cornet inférieur. — 4. Cornet moyen. — 5. Cornet supérieur. — 6. Ouverture postérieure des fosses nasales. — 7. Sinus frontaux. — 8. Sinus sphénoïdal.

La *pituitaire* ou membrane muqueuse qui tapisse les fosses nasales présente à sa surface une foule de petites saillies qui lui donnent un aspect velouté. Elle est continuellement lubrifiée par un mucus assez consistant, et reçoit à sa partie supérieure les ramifications nombreuses du *nerf olfactif,* qui forme la première paire des nerfs crâniens.

Le mécanisme de l'odorat est très simple. L'air, chargé des particules odorantes, pénètre dans les fosses nasales à chaque inspiration et va frapper la pituitaire, qui en perçoit les qualités et les transmet au cerveau par l'intermédiaire du nerf olfactif.

Le développement et la finesse de l'odorat sont nécessairement en raison directe de l'étendue de la membrane pituitaire et du volume du nerf olfactif. Certains animaux parmi les mammifères, tels que les carnassiers, les ruminants, les pachydermes, etc., sont, sous ce rapport, beaucoup plus favorisés que l'homme.

Sens de la vue.

54. *Sens de la vue.* — La vue est le sens qui nous rend sensibles à l'action de la lumière et qui nous fait connaître, par l'intermédiaire de cet agent, la couleur, la forme, la grandeur, la position et les mouvements des corps qui nous environnent.

L'appareil de la vision se compose : 1° du globe de l'œil et du nerf optique; 2° des organes accessoires qui servent à protéger le globe de l'œil et à le mouvoir.

Le *globe de l'œil* (*fig.* 24) est un organe de forme sphéroïdale, composé de plusieurs enveloppes membraneuses et de milieux transparents à travers lesquels la lumière se réfracte. Les enveloppes de l'œil sont, en procédant de dehors en dedans, la *sclérotique*, la *cornée transparente*, la *choroïde* et la *rétine*.

La *sclérotique* est blanche, opaque, de nature fibreuse et très résistante. Elle a la forme d'une sphère un peu comprimée d'arrière en avant, et se continue antérieurement avec la *cornée transparente*, membrane circulaire d'une épaisseur assez considérable, ressemblant à un verre de montre et formée de couches fibreuses superposées. En dedans de la sclérotique se trouve la *choroïde* ou membrane vasculaire de l'œil, dont la face interne est recouverte d'une matière noire destinée à absorber tous les rayons lumineux inutiles à la vision. Enfin, sur la surface interne de la choroïde est appliquée la *rétine, destinée à recevoir l'impression de la lumière.* Cette membrane molle et blanchâtre est formée par l'épanouissement du nerf optique.

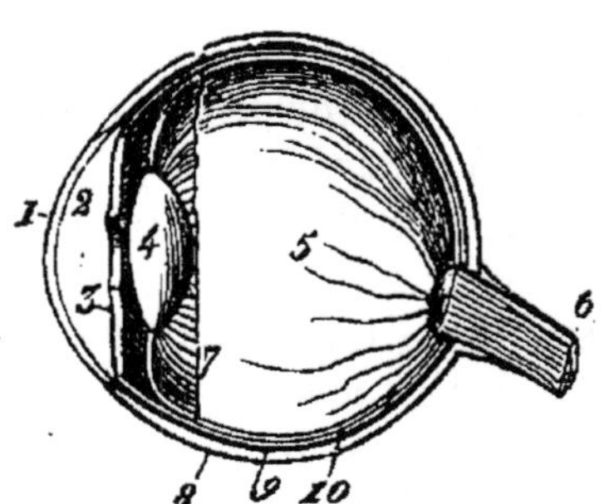

Fig. 24. *Coupe verticale de l'œil.*

1. Cornée transparente. — 2. Chambre antérieure. — 3. Iris. — 4. Cristallin. — 5. Humeur vitrée. — 6. Nerf optique. — 7. Procès ciliaires. — 8. Sclérotique. — 9. Choroïde. — 10. Rétine.

Les milieux réfringents de l'œil sont, en procédant d'avant en arrière, l'*humeur aqueuse*, le *cristallin* et l'*humeur vitrée*.

L'*humeur aqueuse* est un liquide parfaitement incolore, répandu entre la face postérieure de la cornée transparente et la face antérieure du cristallin. Vers le milieu de cet espace se trouve un diaphragme circulaire nommé *iris*, dont la partie centrale est percée d'une ouverture que l'on appelle *pupille*. Cette ouverture varie de grandeur selon la quantité de lumière que l'œil reçoit. Ainsi, lorsque la lumière est vive, la pupille se resserre; elle se dilate au contraire dans l'obscurité ou à une lumière peu intense. La face antérieure de l'iris est diversement colorée, suivant les individus : elle est généralement bleue chez les personnes blondes, et brun-marron chez les personnes à cheveux noirs.

Le *cristallin* a la forme d'une lentille biconvexe, verticalement placée derrière l'iris, à très petite distance de cette membrane. Derrière lui se trouve un espace assez considérable que remplit un liquide gélatineux et diaphane nommé *humeur vitrée*.

Le *nerf optique*, dont la rétine n'est que l'épanouissement dans l'intérieur de l'œil, traverse en arrière la choroïde et la sclérotique, pénètre dans le crâne par une ouverture située au fond de l'orbite, s'entre-croise avec celui du côté opposé, et va se rendre dans le cerveau, auquel il transmet l'impression de la lumière.

Les *organes accessoires* de l'appareil de la vision sont les *orbites* ou cavités osseuses creusées dans la face et destinées à loger le globe de l'œil; les *paupières*, formées extérieurement par la peau et tapissées intérieurement par une membrane muqueuse appelée *conjonctive*. Entre la peau et la conjonctive se trouvent un cartilage et des muscles servant à mouvoir les paupières. Une glande, nommée *glande lacrymale*, placée à la partie externe et supérieure de l'œil, sécrète les larmes, lesquelles ont pour but de lubrifier sans cesse la surface de l'œil, et sont ensuite absorbées et conduites dans l'intérieur du nez par les *points lacrymaux* et le *canal nasal*. Quant aux *muscles* qui servent à mouvoir le globe de l'œil, ils sont au nombre de six, savoir : les muscles droits supérieur, inférieur, interne, externe, et deux obliques, le grand et le petit. Enfin les *cils* et les *sourcils* sont encore des organes protecteurs de l'œil, en ce sens qu'ils le défendent contre une lumière trop vive et contre les corpuscules de poussière qui flottent dans l'atmosphère.

33. *Mécanisme de la vision.* — L'œil ressemble assez exactement à l'instrument d'optique connu sous le nom de *chambre* *noire*. La pupille est l'ouverture par laquelle pénètrent les rayons lumineux; la cornée transparente et le cristallin représentent la lentille qui produit l'image; la rétine forme l'écran qui la reçoit.

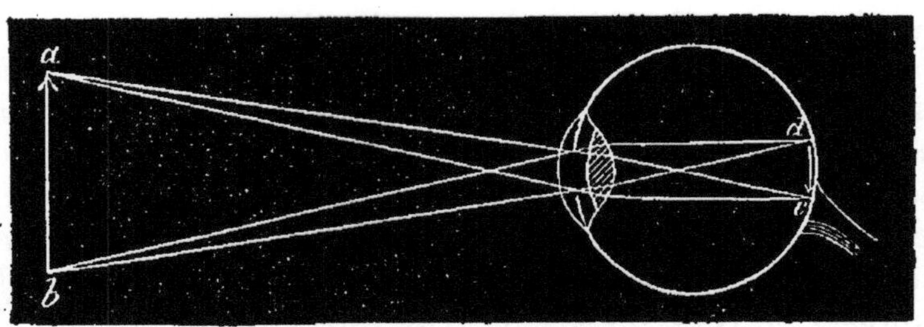

Fig. 25. *Marche des rayons lumineux dans l'œil.*

Les objets extérieurs viennent en effet se peindre en petit sur la rétine, comme le représente la *figure* 25, c'est-à-dire dans une position renversée. Nous avons expliqué dans notre *Traité de physique*, chap. XXVII, comment les lentilles biconvexes donnent les images réelles et renversées des objets situés au delà de leur foyer principal. L'image rétinienne se forme de la même manière. Les rayons lumineux partis du point *a*, après avoir traversé les milieux réfringents de l'œil, viennent, en effet, se réunir en un point *c* situé sur la rétine, tandis que les rayons partis du point *b* se réunissent en *d*. Or, comme il en serait de même de tous les rayons envoyés par les points compris entre *a* et *b*, il en résulte que l'on aura sur la rétine l'image réelle *cd*, plus petite et renversée, de l'objet *ab*. C'est cette image qui produit sur la rétine une impression que transmet au cerveau le nerf optique pour y donner la sensation de l'objet.

Pour des corps d'un grand volume et suffisamment éclairés, la limite à laquelle nous pouvons les voir distinctement est l'infini; ainsi nous voyons les étoiles, dont l'éloignement est immense. Mais pour des objets de petite dimension, par exemple pour des caractères d'écriture, il y a une distance déterminée à laquelle nous sommes obligés de les placer pour en avoir une perception nette. Cette distance est celle de la vision distincte; en deçà et au delà la perception est confuse.

La distance de la vision distincte est d'environ 25 à 30 centimètres pour les vues ordinaires; mais il y a des individus qui ne peuvent voir distinctement qu'à une distance beaucoup plus

4.

grande ou plus petite. Si la portée visuelle dépasse 40 centimètres, la vue cesse d'être normale, et cette infirmité porte le nom de *presbytie*, parce qu'elle est surtout commune chez les personnes avancées en âge (πρέσβυς, vieillard); au contraire, si la portée visuelle est au-dessous de 20 centimètres, cette disposition constitue la *myopie*, ainsi nommée parce que les individus qui en sont atteints ont l'habitude de cligner, c'est-à-dire de fermer les yeux à demi (de μύω, je ferme, et ὄψ, œil).

On remédie à la première de ces infirmités en plaçant devant les yeux des verres *convexes*, et à la seconde, au moyen de verres *concaves*, lesquels ont pour effet, les uns ou les autres, de ramener exactement l'image des objets sur la rétine, condition nécessaire pour que la vision soit nette et précise.

L'impression produite sur la rétine par le contact de la lumière dure pendant un certain temps après que ce contact a cessé. La durée de cette impression est en raison directe de sa vivacité. C'est pour cette raison qu'une lumière tournée avec rapidité nous représente un cercle de feu; que les rayons d'une roue marchant avec vitesse semblent se confondre et donnent la sensation d'un disque, etc.

Sens de l'ouïe.

56. *Sens de l'ouïe.* — Ce sens est celui qui nous fait connaître les sons produits par les mouvements vibratoires des corps, et qui nous permet d'en apprécier le timbre, la hauteur, l'intensité et la direction.

Chez l'homme et chez tous les animaux mammifères, l'appareil de l'ouïe (*fig.* 26) est très compliqué. Il est en grande partie renfermé dans l'épaisseur d'une portion de l'os temporal qui, en raison de sa grande dureté, porte le nom de *rocher*. On distingue dans cet appareil trois parties, désignées sous les noms d'*oreille externe*, d'*oreille moyenne* et d'*oreille interne*.

L'*oreille externe* se compose de la *conque* ou *pavillon* et du *conduit auriculaire*.

Le *pavillon* est une lame fibro-cartilagineuse, souple, élastique et disposée comme une sorte de cornet acoustique pour recueillir et concentrer les sons. Chez l'homme, le pavillon est peu développé; mais chez certains animaux, tels que l'éléphant, l'âne, le lièvre, la chauve-souris, etc., cette partie de l'appareil auditif acquiert de très grandes dimensions et exécute des mouvements très variés et souvent très étendus. Au pavillon fait suite le *conduit auriculaire* ou *auditif externe*, canal osseux qui s'enfonce dans l'os temporal et se recourbe en haut et en avant. Ce conduit est tapissé par la peau, qui devient muqueuse, et qui renferme un grand nombre de follicules sébacés destinés à sécréter une matière jaune et épaisse connue sous le nom de *cérumen*.

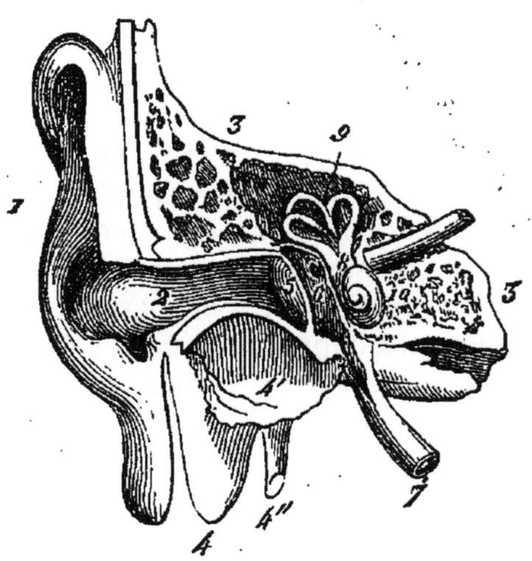

Fig. 26. *Appareil de l'ouïe chez l'homme.*

1. Pavillon de l'oreille. — 2. Conduit auditif externe. — 3-3. Rocher. — 4. Apophyse mastoïde. — 4'. Cavité glénoïde, servant à l'articulation de la mâchoire inférieure. — 4''. Apophyse styloïde. — 5. Membrane du tympan. — 6. Caisse du tympan. — 7. Trompe d'Eustache. — 8. Vestibule. — 9. Canaux demi-circulaires. — 10. Limaçon. — 11. Nerf acoustique.

L'oreille moyenne ou *caisse du tympan* est une cavité irrégulière creusée dans la substance osseuse du rocher, et mise en communication avec l'air extérieur par un conduit nommé *trompe d'Eustache*, venant s'ouvrir à la partie postérieure des fosses nasales. Une membrane fortement tendue, nommée *membrane du tympan*, la sépare du conduit auditif externe.

Dans l'intérieur de l'oreille moyenne se trouvent quatre os d'une extrême petitesse : ce sont les *osselets de l'ouïe*, articulés entre eux de manière à former une chaîne étendue transversalement entre la membrane du tympan et l'oreille interne. Ces osselets (*fig.* 27) portent les noms de *marteau*, d'*enclume*, d'*os lenticulaire* et d'*étrier*.

L'oreille interne, qui porte encore le nom de *labyrinthe*, est creusée comme l'oreille moyenne dans le rocher. Elle se com-

Fig. 27. *Osselets de l'ouïe dans leur position naturelle.*

T. F. Oreille moyenne ou caisse du tympan. — T. Membrane du tympan. — *m.* Marteau. — *c.* Enclume. — *l.* Os lenticulaire. — *e.* Étrier.

pose de trois cavités, qui sont le *vestibule*, les *canaux demi-circulaires* et le *limaçon*, dans lesquelles vient se distribuer le *nerf auditif* ou *acoustique*.

L'oreille moyenne est remplie d'air qui se renouvelle au moyen de la trompe d'Eustache , laquelle s'ouvre à la partie postérieure des fosses nasales. L'oreille interne est au contraire remplie d'un liquide aqueux que renferme une poche membraneuse qui tapisse l'intérieur du vestibule et des canaux demi-circulaires.

57. *Mécanisme de l'audition.* — Le mécanisme de l'audition est facile à comprendre. Les vibrations exécutées par les corps sonores se communiquent à l'air ou au milieu ambiant et arrivent au pavillon de l'oreille. Celui-ci les recueille et les dirige dans le conduit auditif externe jusqu'à la membrane du tympan, qui entre elle-même en vibration. Ces vibrations sont ensuite transmises par l'air contenu dans l'oreille moyenne et par la chaîne des osselets jusqu'à l'oreille interne, c'est-à-dire, aux filets nerveux du nerf acoustique, qui les reçoit et les transmet au cerveau.

<h3 style="text-align:center">Organe de la voix.</h3>

58. *Voix.* — La *voix* consiste dans la production des sons particuliers dont l'homme et certains animaux se servent comme moyen d'expression et de communication. Cette faculté n'appartient qu'aux animaux vertébrés qui vivent dans l'air. Les poissons et tous les animaux inférieurs en sont dépourvus. Le bruit monotone que font entendre certains insectes ne saurait être assimilé à la voix ; il résulte du simple frottement de leurs ailes ou de quelques autres parties de leur enveloppe tégumentaire, et ne peut être en aucune façon considéré comme un phénomène d'expression.

59. *Organe de la voix.* — Chez l'homme et chez les mammifères, la voix se produit dans un organe spécial situé à la partie supérieure de la trachée-artère et nommé *larynx* (*fig.* 28 et 29). Cet organe est une espèce de tuyau large et court, formé par quatre cartilages unis entre eux par une membrane fibreuse et tapissés intérieurement par une membrane mu-

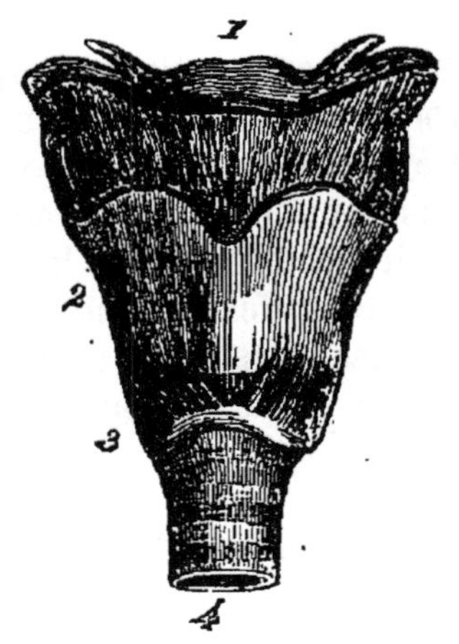

Fig. 28. *Larynx de l'homme.*

1. Os hyoïde. — 2. Cartilage thyroïde.—3.Cartilage cricoïde. — 4. Commencement de la trachée.

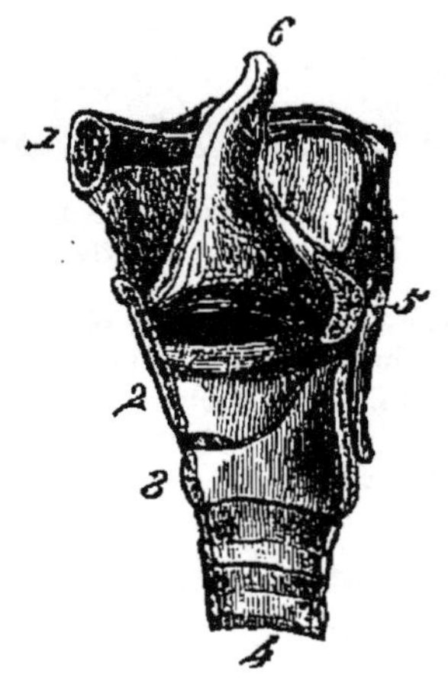

Fig. 29. *Coupe verticale du larynx.*

1. Os hyoïde. — 2. Cartilage thyroïde. — 3. Cartilage cricoïde. — 4. Trachée. — 5. Cartilage aryténoïde. — 6. Épiglotte. — 7. Cordes vocales et ventricule de la glotte.

queuse, laquelle présente, vers le milieu de cet organe, deux replis latéraux dirigés d'avant en arrière et laissant entre eux une ouverture longitudinale analogue à une boutonnière. Ces deux replis portent le nom de *cordes vocales* ou *ligaments inférieurs de la glotte*. Un peu plus haut sont deux autres replis semblables aux précédents et que l'on nomme *ligaments supérieurs de la glotte*. L'espace compris entre ces quatre replis constitue ce que l'on appelle la *glotte*. Enfin, au-dessus de l'ouverture supérieure du larynx se trouve une espèce de soupape ou languette cartilagineuse ayant la forme d'une feuille de pourpier et pouvant s'élever ou s'abaisser de manière à laisser libre ou à fermer la cavité du larynx. Cette soupape membraneuse a reçu le nom d'*épiglotte*.

Indépendamment de ces diverses parties, le larynx présente encore plusieurs muscles destinés à y produire les mouvements nécessaires à la formation de la voix.

40. *Mécanisme de la voix.* — La formation des sons dépend de l'action de l'air sur les cordes vocales. La plupart des physiologistes ont comparé le larynx à un instrument à anche ordinaire, le hautbois, par exemple. Le courant d'air venant du poumon imprime aux cordes vocales des vibrations plus ou moins rapides qui, se transmettant à la colonne aérienne ainsi qu'aux parties environnantes, produisent des sons plus ou moins aigus.

L'homme est le seul être de la création qui possède la faculté de modifier les divers sons de sa voix, de manière à former des mots pour exprimer ses pensées ; lui seul est doué de la *parole*. Cette modification des sons vocaux, qui a reçu le nom de *prononciation*, se fait principalement dans la bouche au moyen des mouvements combinés de la langue, des mâchoires, des joues et des lèvres.

Il ne faut pas confondre la voix et la parole avec le *cri*, qui appartient aux animaux aussi bien qu'à l'homme, et par lequel s'expriment les sensations vives, agréables ou douloureuses. Le cri est une sorte de langage instinctif qui nous sert à faire connaître nos besoins les plus simples, ainsi que nos passions naturelles, la fureur, l'effroi, la crainte, la joie, etc.

Résumé.

I. On entend par *fonctions de relation* celles qui ont pour objet de mettre les animaux en rapport avec le monde extérieur. Ces fonctions présentent deux ordres de phénomènes distincts : le *mouvement volontaire* et la *sensibilité*.

II. Les organes du mouvement volontaire sont de deux ordres : les organes *passifs* et les organes *actifs*. Les premiers sont les os ou certaines parties tégumentaires, les seconds sont les muscles.

III. Le squelette peut être *interne* ou *externe*. Le squelette interne appartient aux animaux vertébrés ; il est constitué par des os articulés les uns avec les autres, et présente trois régions distinctes : le *tronc*, la *tête* et les *membres*. Le squelette externe appartient aux animaux inférieurs ; il est formé par la peau devenue dure, cornée ou calcaire, exemple : les insectes, les crustacés, etc.

IV. Les os dont se compose le squelette sont formés de deux substances différentes : l'une cartilagineuse (*osséine*), qui en constitue la trame organique, et l'autre calcaire, qui est incrustée dans les fibres et les lamelles de la première. Ils sont unis entre eux au moyen d'*articulations*, les unes fixes, comme pour les os du crâne, par exemple, les autres mobiles, comme celles qui unissent les os des membres.

V. On entend par *articulation* l'assemblage de deux ou d'un plus grand nombre d'os qui se touchent ou se correspondent par des surfaces dont la configuration est réciproque.

VI. Le système nerveux est le principal organe de l'économie. Chez l'homme et chez tous les animaux vertébrés, ce système est formé d'une partie centrale et d'une partie périphérique. La partie centrale, que l'on appelle *axe cérébro-spinal*, se compose du *cerveau*, du *cervelet*, du *bulbe rachidien* et de la *moelle épinière*. La partie périphérique est représentée par les *nerfs*.

VII. Le cerveau est le siège des sensations, de l'intelligence et de la volonté; le cervelet a pour fonction principale de régulariser les mouvements; la moelle épinière et les nerfs transmettent les impressions sensitives et le principe des mouvements. Les nerfs se divisent en nerfs *moteurs* et en nerfs *sensitifs*. Les premiers déterminent les contractions musculaires, les seconds ne servent qu'à la transmission des sensations.

VIII. On désigne sous le nom d'*organes des sens* certains organes ou appareils au moyen desquels l'animal perçoit et apprécie les diverses qualités ou propriétés des corps qui l'environnent. Chez l'homme et chez la plupart des animaux, les sens sont au nombre de cinq, savoir : le *toucher*, le *goût*, l'*odorat*, la *vue* et l'*ouïe*.

IX. Le *toucher* a pour siège principal la peau. Il comprend la *sensibilité générale* ou sensibilité tactile, qui nous instruit simplement de la présence des corps, et le *toucher proprement dit*, qui nous instruit de leur forme, de leurs dimensions, de leur consistance, etc., et qui chez l'homme a pour siège spécial les doigts de la main.

X. Le *goût* a pour organe principal la langue, dont la muqueuse reçoit deux nerfs, le nerf lingual et l'hypoglosse, qui lui donnent sa sensibilité spéciale. L'*organe de l'odorat* a pour siège une membrane muqueuse, nommée *membrane pituitaire*, qui tapisse les fosses nasales et dans laquelle vient se ramifier le nerf olfactif.

XI. L'*appareil de la vision* se compose essentiellement du *globe de l'œil* et du *nerf optique*. Le globe de l'œil est formé de plusieurs enveloppes membraneuses (sclérotique, cornée transparente, choroïde, rétine) et de milieux transparents (humeur aqueuse, cris-

tallin, humeur vitrée) à travers lesquels la lumière se réfracte.
Entre la cornée transparente et le cristallin se trouve une membrane placée de champ, *l'iris*, percée à son centre d'une ouverture
circulaire nommée *pupille*.

XII. L'œil ressemble assez exactement à l'instrument d'optique
connu sous le nom de *chambre noire*. La pupille est l'ouverture
par laquelle pénètrent les rayons lumineux ; la cornée transparente
et le cristallin représentent la lentille qui produit l'image ; la
rétine forme l'écran qui la reçoit. Cette image est renversée et plus
petite que les objets.

XIII. *L'appareil de l'ouïe* est en grande partie logé dans l'épaisseur de l'os temporal. Il se divise en trois parties : *l'oreille
externe*, *l'oreille moyenne* ou *caisse du tympan* et *l'oreille interne*, dans laquelle se distribuent les ramifications du nerf acoustique.

XIV. La *voix* est la faculté que possèdent certains animaux de
produire des sons qui leur servent de moyens d'expression et de
communication. Elle se forme dans le *larynx*. L'homme est le seul
être qui possède la faculté de modifier les divers sons de sa voix de
manière à former des mots pour exprimer ses pensées. Lui seul est
doué de la parole.

CHAPITRE III.

Classifications zoologiques. — Division du règne animal en embranchements, en sous-embranchements et en classes.

Classifications zoologiques.

41. *Classifications zoologiques.* — Les êtres actuellement connus qui composent le règne animal sont tellement nombreux que la mémoire la plus vaste ne saurait les retenir ; la vie d'un homme ne pourrait suffire à leur étude individuelle. Il a donc fallu, pour rendre possible la connaissance complète et méthodique des animaux, les distribuer, d'après leurs analogies de structure et d'organisation, en groupes de divers ordres, dont le nombre restreint permit d'embrasser facilement l'ensemble du règne animal. Tel a été le but de toutes les classifications zoologiques proposées aux diverses époques de la science. Les classifications les plus célèbres sont celles de Linné, de Lamarck et de Georges Cuvier.

42. *Classifications de Linné et de Lamarck.* — Linné, que l'on peut considérer comme le véritable fondateur de l'histoire naturelle, partagea, vers le milieu du dernier siècle, le règne animal en six classes, savoir : les mammifères, les oiseaux, les reptiles, les poissons, les insectes et les vers. Les quatre premières classes sont encore admises aujourd'hui par tous les naturalistes. Mais les deux dernières, les insectes et les vers, sont défectueuses, en ce sens qu'elles renferment des animaux de structure très différente : ainsi, dans la classe des insectes se trouvent réunis les insectes proprement dits, les crustacés et les arachnides ; dans la classe des vers se trouvent confondus des animaux encore plus différents, tels que les polypes, les annélides et les mollusques. Ces imperfections dans la classification de Linné sont le résultat des connaissances fort incomplètes que l'on avait, à l'époque où vivait ce grand naturaliste, sur l'organisation des animaux inférieurs.

Lamarck, en 1801, divisa les animaux en deux grandes séries. les VERTÉBRÉS, caractérisés par un squelette intérieur, comprenant les mammifères, les oiseaux, les reptiles et les poissons; les **invertébrés** privés d'un squelette intérieur et qu'il divisait en animaux *sensibles* et en animaux *apathiques*, dernière classe dans laquelle il rangeait tous les animaux dépourvus ou que l'on croyait alors dépourvus d'un système nerveux distinct.

Ces deux classifications, après avoir été suivies pendant un certain temps, furent ensuite abandonnées lorsque les progrès et les découvertes de l'anatomie comparée vinrent en démontrer l'insuffisance. C'est alors que parut, vers 1820, la classification naturelle de Georges Cuvier, que suivent encore tous les naturalistes, et que nous allons maintenant exposer en détail.

Classification de Georges Cuvier. Division du règne animal en quatre embranchements.

45. *Classification de Georges Cuvier.* — Lorsqu'on examine l'ensemble du règne animal, on ne tarde pas à y reconnaître quatre types fondamentaux d'organisation, auxquels viennent se réduire par l'analyse toutes les formes, quelque variées qu'elles soient, des divers animaux. Or ces quatre types *correspondent chacun à une modification particulière dans la structure et la conformation du système nerveux*, et constituent les quatre grandes divisions primaires du règne animal, que G. Cuvier a désignées sous le nom d'*embranchements,* savoir :

1° Les **vertébrés**,
2° Les **annelés**,
3° Les **mollusques**,
4° Les **rayonnés** ou **zoophytes**.

Les différences fondamentales qui distinguent entre eux ces quatre embranchements n'ont rien qui puisse nous surprendre, si nous considérons que ce qui caractérise essentiellement l'animalité, c'est la faculté de sentir et la faculté de se mouvoir volontairement, facultés qui, ainsi que nous l'avons vu, sont sous la dépendance exclusive du système nerveux. La conformation de ce système devait donc fournir, dans ses divers modes d'arrangement, les caractères dominateurs de toute l'organisation animale, ceux auxquels devaient être et sont, en effet, subordonnées toutes les autres parties de cette organisation.

Examinons maintenant d'une manière générale les caractères

fondamentaux de chacun de ces quatre types ou embranchements, que nous représenterons, pour fixer les idées, par
quatre animaux bien connus : le singe (vertébrés), l'écrevisse (annelés), l'escargot ou limaçon (mollusques), l'étoile de mer (rayonnés ou zoophytes).

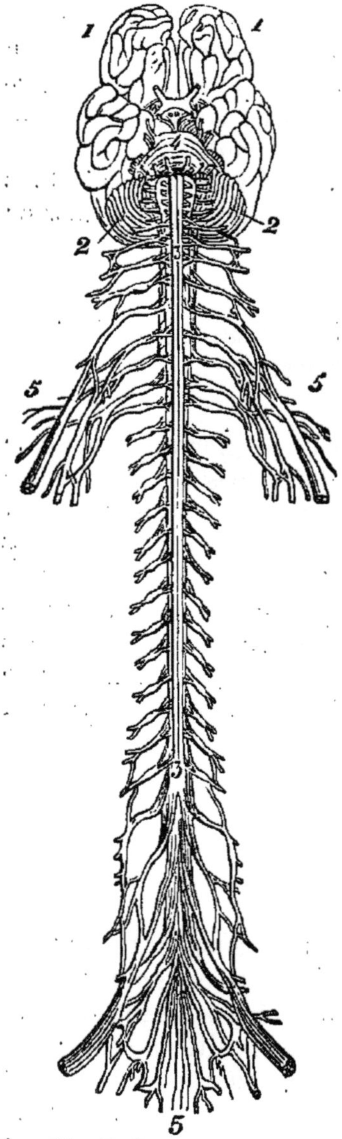

1er *Embranchement :* les VERTÉBRÉS. — Ces animaux sont caractérisés par un système nerveux central représentant un axe (axe cérébro-spinal) renfermé dans le crâne et dans le canal vertébral, et composé (*fig.* 30) de plusieurs renflements désignés sous les noms de cerveau, cervelet, bulbe rachidien, moelle épinière. De ces renflements partent des cordons blanchâtres appelés nerfs, dont les uns président aux mouvements volontaires et les autres à la sensibilité. Outre ce système nerveux, les animaux vertébrés en possèdent un autre nommé système ganglionnaire ou du grand sympathique, lequel tient sous sa dépendance les fonctions de la vie organique.

Tous ces animaux sont construits d'après un type commun d'organisation qui a permis aux naturalistes de les réunir en un seul groupe, sous la dénomination d'animaux *vertébrés.* Tous sont en effet pourvus d'un squelette intérieur dont l'axe est formé par la *colonne vertébrale* et par le crâne. Leur tête, généralement séparée du reste du corps par un col plus ou moins long, renferme, avec le cerveau,

Fig. 30. *Système nerveux central de l'homme.*

1-1. Cerveau. — 2-2. Cervelet et bulbe rachidien. — 3-3. Moelle épinière. — 4. Protubérance annulaire ou pont de Varole. — 5-5-5. Nerfs spinaux.

les organes du goût, de l'odorat, de la vue et de l'ouïe. Leurs mâchoires sont horizontales et se meuvent toujours verticalement, excepté chez les ruminants, où elles exécutent aussi des mouvements latéraux. Leurs membres ne dépassent jamais le nombre de quatre. Leur sang, constamment rouge, circule, sous l'influence du cœur, dans un système complet de vaisseaux artériels et veineux.

2e *Embranchement* : les ANNELÉS. — Ces animaux ont un système nerveux qui consiste en deux longs cordons longitudinaux, quelquefois distincts, mais le plus souvent intimement soudés (*fig.* 31). De distance en distance, ces cordons présentent des renflements ganglionnaires d'où naissent des filets nerveux qui se distribuent dans le corps de l'animal. Le premier de ces renflements ganglionnaires est souvent plus volumineux que les autres, et représente évidemment le cerveau des animaux supérieurs ; il donne naissance aux deux nerfs optiques, et forme en arrière une anse nerveuse qui embrasse la partie supérieure de l'œsophage.

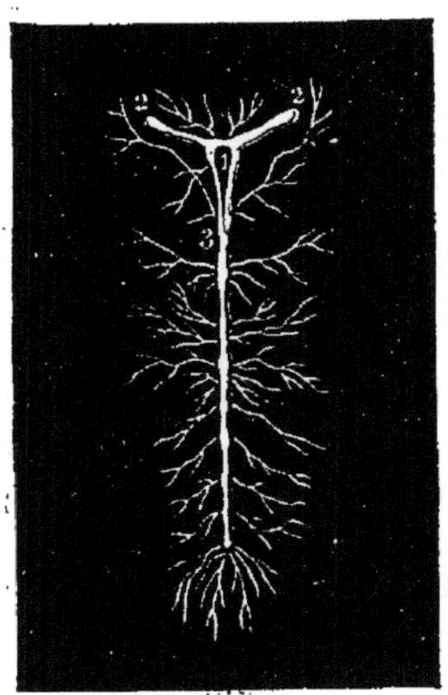

Fig. 31. *Système nerveux des annelés.*

1. Collier œsophagien. — 2-2. Nerfs optiques partant de la première paire de ganglions. — 3. Seconde paire de ganglions.

Le corps, chez ces animaux, n'est plus soutenu par un squelette intérieur ; leur charpente est entièrement constituée par leurs téguments externes, lesquels acquièrent souvent une dureté considérable (squelette extérieur) et forment alors comme une sorte d'étui, composé d'anneaux placés en file, et plus ou moins mobiles les uns sur les autres, d'où le nom d'*annelés* donné à tout ce groupe d'animaux.

3e *Embranchement* : les MOLLUSQUES. — Le système nerveux de ces animaux se compose (*fig.* 32) d'un certain nombre de renflements ou ganglions, tantôt disposés avec symétrie, tantôt dispersés irrégulièrement dans toutes les parties du corps de l'animal. Ces ganglions communiquent entre eux par des cordons qui vont de l'un à l'autre, et ils envoient des filets nerveux aux différents organes.

Le corps de ces animaux est mou, comme l'indique leur nom, et leur peau n'est constituée que par une enveloppe flexible et contractile, qui souvent se recouvre de plaques cornées ou calcaires nommées *coquilles*.

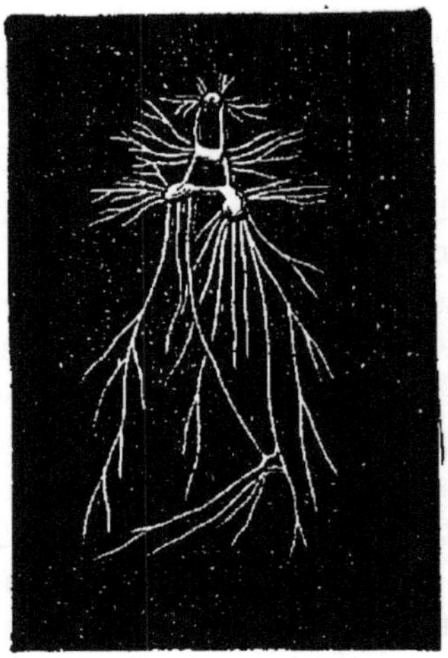

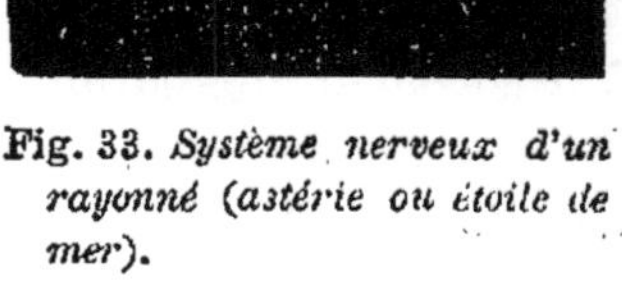

Fig. 32. *Système nerveux des mollusques.*

4e *Embranchement :* les RAYONNÉS ou ZOOPHYTES. — Les animaux compris dans les trois embranchements qui précèdent ont tous le corps partagé plus ou moins exactement en deux moitiés symétriques par rapport à un plan médian, et, par suite, leurs principaux organes (ceux des sens et du mouvement) disposés par paires, à droite et à gauche de ce plan. Chez les rayonnés ou zoophytes, ce genre de symétrie, dite *symétrie bilatérale*, disparaît, et est remplacé par une autre disposition dite *symétrie radiaire* ou *rayonnée*. Les diverses parties du corps tendent, en effet, à se grouper autour d'un point central ou d'une ligne verticale, de manière à présenter dans leur ensemble une forme radiée ou globuleuse plus ou moins complète. L'animal connu sous le nom d'*étoile de mer* nous offre le plus bel exemple de cette disposition.

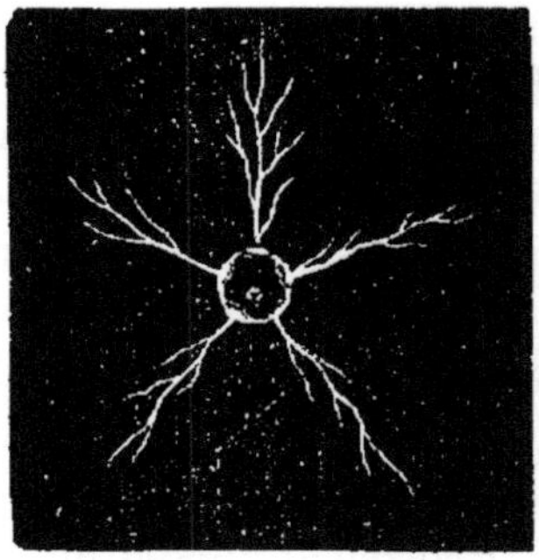

Beaucoup de ces animaux, parmi les plus inférieurs de ce groupe, n'ont pas de système nerveux distinct. Chez ceux qui en sont pourvus, tels que les astéries ou étoiles de mer, certains polypes, ce système se compose (*fig.* 33) d'un cordon circulaire présentant quelques ganglions dans son épaisseur, d'où partent des filaments nerveux qui se dirigent en rayonnant vers la périphérie du corps de l'animal.

Fig. 33. *Système nerveux d'un rayonné (astérie ou étoile de mer).*

Par leur forme, aussi bien que par leur manière de vivre,

la plupart des rayonnés offrent au premier abord une certaine ressemblance avec les plantes, d'où le nom de *zoophytes* ou *animaux-plantes* par lequel on les désigne également. L'idée la plus saisissante de cette ressemblance nous est donnée par les *Actinies* ou *anémones de mer*.

Les annelés, les mollusques et les rayonnés sont caractérisés par l'absence d'un squelette intérieur : de là le nom d'ANIMAUX INVERTÉBRÉS, sous lequel Lamarck les avait réunis en un seul groupe pour les distinguer des ANIMAUX VERTÉBRÉS, qui forment le premier embranchement.

Subdivision des embranchements en groupes secondaires ou sous-embranchements.

44. *Subdivision des embranchements en groupes secondaires, ou sous-embranchements.* — Les quatre embranchements représentant les quatre *types fondamentaux* de l'organisation animale, dont nous venons d'indiquer les caractères généraux, ont été subdivisés, comme nous l'avons dit plus haut, les trois premiers chacun en deux groupes, et le quatrième en trois groupes d'animaux, chez lesquels les zoologistes modernes ont cru reconnaître un ensemble de caractères communs assez complet pour constituer autant de *types secondaires*, moins nettement définis que les premiers, mais néanmoins suffisamment tranchés pour justifier la subdivision de ces quatre embranchements en sous-embranchements, savoir :

VERTÉBRÉS.
> 1er Groupe ou sous-embranchement : VERTÉBRÉS à respiration toujours pulmonaire ;
>
> 2e Groupe : VERTÉBRÉS à respiration branchiale transitoire ou permanente.

ANNELÉS.
> 1er Groupe : ARTHROPODES ; corps annelé, composé d'anneaux dissemblables, pourvu de membres articulés ;
>
> 2e Groupe : VERS ; corps annelé, composé d'anneaux semblables, dépourvu de membres articulés.

MOLLUSQUES.

1er Groupe : MOLLUSQUES proprement dits; corps mou inarticulé, recouvert le plus souvent d'une coquille calcaire à une ou deux valves;

2e Groupe : MOLLUSCOÏDES ou TUNICIERS; corps gélatineux, pourvu d'un manteau en forme de sac ou tonneau, qui tantôt reste mou, tantôt s'incruste de matière cornée ou calcaire.

RAYONNÉS ou ZOOPHYTES.

1er Groupe : ÉCHINODERMES; corps à symétrie rayonnée; peau dure incrustée de matière calcaire, souvent hérissée de piquants; tube digestif et appareil circulatoire distincts;

2e Groupe : COELENTÉRÉS; corps à symétrie rayonnée, de consistance gélatineuse, libre ou emprisonné dans une coque calcaire ou cornée; cavité intestinale servant à la digestion et à la circulation;

3e Groupe : PROTOZOAIRES; corps de petite taille, le plus souvent microscopique, de forme généralement sphéroïdale, de structure homogène ou creusé de cavités intérieures faisant fonction d'estomacs.

Division des embranchements en classes.

45. *Division des embranchements et de leurs sous-embranchements en classes.* — Les quatre embranchements du règne animal subdivisés, comme nous venons de le voir, en sous-embranchements, se partagent chacun en un certain nombre de groupes naturels, se distinguant les uns des autres non seulement par le mode d'organisation interne ou viscérale, mais encore par les caractères extérieurs ou morphologiques des animaux qu'ils renferment, à tel point qu'il est généralement facile de reconnaître *de visu* auquel de ces groupes appartient tel ou tel animal. Ces groupes portent le nom de CLASSES. Les voici tels qu'ils se présentent, en allant de haut en bas de la série zoologique :

VERTÉBRÉS.

1. Vertébrés à respiration toujours pulmonaire. *Classes :* **Mammifères** (exemples : Singe, Chien, Cheval). **Oiseaux** (Aigle, Moineau, Autruche). **Reptiles** (Tortue, Lézard, Serpent).

2. Vertébrés à respiration branchiale temporaire ou permanente. *Classes :* **Batraciens** (Grenouille, Salamandre). **Poissons** (Carpe, Anguille, Requin).

ANNELÉS.

1. Arthropodes. *Classes :* **Insectes** (Hanneton, Sauterelle, Mouche). **Myriapodes** (Scolopendre ou Bête à mille pieds, Iule). **Arachnides** (Araignée, Scorpion, Mites). **Crustacés** (Homard, Crabe, Écrevisse). **Cirrhopodes** (Anatifes, Balanes).

2. Vers. *Classes :* **Annélides** (Ver de terre, Sangsue). **Helminthes** (Ténia ou Ver solitaire, Ascaride lombricoïde). **Rotateurs** (Rotifères, Branchions).

MOLLUSQUES.

1. Mollusques proprement dits. *Classes :* **Céphalopodes** (Poulpe, Seiche). **Ptéropodes** (Hyale, Clio). **Gastéropodes** (Limaçon, Porcelaine). **Acéphales** (Huître, Moule). **Brachiopodes** (Lingule, Térébratule).

2. Molluscoïdes ou Tuniciers. *Classes :* **Tuniciers** proprement dits (Ascidies, Salpes, Pyrosomes). **Bryozoaires** (Flustres, Plumatelles).

RAYONNÉS ou ZOOPHYTES.

1. Échinodermes. *Classes :* **Holothuries, Oursins, Astéries** ou Étoiles de mer.

2. Coelentérés. *Classes :* **Acalèphes** (Méduses ou Orties de mer). **Polypes** (Hydre, Actinies, Corail). **Spongiaires** (Éponge).

3. Protozoaires. *Classes :* **Infusoires** (Monades, Volvoces, Vibrions). **Rhizopodes** (Amibes, Radiolaires, Foraminifères).

Tels sont, en partant des animaux les plus élevés pour arriver aux derniers placés dans la série zoologique, les groupes principaux (embranchements, sous-embranchements et classes), dans lesquels se partage le règne animal. Viennent ensuite d'autres groupes de plus en plus restreints, fondés sur des caractères d'une importance physiologique de moins en moins grande, et par cela même moins fixes, plus sujets à varier d'un animal à un autre, sans entraîner de notables changements dans le type commun de leur organisation. C'est ainsi que les classes se divisent naturellement en *ordres*, les ordres en *tribus*, les tribus en *familles*, les familles en *genres*, et ceux-ci en *espèces*, lesquelles se perpétuent, de génération en génération, avec leurs caractères distinctifs.

Il est facile de voir qu'au moyen de cette méthode de classification vraiment *naturelle*, il suffit, un animal quelconque étant donné, de savoir à quelle classe, à quel ordre, à quelle famille il appartient, pour connaître immédiatement les principaux traits de son organisation et, par suite, sa manière de vivre, son genre de nourriture, ses mœurs, etc.

Certaines influences climatériques, la nature du sol, le genre de nourriture et surtout la domestication peuvent amener chez les individus d'une même espèce des modifications dans la forme, le port, la taille, la couleur, etc., qui, sans toucher à leurs caractères essentiels ou spécifiques, établissent entre eux des différences plus ou moins grandes. De là, dans l'espèce, la production de ce qu'on appelle des *variétés* et des *races* : variétés, quand les particularités qui les distinguent sont passagères et individuelles; races, quand elles sont susceptibles de se transmettre par génération. C'est ainsi que l'homme est parvenu à former, pour ses besoins, de nombreuses races de chevaux, de bœufs, de moutons, etc. Mais ces diverses races ne se maintiennent que sous l'influence des conditions qui les ont créées; que ces conditions viennent à disparaître, et la race elle-même disparaît à son tour, pour reconstituer peu à peu le type primitif de l'espèce.

Toutefois, malgré les différences si tranchées en apparence que l'on remarque dans la forme, l'aspect, le genre de vie des animaux appartenant aux divers types que nous venons d'indiquer, le naturaliste découvre chez tous ces animaux de nombreux points de ressemblance, des caractères communs d'organisation conduisant insensiblement d'un type à un autre, et qui, sous une étonnante variété de réalisation, nous montrent

5.

dans l'ensemble du règne animal une *unité de plan* diversifié à l'infini dans les détails par la main toute-puissante du Créateur.

Nous donnons, page 68, le tableau général et synoptique de la classification de G. Cuvier, modifiée selon l'état actuel de la science.

46. *Nomenclature zoologique.* — La réunion de plusieurs espèces voisines, c'est-à-dire n'offrant entre elles que de légères différences, forme, ainsi que nous venons de le dire, ce qu'on nomme en histoire naturelle un *genre*. Ainsi le Chien, le Loup, le Renard, le Chacal, sont autant d'espèces voisines, appartenant à un même genre, le genre *Canis*. Or, pour désigner chacune de ces espèces, on lui applique le nom du genre auquel elle appartient, c'est-à-dire son *nom générique*, suivi d'un autre nom ou *nom spécifique*. C'est ainsi que le Chien porte en zoo-logie le nom de *Canis familiaris;* le Loup, celui de *Canis lupus;* le Renard, celui de *Canis vulpes;* le Chacal, celui de *Canis aureus, etc.* De même le Chat sauvage, le Lion, le Tigre, la Panthère, le Lynx, etc., qui constituent le genre *Felis*, sont nommés *Felis catus, Felis leo, Felis tigris, Felis pardus, Felis lynx, etc.* Ce système de nomenclature, si propice à l'étude des sciences naturelles, est également appliqué, en botanique, à la désignation des espèces végétales.

Résumé.

I. Le règne animal a été divisé en quatre grands embranche-ments fondés sur l'organisation du système nerveux : les VERTÉ-BRÉS, les ANNELÉS, les MOLLUSQUES et les RAYONNÉS ou ZOOPHYTES.

II. Les VERTÉBRÉS (mammifères, oiseaux, reptiles, batraciens et poissons) sont construits d'après un type commun d'organisation, caractérisé par la présence d'un squelette intérieur, dont l'axe est représenté par le crâne et la colonne vertébrale.

III. Les ANNELÉS, les MOLLUSQUES et les RAYONNÉS ou ZOOPHYTES sont caractérisés par l'absence d'un squelette intérieur, ce qui a permis de les réunir en un seul groupe, sous le nom d'*animaux invertébrés.*

IV. Chacun des quatre embranchements du règne animal se subdivise en *sous-embranchements,* ceux-ci en *classes,* les classes

Classification générale des animaux.

Embranchements.	Sous-embranchements.			Classes.
I. VERTÉBRÉS.	Vertébrés à respiration toujours pulmonaire.....	A sang chaud........	Vivipares..	Mammifères.
			Ovipares...	Oiseaux.
		A sang froid..		Reptiles.
	Vertébrés à respiration branchiale transitoire ou permanente............	Respiration branchiale dans le jeune âge et pulmonaire dans l'âge adulte..		Batraciens.
		Respiration toujours branchiale......................................		Poissons.
II. ANNELÉS.	Arthropodes............	Membres au nombre de six......................................		Insectes.
		Membres en nombre supérieur à six......	Respiration trachéenne....	Plus de huit pattes.. Myriapodes.
				Huit pattes......... Arachnides.
			Respiration branchiale.....	Pattes articulées.... Crustacés.
				Tentacules cornés... Cirrhopodes.
	Vers................	Respiration le plus souvent branchiale ; sang généralement coloré..........		Annélides.
		Respiration cutanée et vague ; sang généralement incolore.....	Corps cylindrique, ovoïde ou aplati, dépourvu d'organes locomoteurs...........................	Helminthes.
			Corps annelé pourvu en avant de lobes garnis de cils vibratiles...............................	Rotateurs.
III. MOLLUSQUES.	Mollusques proprement dits..................	Tête distincte........	Entourée de tentacules ou de bras..............	Céphalopodes.
			Expansions latérales en forme de nageoires.......	Ptéropodes.
			Disque charnu sous le ventre servant à la locomotion.	Gastéropodes.
		Tête non distincte....	Pas de tentacules................................	Acéphales.
			Tentacules ou bras charnus......................	Brachiopodes.
	Molluscoïdes ou Tuniciers................	Respiration s'opérant à l'aide de branchies intérieures....................		Tuniciers.
		Respiration s'opérant à l'aide de branchies extérieures...................		Bryozoaires.
IV. RAYONNÉS ou ZOOPHYTES.	Échinodermes..........	Tégument coriace. Corps cylindrique.........................		Holothuries.
		Tégument armé d'épines calcaires........	Corps globuleux ovale ou discoïde..............	Oursins.
			Corps de forme pentagonale ou étoilée..........	Astéries.
	Cœlentérés............	Corps gélatineux et transparent en forme d'ombrelle. Tentacules servant à la natation et faisant fonction de suçoirs....................		Acalèphes.
		Corps mou, de forme conique ou cylindrique. Tentacules préhensiles entourant la bouche..................................		Polypes.
		Corps sphéroïdal ou en forme de coupe, criblé de canaux microscopiques et recouvert de nombreux spicules cornés ou siliceux..................		Spongiaires.
	Protozoaires..........	Animaux microscopiques ou de très petite taille..........	Corps de forme déterminée, arrondie ou ovalaire, cils vibratiles...........................	Infusoires.
			Corps de forme indéterminée et changeante, tantôt nu, tantôt couvert de spicules siliceux ou logé dans une coquille calcaire...................	Rhizopodes.

en *ordres*, les ordres en *tribus*, les tribus en *familles*, les familles en *genres*, et les genres en *espèces*, parmi lesquelles on distingue encore des *variétés* et des *races*.

V. Dans la nomenclature zoologique chaque animal est désigné par le nom du genre (*nom générique*) suivi du nom de l'espèce (*nom spécifique*) auxquels il appartient. C'est ainsi que l'on dit *Canis familiaris*, *Canis lupus*, *Canis vulpes*, *Canis aureus*, pour désigner le Chien, le Loup. le Renard, le Chacal, qui constituent chacun une espèce particulière du genre *Canis*. De même le Chat sauvage, le Lion, le Tigre, la Panthère, le Lynx, etc., qui forment le genre *Felis*, sont désignés par les noms *Felis catus*, *Felis leo*, *Felis tigris*. *Felis pardus*, *Felis lynx*, etc.

CHAPITRE IV.

Premier embranchement. Animaux vertébrés. — Leurs caractères
    généraux. — Division des vertébrés en classes.
Classe des mammifères. Leurs caractères généraux. — Division
    des mammifères en ordres.

PREMIER EMBRANCHEMENT.

ANIMAUX VERTÉBRÉS.

47. *Caractères généraux des animaux vertébrés*. — Ce premier embranchement du règne animal comprend tous les animaux supérieurs dont l'organisation se rapproche plus ou moins de celle de l'homme. Ce sont de tous les êtres animés ceux dont l'organisme présente le développement le plus complet, dont les fonctions sont les plus variées et les plus parfaites, et dont l'intelligence acquiert le plus d'étendue.

Ainsi que nous l'avons dit déjà, ces animaux ont un squelette intérieur osseux, ou quelquefois cartilagineux, comme on l'observe chez certains poissons. Ce squelette a pour base une partie centrale composée de pièces annulaires nommées vertèbres, superposées les unes aux autres et formant par leur réunion des cavités destinées à contenir et à protéger le système nerveux. Nous avons précédemment décrit le squelette des vertébrés en prenant pour type celui de l'homme (*fig. 14*). La colonne vertébrale et le crâne sont les parties de cette charpente osseuse qui ne manquent jamais et qui varient le moins d'un animal à l'autre ; mais on observe de très grandes différences dans la forme et dans les dimensions des autres parties, dont quelques-unes peuvent manquer complètement. Ainsi les grenouilles sont dépourvues de côtes ; les serpents n'ont pas de membres ; les baleines n'ont que les membres antérieurs, etc. Nous reviendrons sur ces particularités en étudiant ces divers animaux.

Le système nerveux des vertébrés est généralement disposé de la même manière que chez l'homme (*fig.* 22). Les modifications qu'il éprouve tiennent surtout à des changements de volume des hémisphères cérébraux dont les circonvolutions s'effacent, et dont les dimensions diminuent de plus en plus, à mesure que l'on descend de l'homme vers les derniers animaux de cet embranchement.

Les organes des sens sont toujours au nombre de cinq, et sont généralement disposés comme chez l'homme, à l'exception du toucher, dont le siège et le développement varient selon la conformation de l'animal et suivant la structure particulière de ses téguments.

L'appareil digestif ne présente chez les vertébrés que de légères modifications. Il se compose toujours d'un tube plus ou moins long dont les deux ouvertures, bouche et anus, sont éloignées l'une de l'autre, et qui offre, de distance en distance, des renflements ou dilatations dont la plus considérable est destinée à l'élaboration des aliments et porte le nom d'estomac (*fig.* 3). Les deux mâchoires, généralement armées de dents, sont toujours placées l'une au-dessus de l'autre, et ne s'articulent jamais de manière à se mouvoir uniquement dans le sens latéral, comme on l'observe chez les animaux annelés.

Le sang des vertébrés est constamment rouge et circule dans deux ordres de vaisseaux, artères et veines, sous l'influence d'un organe d'impulsion appelé cœur. Cet organe présente des modifications très importantes, suivant les différentes classes. Ainsi, chez les mammifères et les oiseaux, il est composé de quatre cavités, deux oreillettes et deux ventricules, formant en réalité deux cœurs, l'un droit ou pulmonaire, l'autre gauche ou aortique, sans communication directe l'un avec l'autre (*fig.* 6). Chez certains reptiles, au contraire. les deux cœurs communiquent directement. Enfin, chez les poissons il n'existe qu'un seul cœur, situé sur le trajet du sang veineux, c'est-à-dire un cœur droit.

La respiration se fait au moyen d'organes celluleux nommés poumons chez les vertébrés qui vivent dans l'air, et par des branchies chez ceux qui vivent et respirent dans l'eau, comme les batraciens, dans leur premier âge, et tous les poissons. Lorsque cette fonction est très active et qu'elle s'exécute complètement, le sang des animaux a constamment une température élevée et presque invariable pour chaque espèce ; c'est le cas des mammifères et des oiseaux, que l'on appelle, pour cette raison, *animaux à sang chaud* ou à *température constante*. Lorsque, au contraire, la respiration est lente et incomplète, comme on l'observe chez les reptiles et les poissons, le sang est froid, ou, pour mieux dire, possède une température variant avec celle du milieu : de là le nom d'*animaux à sang froid* ou à *température variable* qui leur a été donné.

Les membres sont généralement au nombre de quatre, distingués en membres antérieurs ou supérieurs et en membres postérieurs ou inférieurs. Nous verrons plus loin comment ces organes se modifient selon les habitudes et le genre de vie des animaux pour servir soit à la marche, soit au vol, à la natation, etc.

La peau présente, chez les vertébrés, de très grandes variations de texture : chez les uns, elle est nue ; chez d'autres, elle est couverte de poils, de plumes ou d'écailles.

Relativement au mode de reproduction, les vertébrés sont *vivipares*, comme les mammifères, ou *ovipares*, comme les oiseaux, les reptiles, les batraciens et les poissons.

Division de l'embranchement des vertébrés.

48. *Division de l'embranchement des vertébrés.*—L'embranchement des vertébrés a été divisé en deux grands groupes ou *sous-embranchements* :

1° Les VERTÉBRÉS à respiration toujours pulmonaire ;

2° Les VERTÉBRÉS à respiration branchiale transitoire ou permanente.

Ces deux groupes comprennent ensemble cinq classes, nettement définies, savoir :

VERTÉBRÉS à respiration toujours pulmonaire (3 classes) : { **Mammifères,** **Oiseaux,** **Reptiles.**

Vertébrés à respiration branchiale tran- { Batraciens,
sitoire ou permanente (2 classes) :   { Poissons.

Tableau de la division des vertébrés en cinq classes.

Vertébrés à res-piration toujours pulmonaire . . .	A sang chaud.	Vivipares.	1. Mammifères.
		Ovipares .	2. Oiseaux.
	A sang froid		3. Reptiles.
Vertébrés à res-piration bran-chiale transitoire ou permanente .	Respiration branchiale dans le jeune âge et pulmonaire dans l'âge adulte.		4. Batraciens.
	Respiration toujours bran-chiale.		5. Poissons.

PREMIER GROUPE OU SOUS-EMBRANCHEMENT DES VERTÉBRÉS.

VERTÉBRÉS A RESPIRATION TOUJOURS PULMONAIRE.

PREMIÈRE CLASSE DES VERTÉBRÉS. MAMMIFÈRES.

Caractères généraux des mammifères.

49. *Caractères généraux des mammifères.* — La classe des *mammifères*, à laquelle l'homme appartient, renferme les êtres dont les facultés sont les plus nombreuses et les plus parfaites. Le caractère qui distingue essentiellement cette classe de toutes les autres, et qui lui a valu son nom, est la présence des *mamelles*, ou organes glandulaires destinés à sécréter un liquide blanc et opaque, connu sous le nom de *lait*, pour ser-vir à l'alimentation des jeunes animaux pendant un temps plus ou moins long. Ce caractère est la conséquence de la *génération vivipare*, qui est également propre aux mammifères. Le nombre et la position des mamelles varient chez les différents animaux de cette classe. Ainsi il n'en existe que deux chez l'homme, le singe, l'éléphant, la chèvre et le cheval ; on en compte quatre chez la vache, le cerf, le lion ; huit chez le chat ; dix chez le lapin ; dix ou douze chez le rat, etc. En général, le nombre de ces organes est en rapport avec celui des petits que les mères peuvent avoir à nourrir.

Le *lait* est un liquide alcalin, blanc et opaque, d'une saveur douce et agréable, d'une densité un peu supérieure à celle de l'eau. Considéré au point de vue chimique, le lait se compose de quatre parties essentielles, qui sont : 1° une matière grasse, connue sous le nom de *beurre*, formant une foule de globules ou vésicules microscopiques, tenues en suspension

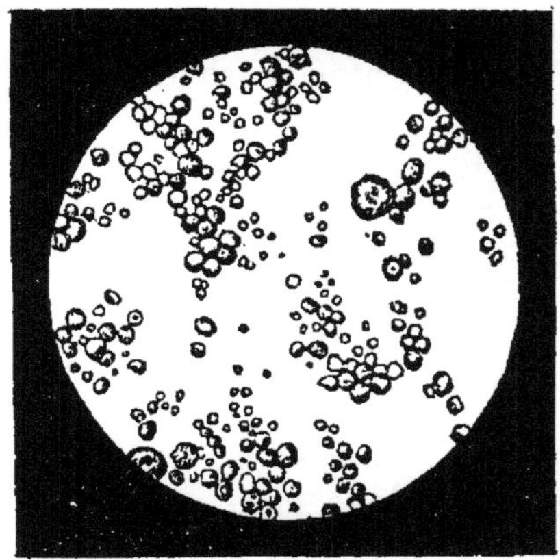

Fig. 34. *Goutte de lait vue au microscope.*

dans le liquide (*fig.* 34); 2° une matière azotée, nommée *caséum*, ayant une grande tendance à se coaguler, et ressemblant alors à de l'albumine concrète; 3° une matière sucrée ou *sucre de lait* pouvant se convertir facilement en acide lactique; 4° des matières salines en dissolution, et particulièrement du phosphate de chaux, du phosphate de magnésie, du chlorure de sodium et du carbonate de soude.

Lorsque le lait est abandonné à lui-même, les globules graisseux, en vertu de leur légèreté spécifique, montent à sa surface et s'y rassemblent en une couche de *crème* plus ou moins épaisse. Le sucre de lait, sous l'influence de l'air, subit ensuite une fermentation particulière qui, peu à peu, le transforme en acide lactique, ce qui explique pourquoi le lait devient aigre au bout d'un certain temps. Cet acide lactique détermine presque aussitôt la coagulation du caséum, qui se précipite et se rassemble en grumeaux blancs et opaques. Le liquide qui reste après la séparation de la *crème* et la coagulation du caséum, forme ce qu'on appelle le *petit-lait ;* il est jaunâtre, limpide ou légèrement opalin, et constitué par de l'eau tenant en dissolution les matières salines, l'acide lactique et le sucre de lait qui n'a pas encore subi la transformation acide.

Le lait résume donc en lui toutes les qualités d'un aliment complet. L'aliment plastique ou azoté y est représenté par le caséum ; l'aliment respiratoire par le beurre et le sucre de lait. Il renferme en outre l'eau et les sels dont le besoin n'est pas moins impérieux dans l'alimentation des jeunes animaux.

La sécrétion du lait se fait, ainsi que nous venons de le dire, aux dépens du sang dans des glandes particulières, nommées *glandes mammaires* ou *mamelles*. Ces glandes sont constituées par la réunion d'un grand nombre de vésicules, terminées par de petits conduits qui forment, en se réunissant, plusieurs canaux excréteurs.

La peau des mammifères est presque toujours couverte de poils qui servent à la protéger et à conserver la chaleur du corps. Ces poils ont reçu différents noms, selon leurs propriétés et les régions qu'ils occupent. Tantôt ce sont des *pi-*

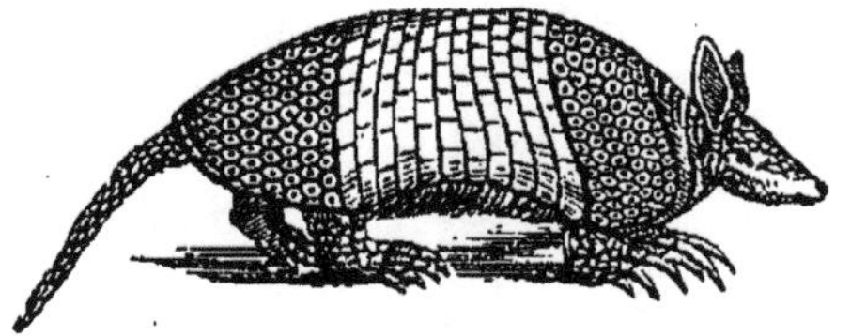

Fig. 35. *Tatou.*

quants, comme chez le porc-épic et le hérisson; des *soies*, chez le sanglier; des *crins*, du *duvet*, de la *laine*, etc. Quelques mammifères cependant ont la peau nue; chez quelques autres, les poils, extrêmement rapprochés, se soudent entre eux et forment des espèces d'écailles qui recouvrent l'animal, comme on l'observe chez les pangolins, les tatous, etc. (*fig*. 35).

Fig. 36. *Baleine.*

La conformation des membres, chez les mammifères, varie nécessairement suivant qu'ils sont destinés à la marche, au saut, au toucher, à la préhension des corps, au vol, à la natation, etc. Ils sont au nombre de quatre, excepté chez les cétacés (baleines, dauphins, marsouins, etc.) Ces derniers animaux (*fig.* 36), destinés à vivre continuellement dans l'eau, n'ont que les membres antérieurs disposés en nageoires ; la forme de leur corps se rapproche beaucoup de celle des poissons, dont ils se distinguent cependant par une foule de caractères que nous indiquerons plus loin.

Le système nerveux des mammifères ressemble généralement à celui de l'homme. On observe que le volume relatif et les circonvolutions du cerveau diminuent de plus en plus à mesure que l'on descend de l'homme aux derniers animaux de la classe. Chez les rongeurs (rats, lièvres, castors, etc.), la surface des hémisphères cérébraux est entièrement lisse.

Les organes des sens sont au nombre de cinq et présentent la même organisation que chez l'homme, mais avec des degrés différents de développement. Quelques-uns de ces sens, particulièrement ceux de l'odorat et de l'ouïe, sont, chez certains de ces animaux, beaucoup plus parfaits que les nôtres. Tous ont une véritable voix, dont le timbre et les intonations varient à l'infini. L'homme seul est doué de la parole articulée.

Les mammifères ont un cœur à deux ventricules et deux oreillettes et une circulation double ; leur sang est rouge et chaud, ils respirent au moyen de poumons ; en un mot, leurs fonctions nutritives s'exécutent comme chez l'homme. C'est l'appareil digestif qui présente les différences les plus importantes. Ainsi, comme nous l'avons dit déjà, le nombre et la forme des dents varient selon le genre de nourriture de l'animal ; l'estomac, généralement simple, est quelquefois double ; chez les ruminants (bœufs, cerfs, moutons, etc.), il offre quatre poches ou cavités distinctes.

La cavité de la poitrine, qui contient les poumons et le cœur, est séparée de l'abdomen par une cloison musculeuse nommée *diaphragme*. L'existence de ce muscle constitue l'un des caractères les plus essentiels des mammifères, attendu qu'il n'existe qu'à l'état rudimentaire chez les oiseaux et qu'il manque complètement chez tous les autres vertébrés.

Division de la classe des mammifères en ordres.

50. *Division de la classe des mammifères.* — La classe des mammifères, que G. Cuvier avait d'abord divisée en neuf ordres, a été depuis partagée en deux groupes primordiaux ou *sous-classes*, formant ensemble treize *ordres* :

1er Groupe : les MAMMIFÈRES MONODELPHES ;

2e Groupe : les MAMMIFÈRES DIDELPHES.

Les MAMMIFÈRES MONODELPHES, qui sont de beaucoup les plus nombreux, ne viennent au monde que lorsqu'ils sont déjà pourvus de tous leurs organes ; les parois de leur abdomen sont libres et non soutenues, comme chez les didelphes, par des branches osseuses (os marsupiaux), fixées sur le bord du bassin (*fig.* 37).

Ce groupe se subdivise en *trois sections* et en *onze ordres*, savoir :

1re Section : MAMMIFÈRES MONODELPHES ONGUICULÉS (doigts distincts les uns des autres, mobiles et munis d'ongles ou de griffes), comprenant huit ordres :

Les **Bimanes**,   Les **Chéiroptères**,
Les **Quadrumanes**,   Les **Insectivores**,
Les **Carnivores**,   Les **Rongeurs**,
Les **Amphibies**,   Les **Édentés**.

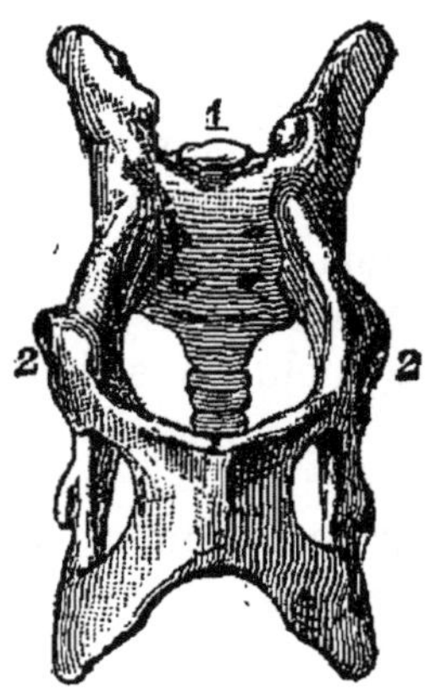

Fig. 37. *Bassin de mammifère monodelphe.*

1. Os sacrum terminant la colonne vertébrale. — 2-2. Os iliaques. Pas d'os marsupiaux.

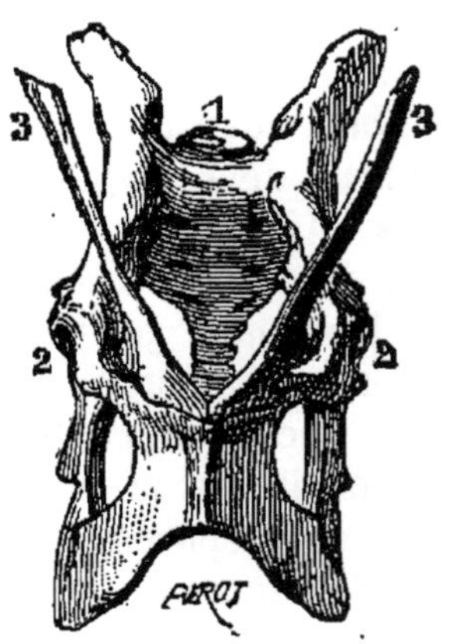

Fig. 38. *Bassin de mammifère didelphe.*

1. Os sacrum terminant la colonne vertébrale.—2-2. Os iliaques.— 3-3. Os marsupiaux.

2e Section : MAMMIFÈRES MONODELPHES ONGULÉS (doigts plus ou moins soudés entre eux et enveloppés à leur extrémité libre dans des étuis cornés ou sabots), comprenant deux ordres :

Les **Pachydermes**,   Les **Ruminants**.

· **3e Section** : MAMMIFÈRES ICHTYOÏDES (doigts réunis par des membranes, de manière à constituer des nageoires), ne comprenant qu'un seul ordre : Les **Cétacés**.

Les MAMMIFÈRES DIDELPHES se distinguent par l'état d'imperfection dans lequel naissent, en général, leurs petits ; les parois de leur abdomen sont soutenues par deux tiges osseuses ou *os marsupiaux* (*fig*. 38), qui s'articulent par leur extrémité postérieure au-devant du bassin, et dont l'extrémité antérieure s'avance plus ou moins entre les muscles du bas-ventre.

Ce groupe se subdivise en *deux ordres :*

Les **Marsupiaux**,   Les **Monotrèmes**.

Voici, en résumé, les caractères distinctifs de chacun de ces treize ordres.

Premier Groupe : MAMMIFÈRES MONODELPHES.

1re *Section* : Onguiculés.

1er *Ordre* : les **Bimanes**. — Quatre membres : les inférieurs propres à la marche, et les antérieurs terminés par des mains, dont le caractère essentiel est d'avoir le pouce opposable aux autres doigts ; trois sortes de dents, incisives, canines et molaires ; station verticale, deux mamelles pectorales. Exemple : l'*Homme*.

2e *Ordre :* les **Quadrumanes**. — Quatre membres terminés par des mains ; trois sortes de dents ; deux mamelles pectorales. Exemple : les *Singes*.

3e *Ordre :* les **Carnivores**. — Quatre membres non terminés par des mains ; doigts armés de griffes ; trois sortes de dents ; les canines longues, aiguës, les molaires à tubercules pointus et tranchants ; mamelles en nombre variable. Exemple : le *Chien*, le *Lion*, le *Tigre*.

4e *Ordre* : les **Amphibies**. — Quatre membres organisés pour la natation ; corps effilé postérieurement en forme de poisson ; dentition analogue à celle des carnivores terrestres. Exemple : les *Phoques*, les *Morses*.

5e *Ordre :* les **Chéiroptères**. —Quatre membres onguiculés ; les membres antérieurs convertis en ailes membraneuses ; dentition complète. Exemple : la *Chauve-souris*.

6e *Ordre :* les **Insectivores**. — Quatre membres conformés pour la locomotion terrestre ; les membres antérieurs organisés pour fouir la terre ; dentition complète ; molaires à tubercules pointus. Exemple : le *Hérisson*, la *Taupe*, les *Musaraignes*.

7e *Ordre :* les **Rongeurs**. — Système dentaire composé de deux canines à chaque mâchoire, occupant la place des incisives ; dents molaires à couronne plane légèrement sinueuse ou tuberculeuse. Exemple : le *Rat*, le *Lièvre*, le *Castor*.

8e *Ordre :* les **Édentés**. — Ongles très longs et recourbés ; peau dure, souvent écailleuse ; jamais d'incisives, rarement des canines, et quelquefois même absence complète des molaires. Exemple : le *Pangolin*, les *Tatous*, les *Fourmiliers*.

2e Section : Ongulés.

9e *Ordre :* les **Pachydermes**. — Nombre de doigts variable ; peau souvent très épaisse ; système dentaire variable ; estomac simple. Exemple : le *Cheval*, l'*Éléphant*, le *Rhinocéros*.

10e *Ordre :* les **Ruminants**. — Doigts au nombre de deux ou pieds fourchus ; absence presque générale d'incisives à la mâchoire supérieure, rarement des canines, molaires plates ; mouvements latéraux des mâchoires ; estomac divisé en quatre poches distinctes : la panse, le bonnet, le feuillet et la caillette. Exemple : le *Mouton*, le *Cerf*, le *Bœuf*.

3e Section : Ichtyoïdes.

11e *Ordre :* les **Cétacés**. — Corps en forme de poisson, terminé par une nageoire horizontale ; les membres antérieurs transformés en nageoires ; pas de membres postérieurs ; peau nue, épaisse ; système dentaire variable, quelquefois remplacé par des fanons. Exemple : la *Baleine*, le *Dauphin*, le *Cachalot*.

Deuxième Groupe : MAMMIFÈRES DIDELPHES.

12e *Ordre* : les **Marsupiaux.** — Quatre membres, dont les postérieurs sont généralement plus développés que les antérieurs ; système dentaire variable ; poche placée sous le ventre, entourant les mamelles et destinée à soutenir les petits. Exemple: les *Sarigues*, les *Kangurous*.

13e *Ordre* : les **Monotrèmes.** — Point de poche mammaire ; organisation analogue, sous certains rapports, à celle des oiseaux. Exemple : l'*Ornithorhynque*, l'*Échidné*.

Le tableau suivant, page 80, permettra de saisir cette classification dans son ensemble. Nous étudierons ensuite chacun de ces ordres avec tous les détails qu'il comporte.

Résumé.

I. Les VERTÉBRÉS sont des animaux pourvus d'un squelette intérieur, d'un système nerveux central, composé du cerveau, du cervelet et de la moelle épinière. Ils ont le sang rouge, le cœur musculeux, la respiration pulmonaire ou branchiale, les organes des sens au nombre de cinq. Les uns sont vivipares et les autres ovipares.

II. L'embranchement des VERTÉBRÉS se divise en deux groupes ou sous-embranchements : 1° vertébrés à respiration toujours pulmonaire ; 2° vertébrés à respiration branchiale transitoire ou permanente.

III. Les vertébrés *à respiration toujours pulmonaire* comprennent trois classes : les *Mammifères*, les *Oiseaux* et les *Reptiles*. Les vertébrés *à respiration branchiale transitoire ou permanente* forment deux classes : les *Batraciens* et les *Poissons*.

IV. Les MAMMIFÈRES sont des animaux vivipares, pourvus de mamelles ou organes sécréteurs du lait, ayant un cœur à deux ventricules et à deux oreillettes, le sang chaud, le cerveau volumineux, les organes des sens complets, un diaphragme ou muscle plat séparant la cavité de la poitrine de celle de l'abdomen.

V. Les mammifères se divisent en deux groupes primordiaux ou sous-classes : les mammifères *monodelphes* et les mammifères *didelphes*.

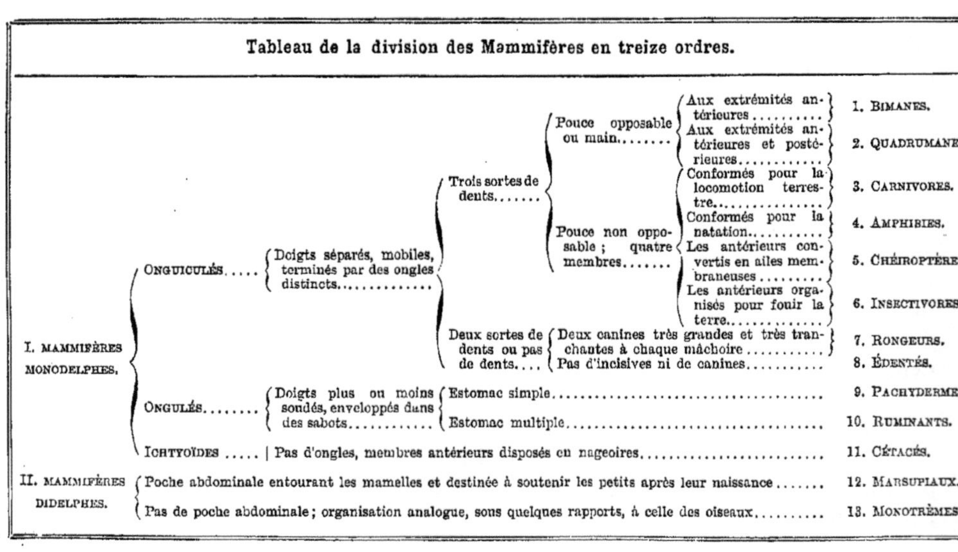

Tableau de la division des Mammifères en treize ordres.

I. MAMMIFÈRES MONODELPHES.

ONGUICULÉS — Doigts séparés, mobiles, terminés par des ongles distincts.

Trois sortes de dents.

Pouce opposable ou main.
Aux extrémités antérieures .... 1. BIMANES.
Aux extrémités antérieures et postérieures .... 2. QUADRUMANES.

Pouce non opposable; quatre membres.
Conformés pour la locomotion terrestre .... 3. CARNIVORES.
Conformés pour la natation .... 4. AMPHIBIES.
Les antérieurs convertis en ailes membraneuses .... 5. CHÉIROPTÈRES.
Les antérieurs organisés pour fouir la terre .... 6. INSECTIVORES.

Deux sortes de dents ou pas de dents.
Deux canines très grandes et très tranchantes à chaque mâchoire .... 7. RONGEURS.
Pas d'incisives ni de canines .... 8. ÉDENTÉS.

ONGULÉS — Doigts plus ou moins soudés, enveloppés dans des sabots.
Estomac simple .... 9. PACHYDERMES.
Estomac multiple .... 10. RUMINANTS.

ICHTYOÏDES — Pas d'ongles, membres antérieurs disposés en nageoires .... 11. CÉTACÉS.

II. MAMMIFÈRES DIDELPHES.

Poche abdominale entourant les mamelles et destinée à soutenir les petits après leur naissance .... 12. MARSUPIAUX.

Pas de poche abdominale; organisation analogue, sous quelques rapports, à celle des oiseaux .... 13. MONOTRÈMES.

VI. Les *Mammifères monodelphes*, qui sont les plus nombreux, naissent pourvus de tous leurs organes; les parois de leur abdomen sont libres, non soutenues, comme chez les didelphes, par des os marsupiaux fixés sur le bord antérieur du bassin.

VII. Les mammifères monodelphes se subdivisent en onze ordres : les *Bimanes*, les *Quadrumanes*, les *Carnivores*, les *Amphibies*, les *Chéiroptères*, les *Insectivores*, les *Rongeurs*, les *Édentés*, les *Pachydermes*, les *Ruminants* et les *Cétacés*.

VIII. Les *Mammifères didelphes* naissent dans un état d'imperfection plus ou moins grande; les parois de leur abdomen sont soutenues par deux tiges osseuses ou *os marsupiaux*, fixés par leur extrémité postérieure au-devant du bassin et s'avançant entre les muscles du bas-ventre.

IX. Les mammifères didelphes se subdivisent en deux ordres : les *Marsupiaux* et les *Monotrèmes*.

CHAPITRE V.

Suite de la classe des mammifères. — Exemples choisis parmi les espéces utiles ou nuisibles.

PREMIER GROUPE. MAMMIFÈRES MONODELPHES.

Première Section. Mammifères monodelphes onguiculés.

PREMIER ORDRE DES MAMMIFÈRES. LES BIMANES.

51. *Caractère des bimanes.* — L'ordre des *bimanes* ne renferme qu'un seul genre et qu'une seule espèce, l'HOMME (*Homo sapiens*).

Bien que l'homme, par le développement de son intelligence et par la faculté de la parole, forme pour ainsi dire un être ou plutôt un règne à part dans la création (REGNUM HUMANUM, Isid. Geoffroy Saint-Hilaire), il présente encore un certain nombre de caractères physiques qui le placent au-dessus de tous les autres animaux. Ainsi, tandis que ses membres inférieurs sont disposés de la manière la plus parfaite pour la station verticale ou bipède, ce qui n'a lieu chez aucun autre mammifère, ses membres supérieurs ou thoraciques sont merveilleusement conformés pour servir d'organes de préhension et de tact. La *main* qui les termine porte des doigts longs, flexibles et mobiles, protégés à leur extrémité par des ongles minces et aplatis. Mais ce qui caractérise surtout la main, c'est la faculté dont jouit le pouce de pouvoir s'opposer aux autres doigts, ce qui permet à cet organe d'embrasser et de saisir les corps, soit pour les soulever, soit pour en palper la surface. Cette disposition n'existe point au pied, dont les doigts sont beaucoup plus courts et peu flexibles, et dont le pouce, plus gros et situé sur le même plan que les autres doigts, ne leur est point opposable. On peut donc dire que l'homme est le seul mammifère vraiment *bimane* et *bipède*, le seul, par conséquent, dont les membres supérieurs et les inférieurs soient appropriés à des usages essentiellement distincts, disposition qui, indépendamment de son intelligence et de la faculté de la parole, assure à l'homme une immense supériorité sur le reste des êtres organisés.

L'homme possède les trois sortes de dents, savoir : quatre incisives, deux canines et dix molaires à chaque mâchoire, en tout trente-deux dents (4). Bien que l'homme soit généralement polyphage, la forme de ses dents indique néanmoins qu'il est plutôt destiné par la nature à se nourrir de substances végétales, particulièrement de fruits, de racines et de graines. Aussi n'est-ce qu'après l'avoir ramollie par la cuisson qu'il mange la chair des animaux.

Ce qui distingue encore l'homme des autres êtres vivants, c'est le développement beaucoup plus considérable et la structure plus compliquée de son cerveau (28), dont les deux hémisphères recouvrent en arrière la totalité du cervelet, et présentent à leur surface de nombreuses circonvolutions séparées par de profonds sillons.

52. *Races humaines.* — L'homme, avons-nous dit, ne forme qu'une seule et même espèce, que Linné a désignée sous le nom d'*Homo sapiens*, et qui est répandue sur presque toute la surface du globe. Mais on observe parmi les individus de cette espèce des différences remarquables de couleur et de conformation extérieure, qui ont porté les naturalistes à admettre quatre variétés ou *races* humaines, qu'ils ont désignées sous les noms : 1° de *race blanche* ou *caucasique;* 2° de *race jaune* ou *mongolique;* 3° de *race noire* ou *africaine;* 4° de *race rouge* ou *américaine.*

6.

1° *Race blanche* ou *caucasique*. Cette race (*fig.* 39), à laquelle nous appartenons, est nommée *caucasique*, parce que, d'après la tradition des peuples, la chaîne du Caucase, étendue entre la mer Noire et la mer Caspienne, paraît en avoir été le berceau.

Elle se distingue par la forme régulièrement ovale de la tête, la largeur du front, et par l'ouverture de l'angle facial [1], qui est d'environ 85 degrés. Le nez est généralement aquilin, la bouche de grandeur moyenne, les dents verticales; la peau est blanche ou légèrement brune, les cheveux fins et lisses. La race caucasique est aussi remarquable par la puissance de son intelligence; c'est à elle qu'appartiennent les peuples qui ont atteint le plus haut degré de civilisation. Elle occupe toute l'Europe, l'Asie occidentale jusqu'au Gange et l'Afrique septentrionale.

Fig. 39. *Race blanche ou caucasique.*

2° *Race jaune* ou *mongolique*. Les peuples qui la composent (*fig.* 40) ont le visage aplati, le front moins large et un peu plus oblique, les pommettes saillantes; leurs yeux sont longs et dirigés obliquement de haut en bas et de dehors en dedans; leur nez est épaté, à narines découvertes; leur menton est légèrement proéminent. Leur angle facial n'est que de 75 à 80 degrés. Leur peau a une teinte jaune ou olivâtre; leur barbe est peu touffue, leurs cheveux sont noirs et plats. Cette race, dont le

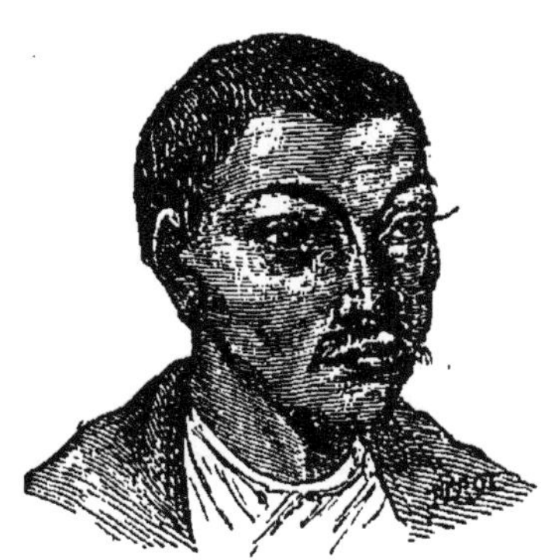

Fig. 40. *Race jaune ou mongolique.*

berceau paraît être la chaîne des monts Altaï, qui séparent la Sibérie du plateau du Thibet, occupe la plus grande partie de l'Asie centrale et orientale: c'est à elle qu'appartiennent les Kalmouks, les Kalkas et autres tribus nomades éparses

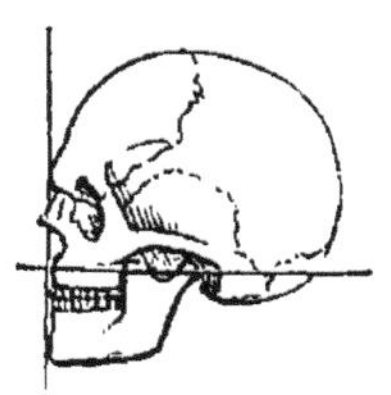

Fig. 41. *Mesure de l'angle facial.*

1. On appelle ainsi l'angle formé (*fig.* 41) par deux lignes dont l'une est dirigée de haut en bas depuis le front jusqu'à la base du nez, et dont l'autre, dirigée transversalement, vient couper la première en passant par le conduit auditif externe.

dans le grand désert de l'Asie ; c'est elle aussi qui peuple le vaste empire de la Chine, le Japon, ainsi que les îles Philippines, les îles Mariannes, les îles Carolines et les terres glacées des régions polaires de l'Asie et de l'Amérique.

3° *Race noire* ou *africaine*. Cette race (*fig.* 42) se distingue facilement des autres par la couleur noire de la peau et par les traits de la physionomie. Le front est déprimé et fuyant en arrière, le nez est large et épaté, les lèvres épaisses et saillantes ; les dents, plus fortes et plus longues que dans les races

Fig. 42. *Race noire ou africaine.*

précédentes, sont obliques en avant. Les cheveux, généralement courts, sont laineux et crépus. Enfin, l'angle facial n'atteint guère que 70 à 75 degrés. La race noire occupe, comme on le sait, tout le centre et le midi de l'Afrique, au delà de l'Atlas ; on la trouve encore disséminée dans plusieurs îles importantes de l'Océanie. Elle offre plusieurs variétés ou rameaux, dont les principaux sont les Éthiopiens, les Cafres et les Hottentots.

4° *Race rouge* ou *américaine*. Les caractères de cette race se rapprochent assez de ceux de la race mongolique pour que certains naturalistes l'aient considérée comme une simple variété de cette dernière. Elle s'en distingue cependant par plusieurs traits, dont le plus remarquable est la coloration rouge ou cuivrée de la peau. Le visage est également moins large, les yeux sont moins obliques et les pommettes moins saillantes que dans la race mongolique ; la barbe est rare, les cheveux sont longs et noirs. Les peuplades qui composent la race rouge sont disséminées dans l'Amérique méridionale, où elles vivent encore pour la plupart à l'état sauvage.

DEUXIÈME ORDRE DES MAMMIFÈRES. LES QUADRUMANES.

55. *Caractères des quadrumanes.* — Les *quadrumanes*, ainsi que l'indique leur nom, ont quatre mains, c'est-à-dire que le pouce est opposable aux membres postérieurs ou abdominaux aussi bien qu'aux membres thoraciques.

54. *Division des quadrumanes.* — L'ordre des quadrumanes se divise en *deux tribus* :

Les **Singes**,   Les **Lémuriens** ou **Makis**.

1re Tribu : les **Singes**. — Les *singes*, sous le rapport de leur organisation, sont les animaux qui se rapprochent le plus de l'homme. Leur système dentaire est le même, avec cette différence cependant que, dans la plupart des espèces, les canines sont longues et aiguës, et que, chez les singes d'Amérique, il existe deux grosses molaires de plus à chaque mâchoire. Leur crâne est arrondi et généralement volumineux ; la face est peu proéminente, sauf chez quelques espèces, comme les *cynocéphales*, ainsi nommés, parce que leur tête a de la ressemblance avec celle du chien. Le corps des singes est svelte, leurs membres sont grêles et longs, leur système musculaire très énergique, ce qui explique la force et l'étonnante agilité de ces animaux. Un poil long et soyeux recouvre toutes les parties de leur corps, à l'exception de la face et de la paume des mains. Les singes sont frugivores ; ils habitent les forêts situées dans les contrées les plus chaudes du globe, principalement dans les régions intertropicales du nouveau et de l'ancien continent.

Si, comme nous l'avons dit, le singe ressemble à l'homme par son organisation matérielle, une distance immense l'en sépare au point de vue de l'intelligence. « Je l'avoue, dit Buffon, si l'on ne devait juger que par la forme, l'espèce du singe pourrait être prise pour une variété de l'espèce humaine : le Créateur n'a pas voulu faire pour le corps de l'homme un modèle absolument différent de celui de l'animal ; il a compris sa forme, comme celle de tous les animaux, dans un plan général ; mais en même temps qu'il lui a départi cette forme matérielle semblable à celle du singe, il a pénétré ce corps animal de son souffle divin. S'il eût fait la même faveur je ne dis pas aux singes, mais à l'espèce la plus vile, à l'animal qui nous paraît le plus mal organisé, cette espèce serait bientôt devenue la rivale de l'homme ; vivifiée par l'esprit, elle eût primé sur les autres, elle eût pensé, elle eût parlé. Quelque ressemblance qu'il y ait donc entre le Hottentot et le singe, l'intervalle qui les sépare est immense, puisqu'à l'intérieur il est rempli par la pensée et au dehors par la parole. »

Les singes se subdivisent en *deux grandes familles*, qui sont : les *Singes de l'ancien continent* et les *Singes du nouveau continent.*

1° Les **singes de l'ancien continent** ont les narines séparées par une cloison mince et dix molaires à chaque mâchoire ; leur queue est nulle ou plus ou moins développée, jamais prenante. Plusieurs espèces présentent des callosités recouvrant la région fessière, et destinées à supporter le poids du corps dans la station assise. Les principaux singes de l'ancien continent sont : l'*Orang-outang*, qui vit dans les forêts de Sumatra et de Bornéo ; le *Chimpanzé*, que l'on rencontre en troupes nombreuses dans les parties boisées de la Guinée ; le *Gorille* (*fig.* 43), originaire du Gabon, remarquable par sa taille et par sa force musculaire, supérieures à celles de l'homme ; les *Gibbons* et les *Macaques*, originaires de l'Inde et de l'Afrique ; le *Magot*, dont on trouve encore quelques individus en Europe, dans le sud de l'Espagne, mais qui est surtout commun au Maroc et en Algérie ; les *Cynocéphales* ou singes à tête de chien, qui presque tous appartiennent à l'Afrique.

Fig. 43. *Singe de l'ancien continent* (*gorille*).

Fig. 44. *Singe du nouveau continent* (*atèle*).

L'Orang-outang, le Chimpanzé et le Gorille forment le groupe des singes dits *anthropomorphes*, à cause de la similitude de leur corps avec celui de l'homme.

2° Les **singes du nouveau continent** ou de l'Amérique ont les narines écartées et séparées par une cloison épaisse, douze molaires à chaque mâchoire, point de callosités fessières. La plupart ont une queue prenante qui leur sert comme d'une cinquième main pour se suspendre et se balancer aux branches des arbres. Les principaux singes du nouveau continent sont les *Sajous* ou *Sapajous*, les *Sakis*, les *Ouistitis* et les *Atèles* (*fig. 44*). Ces derniers, dont le pouce antérieur est rudimentaire, sont surtout remarquables par leurs formes grêles et élancées, qui leur ont valu le nom de singes-araignées.

2ᵉ Tribu : les **Lémuriens** ou **Makis**. — Les animaux qui composent ce second groupe des quadrumanes se rapprochent des carnivores, en ce sens qu'ils ont généralement six incisives à la mâchoire inférieure, des molaires à tubercules aigus et proéminents, leur museau plus ou moins allongé, d'où le nom de *singes à museau de renard* qui leur a encore été donné. Leur corps, généralement grêle et élancé, est recouvert d'un poil abondant et laineux, et ils ont la queue longue et touffue. Ces animaux sont doués, comme les singes, d'une grande agilité dans leurs mouvements. On les rencontre, vivant en troupes plus ou moins nombreuses, dans les forêts des parties les plus chaudes de l'Asie, de l'Afrique et surtout dans la grande île de Madagascar. Leur nourriture consiste en fruits et en insectes.

TROISIÈME ORDRE DES MAMMIFÈRES. LES CARNIVORES.

55. *Caractères des carnivores.* — Les *carnivores*, ainsi nommés parce qu'ils se nourrissent surtout de la chair des autres animaux, ont les doigts terminés par des ongles en forme de griffes et n'ont plus de pouce libre et opposable. Leur système dentaire est complet et approprié à leur genre de nourriture. Ainsi les canines sont longues, fortes et pointues (*fig*. 45) ; les incisives, au nombre de six à chaque mâchoire, sont petites ; les molaires sont hérissées de

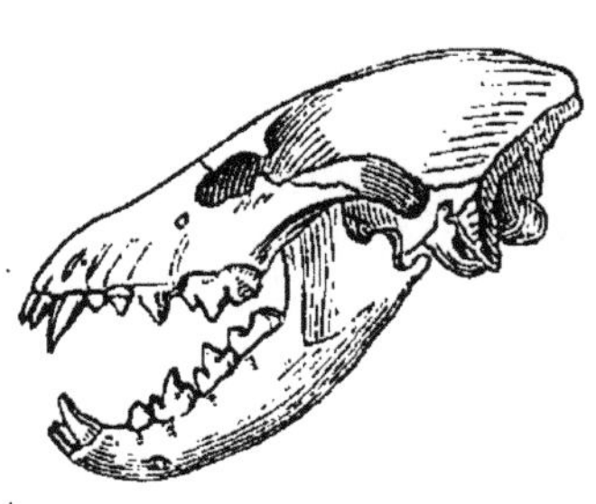

Fig. 45. *Tête de carnivore.*

tubercules aigus ou portent des lames tranchantes destinées à couper la chair. Les mâchoires sont articulées de manière à ne point permettre de mouvements latéraux semblables à ceux que l'on observe chez les animaux herbivores. Elle se meuvent, par l'action de muscles puissants, dans le sens vertical, à la manière des branches de ciseaux. L'estomac des carnivores est simple, membraneux, et leur canal intestinal est beaucoup moins long et moins volumineux que chez les mammifères qui se nourrissent de substances végétales.

Les organes des sens et le système nerveux sont très développés chez les carnivores; le sens qui chez eux prédomine est celui de l'odorat, dont ils se servent pour découvrir leur proie à des distances souvent fort grandes. Ces animaux sont généralement doués de beaucoup de vigueur, de souplesse et d'agilité dans leurs mouvements.

Les carnivores comprennent les animaux féroces proprement dits. Leur système dentaire (*fig.* 45) se compose, ainsi que nous l'avons dit, d'incisives, ordinairement six à chaque mâchoire, de canines très fortes, longues et aiguës, de molaires à tubercules tranchants. Leur squelette est dépourvu de clavicules ou n'en présente qu'à l'état rudimentaire, ce qui a lieu généralement chez tous les quadrupèdes organisés pour la course rapide et pour le saut. Leurs doigts, bien distincts, sont terminés par des ongles crochus ou par des griffes qui, chez certaines espèces (*fig.* 46), sont rétractiles et leur servent d'armes puissantes pour saisir et déchirer leur proie.

Fig. 46. *Griffe rétractile de chat, de tigre, de lion, etc.*

56. *Division des carnivores.* — L'ordre des carnivores forme *deux familles* :

Les **Digitigrades**,   Les **Plantigrades**.

1re *Famille* : les **Digitigrades**. — Ainsi nommés parce qu'ils ne marchent que sur l'extrémité de leurs doigts (*fig.* 47), ces animaux sont, de tous les carnassiers, ceux dont l'instinct sanguinaire est le plus développé. Ils se distinguent par leur force, leur courage, leur ruse ou leur adresse. Cette famille se compose d'un grand nombre de genres, dont les principaux sont : le genre *Chat*, les *Chiens*, les *Hyènes*, les *Martes*, les *Civettes*.

Le genre CHAT (*Felis*) renferme les animaux les plus redoutables. Ils ont la tête arrondie, le museau court, les canines très longues ; leurs doigts, au nombre de cinq en avant et de quatre en arrière, sont armés de griffes aiguës et rétractiles.

Fig. 47. *Patte d'un carnivore digitigrade (jaguar).*

Ces animaux sont répandus sur presque toute la surface du globe. Plusieurs d'entre eux sont recherchés pour la beauté de leur fourrure. Les espèces principales sont : le Chat sauvage (*Felis Catus*), le Chat commun (*F. domestica*), le Lion (*F. Leo*), le Tigre royal (*F. Tigris*), le Jaguar ou tigre d'Amérique (*F. Onça*), la Panthère ou tigre d'Afrique (*F. Pardus*), le Lynx (*F. Lynx*).

Les chiens (*Canis*) se distinguent par leur tête plus ou moins allongée, leur langue douce et la finesse de leur odorat. Ils ont cinq doigts aux pieds de devant et quatre seulement en arrière. Leurs ongles ne sont pas rétractiles. Les principales espèces de ce genre sont : le Chien domestique (*Canis familiaris*)[1], le Loup (*C. Lupus*), le Chacal (*C. Aureus*) et le Renard (*C. Vulpes*).

---

1. Le chien, dont l'espèce primitive ne se retrouve plus à l'état sauvage, a été dès les premiers temps instruit par l'homme et soumis à la domestication. Aucune espèce animale ne présente un plus grand nombre de races et de variétés. Les principales sont :

Les **mâtins**, ordinairement de grande taille, à museau long et à oreilles courtes. A cette race appartiennent le *chien de berger*, d'un admirable instinct pour la garde des troupeaux ; le *chien des Alpes*, que les moines du mont Saint-Bernard ont dressé à appeler par ses aboiements et à secourir les voyageurs égarés dans les neiges. La race des mâtins fournit encore divers chiens employés dans certaines contrées du nord comme chiens de trait. Les Esquimaux en forment des attelages pour leurs traîneaux ;

Les **épagneuls**, moins grands que les mâtins, à oreilles longues, larges et pendantes. On y distingue le *chien-loup*, excellent chien de garde ; l'*épagneul français*, blanc et brun marron, à poil long et soyeux, excellent pour la chasse en plaine et au marais ; le *basset*, bon pour la chasse aux lapins ; le *chien de Terre-Neuve*, bon nageur à cause de ses doigts légèrement palmés, et que l'on dresse à retirer de l'eau les personnes en danger de se noyer ; le *caniche* ou barbet, noir ou blanc, le plus fidèle et le plus intelligent de tous les chiens ; le *chien courant*, le *chien d'arrêt* et le *braque*, à nez fendu, bons pour la chasse de plaine ;

Le **dogue**, à tête ronde, à museau court et à oreilles courtes, parmi lesquels on distingue le *grand dogue* et le *boule-dogue*, animaux robustes, d'un caractère féroce, et le *chien-terrier*, très utile pour la chasse aux rats ;.

Les **roquets**, de petite taille, à front bombé et à museau court et pointu. Parmi eux se trouvent le *roquet ordinaire*, connu pour son caractère hargneux,

Les ʜʏèɴᴇs (*Hyœna*) sont des animaux nocturnes, et d'une extrême férocité. Ils se distinguent par leur train de derrière plus bas que celui de devant, par quatre doigts à tous leurs pieds. par une espèce de crinière qui recouvre leur cou, par leur langue rude et leurs mâchoires puissantes. L'*Hyène vulgaire*, dont le pelage est gris jaunâtre, tacheté de noir, habite la Perse, la Syrie et l'Abyssinie.

Les ᴍᴀʀᴛᴇs (*Mustela*) comprennent les *Fouines*, les *Putois*, les *Belettes*, les *Furets* et l'*Hermine*. Ce dernier animal se trouve dans le nord de l'ancien et du nouveau continent, et est très recherché pour sa fourrure, qui, jaunâtre en été, prend en hiver une blancheur éclatante. Tous les animaux de ce genre, quoique de petite taille, sont extrêmement féroces et causent souvent de grands dégâts dans les poulaillers et dans les basses-cours. Le *Furet*, originaire de Barbarie, ne se trouve en France qu'à l'état domestique, où on l'emploie pour poursuivre les lapins dans les terriers. La *Marte zibeline*, que l'on rencontre dans les régions septentrionales de l'Europe, donne une fourrure brune qui est l'objet d'un commerce considérable. A ce genre appartiennent encore les *Loutres*, animaux essentiellement aquatiques et ichtyophages, ayant les pieds palmés et vivant au bord des rivières et des étangs ; la loutre d'Europe fournit une fourrure bien connue, dont on se sert pour garnir certaines coiffures d'hiver.

Les ᴄɪᴠᴇᴛᴛᴇs (*Viverra*) sont caractérisées par une tête allongée comme celle du chien, une langue rude, des ongles à demi rétractiles. Ces animaux, de taille moyenne, ne vivent que dans les pays chauds. La *Civette commune* présente près de l'anus une espèce de poche, plus ou moins profonde, qui sécrète une matière onctueuse et brune, dont l'odeur se rapproche de celle du musc. Cette matière, qui porte le nom de *civette*, est employée par les parfumeurs.

2ᵉ *Famille* : les **Plantigrades**. — Ce sont les animaux carnivores qui, dans la marche, appliquent sur le sol toute la plante

et le *chien turc,* à peau presque entièrement nue, tantôt noire, tantôt couleur de chair ou à taches brunes. Ce dernier a été ramené d'Amérique par Christophe Colomb.

Beaucoup d'autres chiens, de taille, de forme et de couleurs très diverses, résultant de croisements fortuits, et ne pouvant se rapporter à aucune des quatre races précédentes, sont désignés sous le nom collectif de *chiens de rue.*

de leurs pieds (*fig.* 48). Ils ont cinq doigts aux pieds de devant et à ceux de derrière. Plusieurs d'entre eux sont hibernants, c'est-à-dire qu'ils s'engourdissent pendant l'hiver.

Parmi les animaux de cette famille, nous citerons : l'*Ours brun* d'Europe, que l'on rencontre dans les Alpes et dans les Pyrénées, où il se nourrit plutôt de fruits et de racines que de substances animales : aussi ses molaires sont-elles tuberculeuses; l'*Ours blanc*, qui habite les régions glacées du pôle nord, beaucoup plus farouche et plus redoutable que l'ours brun, et qui se nourrit exclusivement de matières animales; le *Blaireau* d'Europe, animal de la grosseur d'un chien de moyenne taille, à membres courts, se creusant des terriers d'où il ne sort que la nuit. Son poil, à la fois souple et résistant, sert à fabriquer des pinceaux.

Fig. 48. *Patte d'un carnivore plantigrade (ours).*

QUATRIÈME ORDRE DES MAMMIFÈRES. LES AMPHIBIES.

57. *Caractères des amphibies.* — Les *amphibies* vivent habituellement dans la mer. Leurs membres sont courts et terminés par des pieds palmés qui en font des espèces de rames : aussi ces animaux, très agiles dans l'eau, ne font-ils que se traîner sur la terre, où ils ne viennent que pour se reposer au soleil et allaiter leurs petits. Presque tous sont carnivores. Cuvier en avait fait une tribu de l'ordre des carnassiers, dont ils se rapprochent en effet par quelques points de leur organisation.

58. *Division des amphibies.* — L'ordre des amphibies ne comprend que *deux familles* :

Les **Phoques**,   les **Morses**.

1 re *Famille :* les **Phoques**. — Ce sont des animaux généralement doux, intelligents et susceptibles de s'attacher à l'homme. Ils ont le corps allongé (*fig.* 49), et terminé par une sorte de nageoire que forment leurs membres postérieurs étendus dans la direction de l'abdomen. Leur museau tronqué ressemble assez à celui d'un chien; mais il porte des moustaches comme celui des chats. Les principales espèces sont : le *Phoque com-*

mun dit *Chien de mer* ou *Veau marin*, de un à deux mètres de longueur, qui se trouve assez fréquemment sur nos côtes ; le *Phoque à trompe* ou *Éléphant marin*, qui vit dans les mers

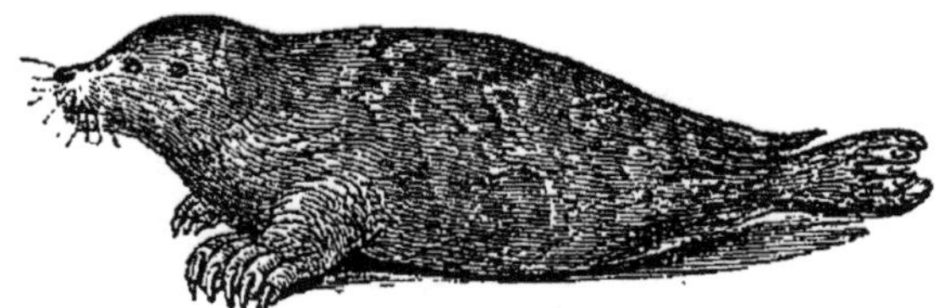

Fig. 49. *Phoque.*

polaires, où il atteint des dimensions considérables ; les *Otaries* ou *Lions marins*, très communs dans les mers australes et dans l'Océan Pacifique. Tous ces animaux sont ichtyophages. La plupart sont l'objet de chasses importantes fournissant au commerce de l'huile et des peaux estimées pour la fabrication du cuir ou autres usages.

2e Famille : les **Morses**. — Ces animaux, communément appelés *Vaches marines* ou *Chevaux marins*, ont la forme des phoques, dont ils se distinguent par deux longues défenses que porte leur mâchoire supérieure (*fig.* 50). Leur mâchoire inférieure manque d'incisives et de canines. Les morses, dont le corps peut atteindre jusqu'à six et sept mètres de longueur, vivent dans les mers polaires, où ils se nourrissent principalement de plantes marines et de mollusques. Ils fournissent des quantités de graisse très considérables ; l'ivoire de leurs défenses, bien que de qualité inférieure, est employée dans la tabletterie.

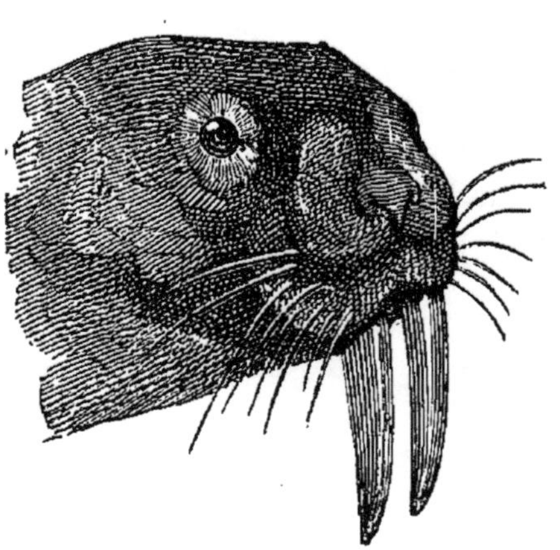

Fig. 50. *Tête de morse.*

CINQUIÈME ORDRE DES MAMMIFÈRES. LES CHÉIROPTÈRES.

59. *Caractères des chéiroptères.* — Les *chéiroptères* sont remarquables par l'existence d'une large membrane qui n'est autre chose qu'un repli de la peau, étendu entre leurs membres antérieurs et postérieurs, y compris la queue, ainsi qu'entre les doigts de la main, démesurément allongés (*fig.* 51). C'est à l'aide de cette membrane qu'ils peuvent se soutenir dans l'air et voler comme les oiseaux. Les chéiroptères ont la mâchoire forte et un système dentaire complet, c'est-à-dire composé d'incisives, de canines et de molaires.

L'ordre des chéiroptères comprend *deux familles* : les **Vespertilions** ou **Chauves-souris** proprement dites, que l'on trouve presque partout, et les **Roussettes,** qui habitent l'Afrique et l'Asie méridionale.

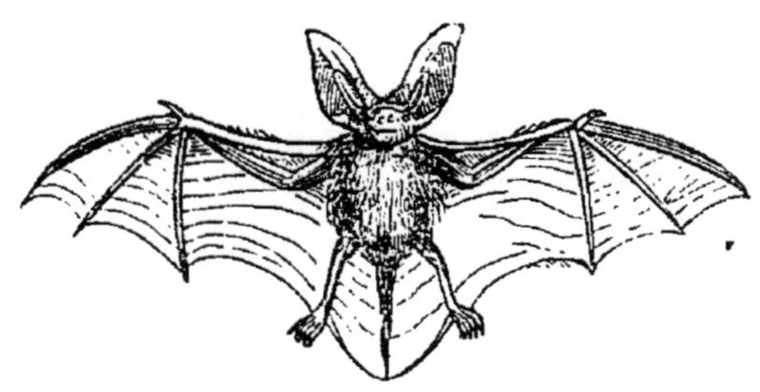

Fig. 51. *Chauve-souris.*

Les *Chauves-souris*, très communes dans nos pays, et dont on connaît un grand nombre d'espèces, sont, en général, des animaux nocturnes, se nourrissant principalement d'insectes.

A cette famille appartient la grande espèce américaine connue sous le nom de *Vampire*, mesurant plus de quarante centimètres, les ailes étendues, et dont la langue est armée de pointes aiguës qui lui servent à percer la peau des animaux endormis, pour en sucer le sang. Beaucoup de fables et de récits fantastiques ont été débités sur ce singulier animal, qui, en réalité, n'est dangereux que pour les volailles ou le menu bétail.

Les *Roussettes*, dont quelques espèces ont près d'un mètre d'envergure, habitent les forêts de l'Afrique, de l'Inde et de l'Australie ; elles sont frugivores et se laissent facilement apprivoiser. Leur chair est estimée comme comestible.

SIXIÈME ORDRE DES MAMMIFÈRES. LES INSECTIVORES.

60. *Caractères des insectivores.* — Les *insectivores* sont de petits animaux vivant presque tous d'insectes, comme l'indique leur nom. Leurs quatre membres sont conformés pour la marche et se terminent généralement par cinq doigts armés de fortes griffes pour fouir la terre ; tous sont munis de clavicules. Leurs mâchoires sont armées de trois sortes de dents : incisives, canines et molaires, ces dernières hérissées de pointes coniques, avec lesquelles ils écrasent facilement leur proie.

Les animaux les plus remarquables de cet ordre sont : les *Hérissons* (*fig.* 52), qui, au lieu de poils, sont couverts de piquants raides et aigus ; les *Musaraignes*, qui ne dépassent guère la grosseur d'une souris, et qui sont très communes

Fig. 52 *Hérisson.*

dans nos champs ; les *Taupes*, qui vivent dans la terre, ou elles se creusent, au moyen de leurs ongles et de leur museau, des galeries très ingénieusement disposées autour d'une chambre centrale mollement rembourrée. Leurs yeux sont excessivement petits, parfois même recouverts par la peau ; mais elles ne sont point, comme on l'a cru, complètement privées de cet organe, ainsi qu'il arrive pour certains animaux vivant dans des cavernes ou grottes souterraines plongées dans une obscurité absolue.

SEPTIÈME ORDRE DES MAMMIFÈRES. LES RONGEURS.

61. *Caractères des rongeurs.* — L'ordre des *rongeurs* comprend des animaux dont la taille est généralement petite, et que caractérise très nettement leur système dentaire. Sur le devant de chaque mâchoire sont de longues et fortes dents (*fig.* 53), que la plupart des naturalistes regardent aujourd'hui comme des canines, bien qu'elles occupent la place des incisives. Ces dents sont dépourvues d'émail en arrière, d'où il résulte que le bord postérieur s'usant plus facilement que l'antérieur, elles sont toujours naturellement taillées en biseau. Elles jouissent, en outre, de la faculté de croître à mesure qu'elles s'usent à leur extrémité libre. Entre elles et les molaires se trouve un assez grand espace vide. Ces dernières dents sont à couronne plate, traversée par des lignes saillantes portant des tubercules arrondis, ce qui indique que les animaux de cet ordre se nourrissent de substances végétales souvent très dures, comme le bois, les écorces, certains fruits ligneux, qu'ils rongent ou liment avec une grande facilité.

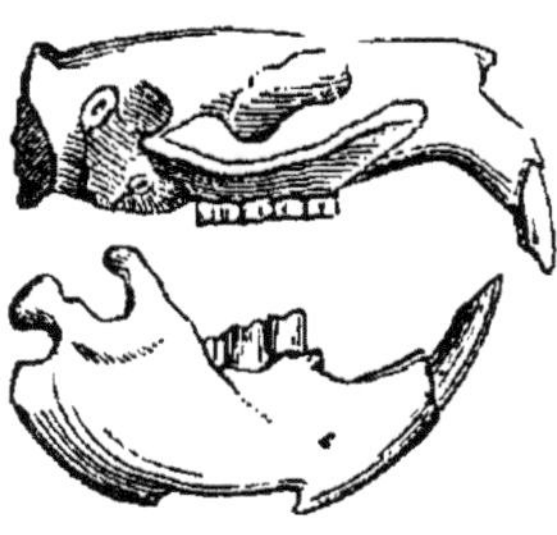

Fig. 53. *Système dentaire d'un rongeur.*

Les rongeurs ont les intestins très longs, un estomac souple et divisé, le cœur volumineux. Le cerveau est très peu développé et ne présente pas de circonvolutions. Les yeux, quelquefois très grands, sont placés sur les côtés de la tête; leurs membres postérieurs sont généralement plus longs que ceux de devant : ce qui fait que leur course se trouve composée de sauts rapprochés. Certains rongeurs, tels que l'écureuil, le rat, le castor, sont pourvus de clavicules bien développées, ce qui leur permet de se servir de leurs membres antérieurs pour tenir leurs aliments et les porter à la bouche; d'autres, plus particulièrement organisés pour la course ou le saut, tels que le lièvre, le lapin, etc., sont privés de cet os ou ne le possèdent qu'à l'état rudimentaire. Ces animaux sont très craintifs; la plupart vivent dans des terriers, ou se bâtissent des huttes dans lesquelles certains d'entre eux passent l'hiver en une sorte de sommeil léthargique.

62. *Division des rongeurs.* — Les rongeurs ont été divisés par Cuvier en *deux tribus*, suivant qu'ils sont pourvus de clavicules, ou que cet os manque complètement ou ne se trouve qu'à l'état rudimentaire :

Les **Rongeurs claviculés**,
Les **Rongeurs sans clavicules**.

1re Tribu : les **Rongeurs claviculés**. — Cette tribu se partage en plusieurs familles comprenant chacune divers genres, dont les principaux sont : l'*Écureuil*, les *Marmottes*, les *Loirs*, les *Rats* (rat commun, surmulot et souris), les *Campagnols* (rat d'eau et rat des champs), les *Gerboises*, originaires de l'Afrique septentrionale, remarquables par le grand développement de leurs membres postérieurs, et le *Castor*.

Le castor (*fig.* 54) se distingue des autres rongeurs par sa queue ovale et couverte d'écailles et par ses pieds de derrière

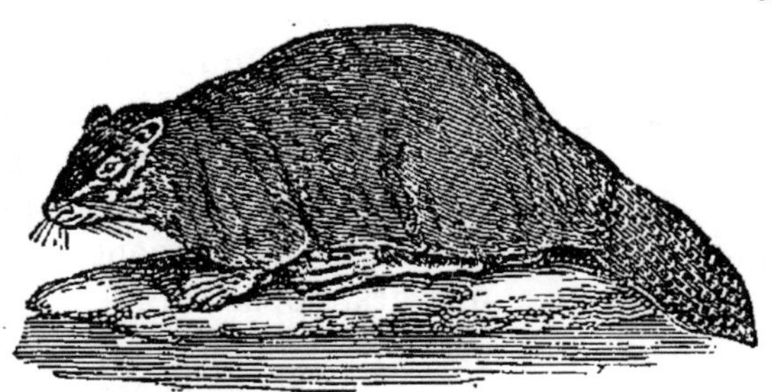

Fig. 54. *Castor*.

palmés ; il est remarquable par l'industrie avec laquelle il construit sa demeure au bord des fleuves ou des lacs. Le castor est originaire du Canada et des contrées septentrionales de l'Asie. Il est long de deux à trois pieds et d'un brun roussâtre ; sa fourrure, fine et serrée, est très recherchée pour la fabrication des chapeaux. Il fournit en outre une substance employée en médecine sous le nom de *castoréum :* cette matière, assez analogue à de la résine ou de la cire, de couleur jaune ou brunâtre, d'une odeur forte, est sécrétée dans deux espèces de poches situées au voisinage de l'anus.

C'est encore à ce groupe de rongeurs que se rapporte le *Chinchilla*, qui habite les régions élevées du Chili. Cet animal, dont la taille est à peu près celle du lapin, possède une fourrure fort estimée pour son aspect soyeux et sa teinte variant du gris foncé au gris clair.

2ᵉ Tribu : les **Rongeurs sans clavicules.** — Les animaux compris dans ce groupe n'ont que des clavicules rudimentaires ou en sont complètement dépourvus : tels sont le *Porc-épic*, qui au lieu de poils a le corps couvert de piquants raides et pointus ; le *Lièvre*, le *Lapin*, le *Cochon d'Inde* et les *Agoutis*. Les agoutis, qui se rapprochent du lièvre par leur taille, leurs mœurs et leurs habitudes, sont très communs dans les bois de l'Amérique méridionale, où on les recherche également pour la délicatesse de leur chair.

HUITIÈME ORDRE DES MAMMIFÈRES. LES ÉDENTÉS.

65. *Caractères des édentés.* — Le caractère commun des *édentés* est de manquer de dents incisives, souvent de canines,

et quelquefois même de toutes les dents. La plupart cependant sont pourvus de molaires (*fig.* 55). Ce sont des animaux généralement lourds et paresseux, vivant dans des terriers, dont ils ne sortent que la nuit pour aller à la recherche de leur nourriture, composée d'insectes ou de matières végétales. Les ongles volumineux qui embrassent l'extrémité de leurs doigts ressemblent presque à des sabots : ce dernier caractère établit une transition entre les animaux onguiculés, dont les édentés forment le dernier ordre, et les animaux ongulés, qui viennent immédiatement après.

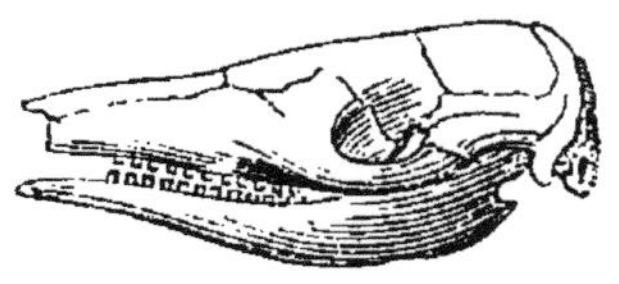

Fig. 55. *Tête d'un édenté.*

Nous citerons comme exemples de cet ordre les *Paresseux* ou *Tardigrades*, ainsi nommés à cause de l'extrême lenteur de leurs mouvements ; les *Tatous* (*fig.* 56), dont le corps est protégé par une espèce de cuirasse calcaire, composée de plusieurs pièces ; les *Fourmiliers*, qui ont le corps et la queue garnis de longs poils ; les *Pangolins*, dont la peau est recouverte d'écailles tranchantes et imbriquées. Complètement dépourvus de dents, les fourmiliers et les pangolins en sont réduits à vivre exclusivement de fourmis, qu'ils attrapent par centaines au moyen de leur langue excessivement longue et recouverte d'un enduit visqueux.

Fig. 56. *Tatou.*

Les paresseux, les tatous et les fourmiliers appartiennent aux contrées les plus chaudes de l'Amérique méridionale. Les pangolins sont originaires de l'Inde.

Quelques genres d'édentés, aujourd'hui éteints, et dont on a découvert les ossements fossiles dans le diluvium de l'Amérique du Sud, étaient d'une taille gigantesque : tel était le *Mégatherium*, qui atteignait la taille du rhinocéros.

Deuxième Section. Mammifères monodelphes ongulés.

NEUVIÈME ORDRE DES MAMMIFÈRES. LES PACHYDERMES.

64. *Caractères des pachydermes.* — C'est dans ce groupe que se trouvent les plus gros des mammifères terrestres. Tous les animaux de cet ordre sont herbivores. Leurs molaires sont à couronne plate (*fig.* 57) ; quelques-uns manquent de canines et même d'incisives à la mâchoire supérieure. Ils sont complètement dépourvus de clavicules. Leurs doigts, plus ou moins soudés entre eux, sont enveloppés dans des *sabots* ou étuis cornés, dont le nombre varie, mais qui ne permettent à ces organes aucun mouvement ; de sorte que leurs membres ne peuvent plus servir qu'à soutenir le corps.

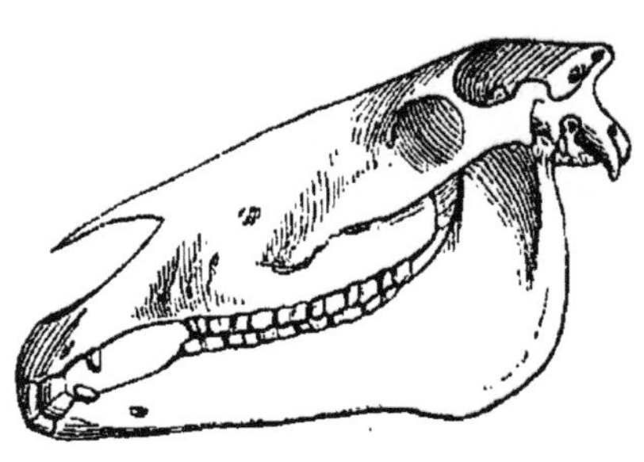

Fig. 57. *Tête de cheval.*

Les pachydermes ont un estomac simple ou divisé en plusieurs loges qui communiquent entre elles par de larges ouvertures. A l'exception du cheval et du sanglier, les pachydermes ont la peau généralement nue et très épaisse.

65. *Division des pachydermes.* — Cet ordre se divise en *deux tribus :*

Les **Pachydermes proboscidiens ou à trompe,**
Les **Pachydermes ordinaires ou sans trompe.**

1re Tribu : les **Pachydermes proboscidiens ou à trompe.** — Cette tribu ne renferme plus qu'un seul genre dans la nature vivante : c'est celui des ÉLÉPHANTS, dont il existe deux espèces, l'*Éléphant d'Asie* et l'*Éléphant d'Afrique.* Ces animaux portent à la mâchoire supérieure deux énormes défenses occupant la place des dents incisives, et dont la masse est constituée par une matière bien connue sous le nom d'*ivoire.* Ils n'ont pas de canines ; leurs molaires, au nombre d'une ou deux à chaque mâchoire, sont formées par une foule de lames verticales soudées ensemble et dirigées transversalement. Leur nez se prolonge en une trompe qui jouit des mouvements les plus variés, et qui est à la fois un organe de tact, d'olfaction et de préhension ; leurs quatre membres se terminent chacun par cinq doigts distincts, recouverts d'un sabot à leur extrémité libre. L'Éléphant d'Asie se distingue de l'Éléphant d'Afrique par une taille plus haute, des oreilles et des défenses plus petites, une intelligence et une docilité plus grandes.

7.

On trouve à l'état fossile deux espèces, aujourd'hui disparues, de pachydermes à trompe. L'une de ces espèces, à laquelle les Russes ont donné le nom de *Mammouth*, se rencontre en Sibérie ; l'autre, décrite par Cuvier sous le nom de *Mastodonte*, a été trouvée en Amérique.

2ᵉ Tribu : les **Pachydermes sans trompe.** — Cette tribu se divise en deux familles, savoir : les pachydermes *fissipèdes* ou à plusieurs sabots à chaque pied, et les pachydermes *solipèdes* ou à un seul sabot.

Comme exemples de pachydermes fissipèdes, nous citerons le *Rhinocéros* (*fig.* 58), qui a trois sabots distincts à chaque

Fig. 58. *Rhinocéros.*

extrémité ; l'*Hippopotame*, qui en a quatre, et le *Sanglier*, qui en a quatre également, mais dont les pieds sont fourchus, ce qui le rapproche des ruminants. A cette tribu appartiennent également les *Tapirs*, animaux de la taille de l'âne, et dont le nez se termine par un petit prolongement mobile, qui rappelle, mais à l'état rudimentaire, la trompe de l'éléphant. Ils habitent l'Amérique méridionale et la grande île de Sumatra, où on les élève pour leur chair, qui est comestible, et pour leur peau, qui fournit un excellent cuir.

Parmi les pachydermes solipèdes se trouvent le *Cheval*, l'*Ane*, le *Zèbre* et l'*Hémione*. Ces animaux sont essentiellement caractérisés par les extrémités de leurs membres que termine un seul doigt (*fig.* 59) dont la dernière phalange est complètement recouverte de tous côtés par un sabot corné. C'est à cette tribu que se rapportent plusieurs genres d'ani-

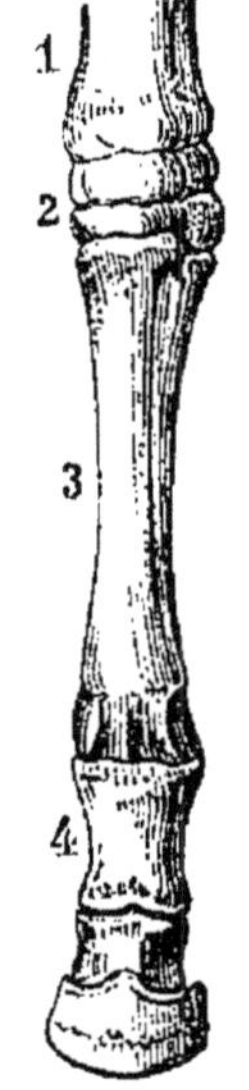

Fig. 59. *Pied anté-
rieur du cheval.*

1. Avant - bras.
—2. Carpe.— 3. Mé-
tacarpe. — 4. Pre-
mière, deuxième et
troisième phalanges,
la troisième enve-
loppée dans le sabot.

maux fossiles décrits par Cuvier, tels que l'*Anoplothérium* et le *Palæothérium*, dont les ossements se rencontrent dans les carrières de gypse des environs de Paris.

DIXIÈME ORDRE DES MAMMIFÈRES. LES RUMINANTS.

66. *Caractères des ruminants.* — Ce qui distingue essentiellement les animaux de cet ordre, c'est la faculté qu'ils possèdent de *ruminer*, c'est-à-dire de ramener leurs aliments dans la bouche, après les avoir avalés une première fois, pour les mâcher de nouveau et d'une manière plus complète. Cette faculté tient à la disposition de l'estomac, qui se compose de quatre poches distinctes, savoir : la *panse*, le *bonnet*, le *feuillet* et la *caillette* (*fig.* 60).

La panse et le bonnet communiquent directement avec l'œsophage, qui se continue ensuite sous la forme d'une gouttière ou demi-canal jusqu'au feuillet, lequel communique à son tour avec la caillette. C'est dans cette dernière poche que les aliments sont vraiment digérés.

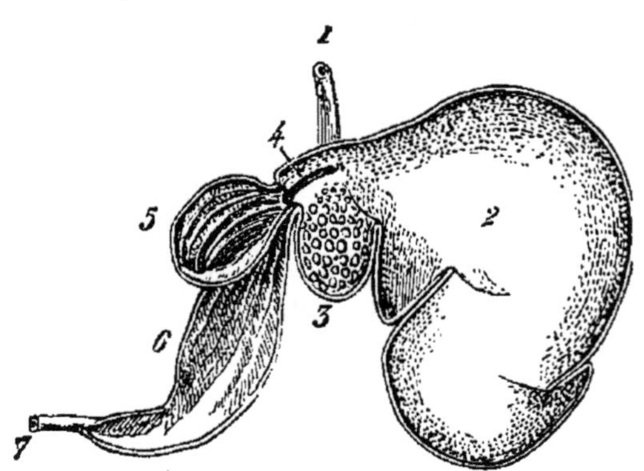

Fig. 60. *Estomac d'un ruminant.*

1. Œsophage. — 2. Panse. — 3. Bonnet. — 4. Demi-canal. — 5. Feuillet. — 6. Caillette. — 7. Commencement de l'intestin grêle.

Voici, d'après Floureus, quel est le mécanisme de la rumination :

Les aliments, grossièrement divisés et formant un certain

volume, arrivent d'abord dans la panse et dans le bonnet, en écartant mécaniquement les bords de la gouttière ou demi-canal (*fig.* 60, 4) qui termine inférieurement l'œsophage. Après avoir séjourné pendant un certain temps dans ces deux poches et. s'y être ramollis, ils remontent par l'œsophage jusque dans la bouche, où ils sont soumis à une seconde mastication et transformés cette fois en une pâte molle et demi-fluide. Avalés de nouveau et parvenus à l'extrémité inférieure de l'œsophage. ils ne peuvent plus, en raison de leur fluidité, écarter les bords du demi-canal, transformé en un tube par la contraction de ses parois. Ils tombent alors dans le feuillet, d'où ils arrivent ensuite dans la caillette, où s'effectue la chymification.

Fig. 61. *Système dentaire d'un ruminant.*

Les ruminants sont généralement dépourvus d'incisives à la mâchoire supérieure (*fig.* 64), plusieurs manquent aussi de canines ; leurs molaires sont à couronne plate, offrant des sinuosités en forme de croissant. Tous ces animaux sont herbivores ; leur mâchoire inférieure, indépendamment des mouvements d'abaissement et d'élévation communs à tous les autres mammifères, exécute encore des mouvements latéraux qui ont pour but de faciliter la trituration des graines et autres substances végétales dont ils se nourrissent.

Les pieds des ruminants se terminent par des sabots (*fig.* 62), qui se touchent par leur face interne, d'où le nom d'animaux à *pieds fourchus*. Les os du métacarpe et du métatarse sont soudés en un seul os allongé, appelé os du *canon*.

Les ruminants sont de tous les animaux ceux qui rendent le plus de services à l'homme. Ce sont eux qui nous fournissent la chair et le lait dont nous nous nourrissons, ainsi que la laine, le cuir, le suif, la corne et autres produits employés dans l'économie domestique.

Fig. 62. *Pied fourchu du cerf.*

Os du canon et phalanges.

67. *Division des ruminants.* — L'ordre des ruminants a été divisé en *quatre familles*, d'après l'absence ou la présence des cornes, et d'après les différences de structure que présentent ces appendices. Ces quatre familles sont :

Les **Caméliens,**   Les **Camélopardiens,**
Les **Élaphiens,**   Les **Tauriens.**

1re *Famille :* les **Caméliens.** Ce sont les ruminants *sans cornes ou sans bois.* A cette famille appartient le genre des CHAMEAUX (*Camelus*), qui comprend deux espèces : le chameau à deux bosses ou *Chameau* proprement dit, originaire de l'Asie, et le chameau à une seule bosse, connu sous le nom de *Dromadaire,* très répandu dans l'Arabie et le nord de l'Afrique. Viennent ensuite le genre LAMA et le genre des CHEVROTAINS. Parmi les espèces de ce dernier genre, qui toutes sont originaires de l'Asie, se trouve le *Chevrotain porte-musc,* ainsi nommé parce qu'il porte sous l'abdomen une poche dans laquelle se produit le *musc,* matière solide, d'un brun noirâtre, excessivement odorante.

2e *Famille :* les **Élaphiens.** — Cette famille, dont le nom vient de ἔλαφος, *cerf,* comprend tous les ruminants à *cornes pleines et caduques.* Ces appendices, nommés *bois* (*fig.* 63), sont de nature purement osseuse, d'un tissu serré et compact. Recouverts d'abord par un prolongement de la peau, ils s'élèvent en se ramifiant de chaque côté du front. Après un certain temps, la peau qui les enveloppait se sépare, et le bois, ainsi privé de ses éléments nutritifs, se détériore et tombe en entier, mais pour repousser de nouveau. La chute et le renou-

Fig. 63. *Bois du cerf.*

Fig. 64. *Tête de girafe.*

vellement du bois sont ordinairement annuels, la chute au printemps et le renouvellement vers le mois d'août. Chaque année les ramifications du bois, nommées *cors* ou *andouillers*, se multiplient, ce qui permet de déterminer approximativement l'âge de l'animal. Ce sont généralement les mâles qui portent les bois ; les femelles en sont presque toujours dépourvues. A cette famille appartient le grand genre des CERFS, dont les principales espèces sont : le *Cerf commun*, l'*Élan*, le *Renne*, le *Daim* et le *Chevreuil*.

3ᵉ *Famille* : les **Camélopardiens**. — Ce sont les ruminants à *cornes osseuses, pleines, persistantes et toujours recouvertes d'une peau velue* (*fig.* 64). A cette famille appartient la *Girafe*, originaire de l'intérieur de l'Afrique, si remarquable par sa haute taille et la longueur démesurée de son cou. On lui donne encore le nom de caméléopard (*Camelopardalis girafa*) , à cause de sa ressemblance, pour la tête, avec le chameau, et pour son pelage fauve clair et régulièrement tacheté, avec le léopard.

4ᵉ *Famille* : les **Tauriens**. — Ces animaux sont caractérisés par leurs *cornes creuses et nues*, que supportent des prolongements des os frontaux (*fig.* 64). La matière qui les compose (corne), est analogue aux ongles et croît comme ceux-ci par couches concentriques. Nous citerons parmi les animaux de cette famille le *Bœuf*, le *Buffle* ou bœuf sauvage, originaire de l'Inde, le *Mouton*, les *Chèvres*, les *Antilopes*, le *Chamois* et les *Gazelles*.

Troisième Section. Mammifères monodelphes ichtyoïdes.

68. Les MAMMIFÈRES MONODELPHES ICHTYOÏDES OU PISCIFORMES ne forment qu'un *seul ordre* : les **Cétacés**.

ONZIÈME ORDRE DES MAMMIFÈRES. LES CÉTACÉS.

69. *Caractères des cétacés.* — Les *cétacés*, par leur forme extérieure et par le milieu dans lequel ils vivent, ressemblent à des poissons ; mais ils appartiennent aux mammifères par toute leur organisation interne. Comme eux, ils sont vivipares et portent des mamelles ; ils ont le sang chaud, un cœur à deux ventricules, et ils respirent par des poumons.

Ces animaux, dont quelques-uns (baleines et cachalots) atteignent des proportions gigantesques, n'ont pas de membres postérieurs. Leurs membres antérieurs, très courts et très robustes, sont transformés en nageoires. Leur corps, couvert d'une peau nue, de couleur sombre et comme ardoisée, se termine par une large nageoire horizontale, caractère qui permet de les distinguer extérieurement des poissons, dont la nageoire caudale est toujours dirigée verticalement.

Quelques cétacés, comme les baleines, manquent complètement de dents ; d'autres n'en ont qu'à la mâchoire supérieure ou à la mâchoire inférieure ; quelques-uns, comme les dauphins, en portent aux deux mâchoires. Chez les baleines, les dents sont remplacées par de longues lames de corne à bords effilés, nommées *fanons*, qui garnissent la mâchoire supérieure, et qui forment par leur réunion une sorte de crible destiné à retenir les poissons et autres petits animaux dont ces énormes cétacés se nourrissent.

70. *Division des cétacés.* — L'ordre des cétacés se subdivise en *deux familles* :

1° Les **Cétacés herbivores** ou **Sirènes,** qui peuvent sortir de l'eau pour venir ramper sur le rivage et paître l'herbe, tels que les *Dugongs,* de la mer des Indes, et les *Lamantins,* que l'on trouve aux embouchures des grands fleuves de l'Amérique du Sud.

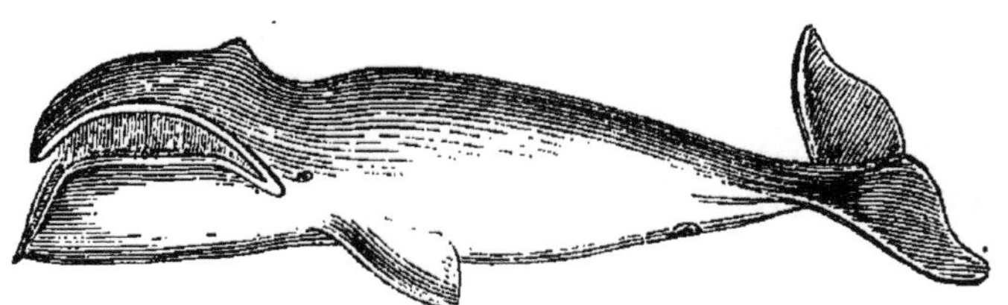

Fig. 65. *Baleine.*

2° Les **Cétacés ichtyophages** ou **Cétacés proprement dits,** parmi lesquels nous citerons les *Dauphins,* les *Marsouins,* les *Baleines* (*fig.* 65) et les *Cachalots.* Ces animaux ont leurs narines ouvertes à la partie supérieure de leur tête par un ou deux trous nommés *évents,* au moyen desquels ils font jaillir à une hauteur plus ou moins grande l'eau qu'ils avalent : cette particularité leur a encore valu le nom de *souffleurs.*

Les baleines, dont on fait la pêche dans les mers du Nord, fournissent, comme l'on sait, une grande quantité d'huile provenant de la couche graisseuse située sous leur peau. Leurs fanons forment cette matière élastique et cornée employée dans l'industrie sous le nom de *baleine*.

Les cachalots, que l'on trouve principalement dans les mers australes et dans le grand Océan, fournissent une matière grasse appelée *blanc de baleine*, dont on se sert pour faire des bougies ; cette matière est contenue dans de grandes cavités osseuses que présente à sa partie supérieure l'énorme tête de ces animaux. La substance odorante que l'on emploie en parfumerie et en médecine sous le nom d'*ambre gris* paraît être une concrétion qui se forme dans leurs intestins.

DEUXIÈME GROUPE. MAMMIFÈRES DIDELPHES.

71. Le groupe des MAMMIFÈRES DIDELPHES ne comprend que *deux ordres :*

Les **Marsupiaux**,
Les **Monotrèmes**.

DOUZIÈME ORDRE DES MAMMIFÈRES. LES MARSUPIAUX.

72. *Caractères des marsupiaux.* — Les *marsupiaux* se distinguent de tous les autres mammifères par la présence d'une poche qu'ils portent sous leur abdomen. Cette poche est formée par deux replis de la peau que soutiennent deux os particuliers du bassin, appelés *os marsupiaux* (*fig.* 66). Elle renferme les mamelles et sert à loger les petits pendant les premiers temps de leur naissance : d'où le nom de *poche mammaire* sous lequel on la désigne.

Le régime alimentaire et, par suite, le système dentaire des marsupiaux est très variable : il en est qui sont carnassiers, d'autres insectivores ; quelques-uns sont herbivores. Presque tous ces animaux habitent l'Australie et quelques parties de l'Amérique méridionale.

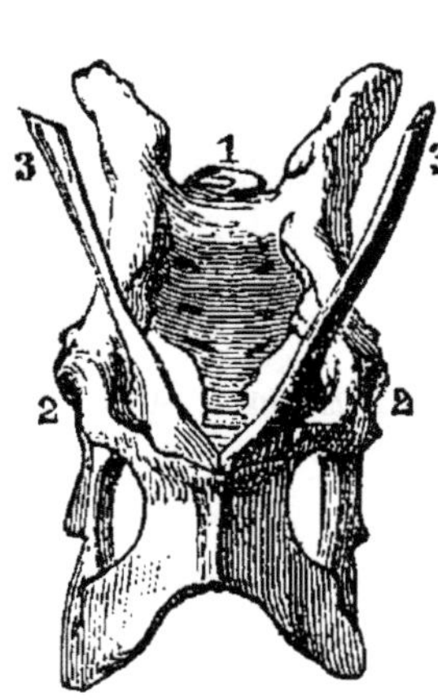

Fig. 66. *Bassin de mammifère didelphe.*

1. Colonne vertébrale et sacrum. — 2-2. Os iliaques ou de la hanche. — 3-3. Os marsupiaux.

Cet ordre comprend plusieurs familles, dont les principaux genres sont : les *Sarigues*, les *Phalangers*, les *Kangurous*. Ces derniers (*fig.* 67) sont herbivores et d'un naturel très doux.

Fig. 67. *Kangurou.*

Ils sont surtout remarquables par l'énorme disproportion qui existe entre leurs membres antérieurs et leurs membres postérieurs, ce qui en fait des animaux plutôt sauteurs que marcheurs. Ils ont aussi une queue très développée sur laquelle ils s'appuient quand ils sont au repos. Leur chair est excellente et leur fourrure peut être utilisée. Il y a donc lieu de souhaiter la réussite complète des essais d'acclimatation de ces animaux, entrepris depuis quelques années au Jardin d'Acclimatation de Paris.

TREIZIÈME ORDRE DES MAMMIFÈRES. LES MONOTRÈMES.

75. *Caractères des monotrèmes.* — Cet ordre comprend deux genres d'animaux très remarquables, originaires de l'Australie : ce sont l'*Échidné* et l'*Ornithorhynque*. Ils ont des os marsupiaux, mais ils sont dépourvus de poche mammaire comparable à celle qui caractérise l'ordre précédent. L'ornithorhynque (*fig.* 68) a les pieds palmés, et ses mâchoires sont garnies de lames cornées qui ressemblent beaucoup au bec du canard. Les mâles portent au pied de derrière un ergot creusé d'un canal qui donne issue à une sorte de venin. L'échidné et l'ornithorhynque présentent des particularités de structure et d'organisation qui les rapprochent jusqu'à un certain point

Fig. 68. *Ornithorhynque*.

des oiseaux, et qui serviraient à établir le passage entre les mammifères et les vertébrés ovipares. Ces animaux, de taille assez petite, habitent les bords des rivières et dès marais de l'Australie, où ils se nourrissent d'insectes et de poissons.

Résumé.

I. Les mammifères se divisent en deux groupes primordiaux : les MAMMIFÈRES MONODELPHIENS et les MAMMIFÈRES DIDELPHIENS. Ces deux groupes se subdivisent ensuite en treize ordres, savoir : les *Bimanes*, les *Quadrumanes*, les *Carnivores*, les *Amphibies*, les *Chéiroptères*, les *Insectivores*, les *Rongeurs*, les *Édentés*, les *Pachydermes*, les *Ruminants*, les *Cétacés*, les *Marsupiaux* et les *Monotrèmes*.

II. Les *Bimanes* ne comprennent qu'un seul genre et qu'une seule espèce, l'homme (*Homo sapiens*). L'homme a pour caractère essentiel l'appropriation de ses membres supérieurs et inférieurs à des usages distincts : il est le seul mammifère vraiment bimane et bipède. Lui seul possède la parole articulée.

III. Les *Quadrumanes* ont leurs quatre membres terminés par des mains. Cet ordre se divise en deux tribus : les *Singes* et les *Lemuriens* ou *Makis*.

IV. Les *Carnivores* ont leurs doigts terminés par des griffes fixes ou rétractiles ; leurs dents canines sont longues et aiguës,

leurs molaires à tubercules tranchants. On les divise en deux tribus :
les carnivores *digitigrades* (le chat, le lion, le tigre, le chien, etc.)
et les carnivores *plantigrades* (l'ours, le blaireau).

V. Les *Amphibies* ont quatre membres organisés pour la natation; leur corps est effilé postérieurement en forme de poisson;
dentition analogue à celle des carnivores terrestres. Exemple : les
phoques, les *morses*.

VI. Les *Chéiroptères* ont leurs membres antérieurs convertis en
ailes membraneuses; dentition complète. Exemple : les *chauves-
souris*.

VII. Les *Insectivores* ont quatre membres, dont les antérieurs
sont organisés pour marcher et pour fouir la terre ; dentition
complète. Exemple : les *taupes*, les *musaraignes*.

VIII. Les *Rongeurs* sont caractérisés par leur système dentaire,
lequel se compose de deux canines à chaque mâchoire, occupant
la place des incisives, et de molaires à couronne plate, légèrement
sinueuse ou tuberculeuse. On les divise en *rongeurs claviculés*
(le castor, le rat, l'écureuil, etc.) et en *rongeurs sans clavicules*
(le lièvre, le lapin, le porc-épic, etc.).

IX. Les *Édentés* ont leurs ongles très longs et recourbés, la peau
dure, souvent écailleuse. Ils sont tous dépourvus d'incisives; la
plupart manquent de canines, et quelques-uns de molaires. Dans
cet ordre sont les *tatous*, les *fourmiliers* et les *pangolins*.

X. Les *Pachydermes* sont généralement des animaux de haute
taille, à peau souvent très épaisse; leur système dentaire est très
variable, leur estomac simple. Exemple : l'*éléphant*, le *rhinocéros*,
le *cheval*, le *sanglier*, etc.

XI. Les *Ruminants* ont leurs extrémités terminées par deux doigts
(pieds fourchus) ; ils manquent généralement d'incisives à leur
mâchoire supérieure; la plupart sont dépourvus de canines, leurs
molaires sont à couronne plate. Ce qui caractérise surtout les ruminants, c'est la division de leur estomac en quatre cavités : la
panse, le bonnet, le feuillet et la caillette. Exemple : le *chameau*,
le *cerf*, la *girafe*, le *bœuf*, le *mouton*, etc.

XII. Les *Cétacés* ont le corps en forme de poisson, terminé par
une nageoire horizontale ; ils n'ont pas de membres postérieurs,
leurs antérieurs sont transformés en nageoires. Leur peau est nue,
épaisse ; leur système dentaire variable, quelquefois remplacé par
des fanons. A cet ordre appartiennent le *marsouin*, le *dauphin*,
la *baleine*, le *cachalot*, etc.

XIII. Les *Marsupiaux* se distinguent par une poche mammaire placée sous l'abdomen, servant à contenir et à protéger les petits après leur naissance; leurs membres postérieurs sont généralement plus développés que les antérieurs. Exemple : les *sarigues*, les *kangurous*.

XIV. Les *Monotrèmes* sont dépourvus de poche mammaire; leur organisation est analogue sous certains rapports à celle des oiseaux. Exemple : l'*ornithorhynque*, l'*échidné*.

CHAPITRE VI.

Suite de l'embranchement des vertébrés. — Classe des oiseaux. — Leurs caractères. — Leur division en ordres. — Exemples choisis parmi les espèces les plus utiles ou les plus remarquables.

DEUXIÈME CLASSE DES VERTÉBRÉS. OISEAUX.

Caractères des oiseaux.

74. *Caractères des oiseaux.* — Les *oiseaux* sont des animaux ovipares, à sang chaud, dont le corps est recouvert de plumes, dont la circulation est double et complète, et qui respirent au moyen de poumons. Leurs membres antérieurs, transformés en *ailes*, servant exclusivement à les soutenir dans l'air, se composent, comme chez les mammifères, du bras, de l'avant-bras et de la main. Le bras (*fig.* 69) et l'avant-bras ne présentent rien de particulier, si ce n'est qu'à l'avant-bras le radius et le cubitus sont immobiles l'un sur l'autre; la main seule est profondément modifiée. Deux petits os, articulés avec le radius, forment le carpe, auquel fait suite le métacarpe, composé de deux os plus longs soudés à leurs extrémités. La partie supérieure du métacarpe donne attache à un pouce rudimentaire, tandis que son extrémité inférieure porte un ou deux doigts n'ayant chacun que deux phalanges. A l'avant-bras et à la main sont solidement attachées les grandes plumes des ailes, nommées *pennes rémiges*.

Les membres postérieurs, destinés, chez les oiseaux, à la station terrestre, sont terminés par quatre doigts distincts, tantôt séparés, tantôt réunis entre eux dans une partie ou dans toute leur longueur par une membrane lâche, comme on l'observe principalement chez les oiseaux aquatiques (*fig.* 78). Le tarse et le métatarse ne forment qu'un seul os, que l'on peut en quelque sorte comparer à l'os du canon des ruminants.

La tête, généralement très petite, se termine en avant par un bec formé de deux mandibules enveloppées dans une substance cornée qui tient lieu de dents. Les vertèbres cervicales, plus nombreuses que chez les mammifères, sont très mobiles dans leurs articulations, ce qui permet aux oiseaux de retourner la tête en arrière. Au contraire, les vertèbres dorsales, les côtes et le sternum sont intimement soudés, pour fournir un point d'appui plus solide aux muscles puissants qui font mouvoir les ailes. Le sternum porte sur sa face antérieure une crête longitudinale nommée le *bréchet*, qui augmente encore la surface d'insertion de ces muscles. Les deux clavicules, soudées en

Fig. 69. *Squelette d'oiseau (vautour).*

1. Vertèbres cervicales. — 2. Humérus (bras). — 3. Radius et cubitus (avant-bras). — 4. Métacarpe portant un pouce rudimentaire. — 5. Phalanges. — 6. Clavicule. — 7. Sternum. — 8. Tibia et péroné. — 9. Tarse et doigts.

avant, forment un seul os, nommé la *fourchette*, qui sert à maintenir l'écartement des deux ailes. Enfin le coccyx, qui termine la colonne vertébrale, est composé de plusieurs vertèbres mobiles, dont la dernière, plus forte que les autres, porte les grandes plumes de la queue ou *pennes rectrices*, ainsi nommées parce qu'elles servent de gouvernail pour diriger le vol.

La circulation, chez les oiseaux, se fait comme chez les mammifères, c'est-à-dire qu'elle est double et complète. Les globules du sang sont elliptiques et plus nombreux que chez les autres vertébrés. Leurs poumons, adhérents aux côtes et à la colonne vertébrale, sont percés d'ouvertures qui laissent pénétrer l'air dans des réservoirs ou *sacs aériens* situés dans les différentes parties du corps et communiquant tous entre eux. Quelques-uns de ces réservoirs envoient des prolongements dans les os, ce qui permet à l'air de pénétrer jusque dans ces organes.

On a cru pendant longtemps que les oiseaux étaient dépourvus de diaphragme ; mais un habile anatomiste, M. Sappey, a démontré qu'ils en possèdent deux à l'état rudimentaire, dont l'un tapisse la face inférieure des poumons, tandis que l'autre couvre un réservoir aérien situé immédiatement au-dessous de l'organe respiratoire.

La plupart des oiseaux ont deux larynx, dont l'un, nommé *larynx inférieur*, est situé à la bifurcation de la trachée et dont l'autre est placé à la partie supérieure de ce conduit. C'est dans le larynx inférieur que les sons sont produits ; le larynx supérieur n'est qu'un organe accessoire ou de perfectionnement de la voix.

Le régime alimentaire des oiseaux est très varié : les uns se nourrissent exclusivement de graines ou de fruits ; les autres, d'insectes ; quelques-uns, comme les mammifères carnassiers, vivent de chair ; un certain nombre se nourrissent de poisson. La forme du bec varie nécessairement suivant la nature de ces aliments.

Le canal digestif présente quelques modifications assez remarquables. Ainsi, chez les oiseaux granivores et frugivores, l'œsophage, vers sa partie inférieure (*fig.* 70), présente deux dilatations ou poches plus ou moins grandes, dans lesquelles s'amassent et séjournent les aliments avant de pénétrer dans l'estomac. La première de ces poches porte le nom de *jabot ;*

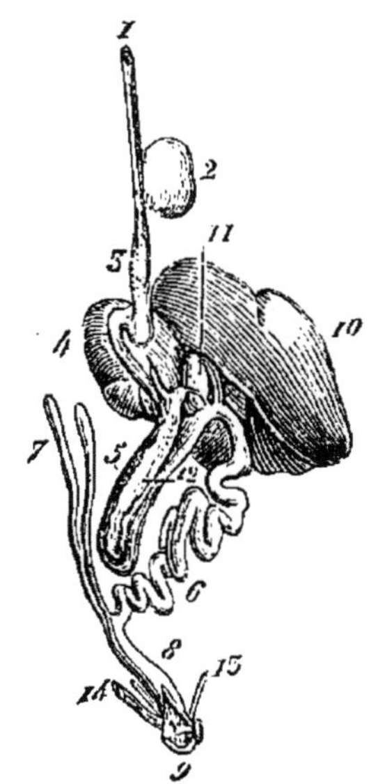

Fig. 70. *Appareil digestif des oiseaux granivores ou frugivores.*

1. Œsophage. — 2. Jabot. — 3. Ventricule succenturié. — 4. Gésier. — 5. Duodenum. — 6. Intestin grêle. — 7. Cœcum. — 8. Gros intestin. — 9. Cloaque. — 10. Foie. — 11. Vésicule biliaire. — 12. Pancréas. — 13. Uretère. — 14. Oviducte.

la seconde est nommée *ventricule succenturié*. L'estomac, que l'on appelle *gésier*, est en général charnu et très épais, principalement chez les oiseaux granivores, où il présente des parois musculaires d'une force considérable et une membrane interne très dure et très résistante. Chez les oiseaux de proie, l'estomac est, au contraire, mince et membraneux. Les intestins, qui font suite à cet organe, plus courts que chez les mammifères, viennent se terminer dans une cavité nommée *cloaque*, où se terminent également les conduits excréteurs des organes de la reproduction et de la sécrétion urinaire. Les oiseaux sont dépourvus de vessie, c'est-à-dire d'un réservoir propre à retenir l'urine sécrétée par les reins. Ce liquide, très chargé d'acide urique, arrive directement dans le cloaque, où il se mêle aux excréments, avec lesquels il est ensuite expulsé au dehors.

Le cerveau des oiseaux (*fig.* 71) est peu volumineux. La surface des deux hémisphères est complètement lisse, et le

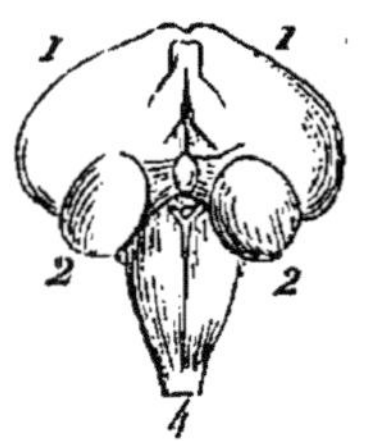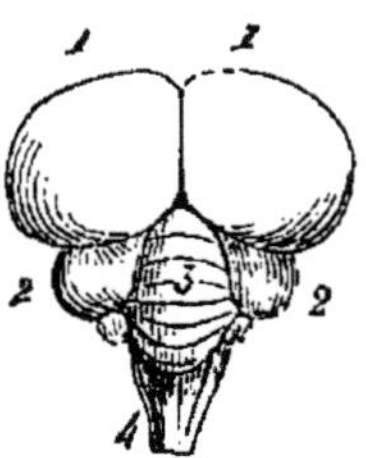

Fig. 71. *Cerveau des oiseaux. (Face inférieure à gauche, face supérieure à droite.)*

1-1. Hémisphères cérébraux. — 2-2. Lobes optiques. — 3. Cervelet.
— 4-4. Bulbe rachidien et commencement de la moelle épinière.

cervelet n'est jamais recouvert par les lobes cérébraux. Les sens du toucher, du goût et de l'ouïe sont assez peu développés. L'oreille est dépourvue de conque extérieure ; la langue, sèche, dure et comme cornée, semble plutôt destinée à saisir et à avaler les aliments qu'à les goûter. Les oiseaux de proie ont l'odorat très fin ; mais le sens qui est le plus développé chez tous les oiseaux est celui de la vue. L'œil est plus gros proportionnellement que chez les mammifères ; il est protégé par une troisième paupière mince et demi-transparente, naissant de l'angle interne de l'orbite, et se mouvant dans le sens transversal (*membrane clignotante*). La rétine, plus épaisse que chez les autres animaux, offre un prolongement qui s'avance en forme d'éventail vers le cristallin, et que l'on désigne sous le nom de *peigne*. Les physiologistes ne sont pas d'accord sur la nature de cette membrane ; on pense généralement qu'elle a pour but d'augmenter l'étendue de la surface visuelle.

La température des oiseaux est toujours de trois à six degrés plus élevée que celle des mammifères. Cela tient à l'activité plus grande de leurs fonctions respiratoires, ainsi qu'à la présence des plumes, qui s'opposent efficacement à la déperdition de la chaleur.

Animaux vivipares et ovipares. Structure de l'œuf chez les oiseaux.

75. *Animaux vivipares et ovipares.* — C'est un caractère commun à presque tous les animaux de se reproduire au moyen des *œufs*, que sécrètent des organes spéciaux nommés *ovaires*. Tantôt le développement des germes contenus dans les œufs commence et s'achève dans le sein même de l'animal, et les petits viennent au monde tout vivants ; tantôt les œufs sont expulsés au dehors, et les germes ne se développent qu'après la ponte : de là la distinction des animaux en *vivipares* et *ovipares*.

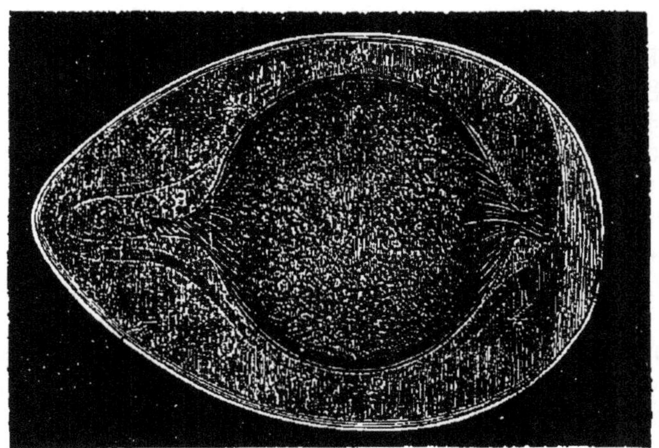

Fig. 72. *Coupe verticale de l'œuf de poule.*

1. Jaune. — 2-2. Membrane vitelline entourant le jaune. — 3. Cicatricule ou germe. — 4-4. Blanc ou albumine. — 5-5. Chalazes. — 6-6. Membranes entourant l'albumine. — 7-7. Coquille. — 8. Chambre à air.

76. *Structure de l'œuf chez les oiseaux.* — L'œuf des ovipares, et particulièrement celui des oiseaux, qui nous servira de type, est essentiellement composé de trois parties : le *jaune*, le *blanc* ou *albumen* et la *coque calcaire* (*fig.* 72). Le jaune est formé par un amas de vésicules remplies de granules moléculaires, graisseux ou albumineux, qui lui donnent sa couleur; il est enveloppé par une membrane mince et transparente, nommée *membrane vitelline*. Au-dessous de cette membrane, en un point de la surface du jaune, se trouve un petit disque blanchâtre appelé *cicatricule* : c'est la partie la plus importante de l'œuf, celle qui constitue le *germe* ou les éléments de l'embryon. La couche d'albumine qui entoure le jaune est recouverte extérieurement par une membrane assez épaisse, qui s'applique exactement sur la face interne de la coquille, excepté vers le gros bout de l'œuf, où elle s'en sépare pour former un espace dans lequel l'air s'accumule, et que l'on appelle la *chambre à air*. Quant à la coquille, elle est en grande partie composée de carbonate de chaux.

Au moment où l'œuf se détache de l'ovaire, où il a pris naissance, il n'est encore formé que par le jaune. C'est dans l'*oviducte*, c'est-à-dire dans le canal qui, de l'ovaire, doit le conduire au dehors, que l'œuf se recouvre successivement de sa couche albumineuse et de sa coquille calcaire. Dans le principe, le jaune éprouve, au milieu de la couche d'albumine qui l'entoure, un mouvement de rotation qui détermine la formation de deux espèces de brides ou ligaments albumineux, dirigés suivant le grand axe de l'œuf, et désignés sous le nom de *chalazes*. La membrane qui enveloppe le blanc de l'œuf est d'abord constituée par deux feuillets. Le feuillet interne, adhérent à l'albumine, reste à l'état de membrane ; le feuillet externe s'incruste de matière calcaire et forme la coquille.

Nous avons dit que la partie fondamentale de l'œuf est la cicatricule. C'est, en effet, dans cet endroit que commence l'évolution du nouvel être. Dès que l'œuf est placé dans des conditions favorables à son développement, on voit apparaître sur la cicatricule de petites lignes rouges, qui ne sont autre chose que des vaisseaux venant aboutir à un centre commun, au rudiment du cœur ou *punctum saliens*. Bientôt ces vaisseaux s'étendent, enveloppent de toutes parts la membrane vitelline, afin de mettre le corps de l'embryon naissant en relations vasculaires avec l'albumen et avec le jaune, qui doivent fournir les matériaux nécessaires à la formation des tissus. Peu à peu, la tête s'arrondit, les yeux se dessinent, les membres se développent. A mesure que les différents organes s'accroissent, le

blanc de l'œuf diminue et finit même par être entièrement ré-
sorbé. Quant au jaune, il est attiré petit à petit dans le corps
du jeune animal, et il disparaît à son tour au moment où celui-
ci est prêt à éclore. Beaucoup d'oiseaux portent à l'extrémité
de leur bec un petit tubercule dur et corné, avec lequel ils
percent leur coquille, et qui tombe peu de jours après leur
naissance.

Pour que les phénomènes que nous venons de décrire s'accomplissent, il faut que l'œuf soit soumis, pendant tout le
temps de son évolution, à une température d'environ 30 à 35
degrés centigrades. C'est pour cette raison que les femelles
des oiseaux couvent leurs œufs. On peut obtenir le même résultat au moyen d'une chaleur artificielle ; dans les contrées
intertropicales, la chaleur du soleil suffit à elle seule pour
faire éclore les œufs de quelques oiseaux.

Une autre condition rigoureusement indispensable au développement de l'œuf, c'est la présence de l'air atmosphérique.
Pendant toute la durée de son incubation, l'œuf *respire* à travers la paroi poreuse de la coquille calcaire qui l'entoure. Il
absorbe de l'oxygène et il exhale une quantité sensiblement
équivalente d'acide carbonique. Des phénomènes de combustion s'opèrent donc dans l'œuf, combustion non moins nécessaire à la formation des divers tissus du jeune animal qu'à
leur entretien dans l'âge adulte.

Considéré au point de vue alimentaire, l'œuf représente,
comme le lait, un aliment complet : l'albumine y forme l'aliment
plastique ou azoté ; la matière grasse du jaune y constitue l'a-
liment respiratoire ; il renferme, en outre, l'eau et les sels
nécessaires à la nutrition du jeune animal en voie de formation.

Division des oiseaux en ordres.

77. *Division des oiseaux.* — La classe des oiseaux a été
divisée en *six ordres*, groupés d'après des caractères tirés
principalement de la conformation des pattes et du bec. Ces *six
ordres* sont :

Les **Rapaces**,	Les **Gallinacés**,
Les **Passereaux**,	Les **Échassiers**,
Les **Grimpeurs**,	Les **Palmipèdes**.

<table>
<tr><td colspan="2" align="center">**Tableau de la division des oiseaux en six ordres.**</td></tr>
<tr><td>1. RAPACES</td><td>Doigts libres, trois en avant et un en arrière; bec et ongles crochus.</td></tr>
<tr><td>2. PASSEREAUX</td><td>Doigts réunis par une membrane très peu étendue; tarses de longueur moyenne; bec droit ou conique.</td></tr>
<tr><td>3. GRIMPEURS</td><td>Deux doigts en avant et deux en arrière; bec crochu.</td></tr>
<tr><td>4. GALLINACÉS</td><td>Trois doigts en avant, réunis à leur base par une membrane courte, un doigt en arrière; bec à mandibule supérieure voûtée.</td></tr>
<tr><td>5. ÉCHASSIERS</td><td>Tarses très longs; jambes nues; cou et bec très allongés.</td></tr>
<tr><td>6. PALMIPÈDES</td><td>Pieds très courts, situés à l'arrière du corps, et complètement palmés entre les doigts; bec ordinairement aplati et dentelé sur ses bords.</td></tr>
</table>

PREMIER ORDRE DES OISEAUX. LES RAPACES.

78. *Caractères des rapaces.* — Les *rapaces* ou *oiseaux de proie* ont le bec crochu, à pointe aiguë et recourbée en bas (*fig.* 73); leurs pieds, courts et robustes, se terminent par des

Fig. 73. *Tête et serre d'aigle.*

doigts libres, armés d'ongles crochus et très acérés, que l'on nomme *serres*. Ils ont le vol puissant et l'estomac membraneux.

Ces oiseaux se nourrissent de chair, et correspondent à l'ordre des carnivores dans la classe des mammifères.

79. *Division des rapaces.* — L'ordre des rapaces forme *deux familles*, savoir :

> Les **Oiseaux de proie diurnes,**
> Les **Oiseaux de proie nocturnes.**

1re *Famille* : les **diurnes.** — Ce sont les plus forts et les plus puissants de tous les oiseaux ; ils ont un plumage serré, les yeux dirigés latéralement et le bec souvent recouvert à sa base par une membrane nue et colorée nommée *cire.* Les principaux genres de cette famille sont : les *Aigles,* les *Vautours,* les *Éperviers,* les *Buses,* les *Milans* et les *Faucons.*

2e *Famille* : les **nocturnes.** — Leur plumage est doux et comme soyeux ; leur bec, court et très crochu, n'a pas de membrane à sa base. Leurs yeux, très grands, sont dirigés en avant. Ces oiseaux ne chassent que pendant le crépuscule et la nuit. Les principaux genres de cette famille sont : les *Hiboux,* les *Chouettes,* le *Chat - huant,* les *Ducs* et les *Effraies.*

DEUXIÈME ORDRE DES OISEAUX. LES PASSEREAUX.

80. *Caractères des passereaux.* — Ces oiseaux (*fig.* 74) sont généralement de petite taille ; ils ont le tarse grêle et

Fig. 74. *Tête et patte de passereau (moineau).*

médiocrement long, des doigts minces, dont trois sont dirigés en avant et un en arrière. Leur bec est faible, droit ou légèrement crochu. Il en est qui ne vivent que d'insectes ; d'autres se nourrissent de fruits ou de graines, quelques-uns de petits poissons. Plusieurs de ces oiseaux sont remarquables par la puissance et la beauté de leur chant.

Le nombre des passereaux est immense. Nous nous bornerons à citer comme exemples les *Hirondelles*, les *Merles*, les *Grives*, les *Alouettes*, les *Mésanges*, le *Rossignol*, la *Fauvette*, le *Roitelet*, les *Moineaux*, les *Corbeaux*, les *Martins-pêcheurs*, le *Colibri*, les *Oiseaux-mouches* et l'*Oiseau de paradis*. Ces trois derniers, originaires de l'Amérique méridionale et de l'Océanie, sont surtout remarquables par la beauté de leur plumage, dont les reflets métalliques imitent l'or, le rubis, l'émeraude, la topaze, etc.

TROISIÈME ORDRE DES OISEAUX. LES GRIMPEURS.

81. *Caractères des grimpeurs.* — Cet ordre se caractérise facilement par la position des doigts, dont deux, l'externe et le pouce, sont dirigés en arrière, et les deux autres en avant, disposition qui donne à ces oiseaux une grande facilité pour s'accrocher et pour grimper aux branches des arbres. Ils ont en général le vol peu étendu : les uns vivent d'insectes et ont le bec long et grêle ; les autres se nourrissent de graines et ont le bec gros et crochu (*fig.* 75).

Fig. 75. *Tête et patte de grimpeur (perroquet).*

Nous citerons parmi les genres de cet ordre les *Pics*, les *Coucous*, les *Toucans*, remarquables par leur énorme bec, et les *Perroquets*, que l'on rencontre dans toutes les contrées chaudes de l'ancien et du nouveau continent.

QUATRIÈME ORDRE DES OISEAUX. LES GALLINACÉS.

82. *Caractères des gallinacés.* — Ce sont des oiseaux en général lourds, à vol peu étendu. Leur bec (*fig.* 76) est renflé en dessus et leurs narines sont recouvertes par une sorte d'écaille cartilagineuse. Leurs ailes sont courtes; leurs doigts sont réunis à leur base par un petit repli cutané. Ces oiseaux vivent tous de graines qu'ils ramassent à terre; ils ont le jabot très developpé; leur gésier, très épais, renferme souvent une collection de petites pierres qui facilitent la digestion des substances dures et coriaces dont ils se nourrissent.

Fig. 76. *Tête et patte de gallinacé (dindon).*

Cet ordre comprend un grand nombre de genres, dont les principaux sont : les *Paons*, les *Dindons*, les *Faisans*, les *Coqs*, les *Perdrix*, les *Cailles*, les *Tourterelles* et les *Pigeons*.

CINQUIÈME ORDRE DES OISEAUX. LES ÉCHASSIERS.

85. *Caractères des échassiers.* — Les *échassiers* (*fig.* 77) sont principalement remarquables par la longueur de leurs

Fig. 77. *Tête et patte d'échassier (cigogne); tête et patte d'autruche (deux doigts); patte de Nandou (trois doigts).*

tarses. Ils ont le cou et le bec très allongés, leurs doigts tantôt libres, tantôt réunis par une membrane. Ces oiseaux, dont le port est très reconnaissable, vivent la plupart au bord des fleuves et des étangs, où ils se nourrissent de poissons et de mollusques. Quelques-uns vivent cependant dans l'intérieur des terres.

La *Grue*, le *Héron*, la *Cigogne*, le *Pluvier*, le *Vanneau*, la *Bécasse*, appartiennent à cet ordre, dans lequel se trouvent également l'*Ibis religiosa*, célèbre par le culte que lui rendaient les anciens Égyptiens, l'*Autruche* et le *Casoar*, qui sont les plus grands oiseaux connus, mais dont les ailes sont trop courtes pour leur permettre de voler. On connaît deux espèces principales d'autruches : l'Autruche proprement dite, qui vit dans les déserts de l'Afrique, et le Nandou ou autruche de l'Amérique méridionale. L'autruche fournit des plumes très estimées, et qui sont devenues l'objet d'un commerce très important, depuis qu'on est parvenu à l'élever en captivité. Cette tentative, faite au cap de Bonne-Espérance, a donné d'excellents résultats.

SIXIÈME ORDRE DES OISEAUX. LES PALMIPÈDES.

84. *Caractères des palmipèdes.* — Les *palmipèdes* sont des oiseaux nageurs, dont les pieds, situés à l'arrière du corps, sont courts et complètement palmés (*fig.* 78). Leur corps,

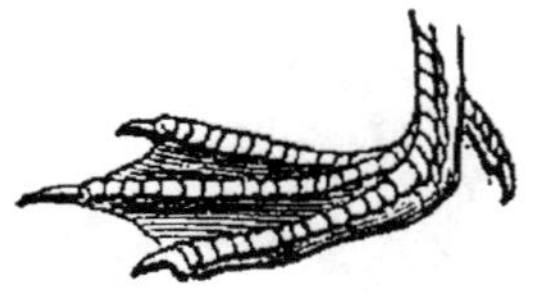

Fig. 78. *Tête et patte de palmipède (canard).*

dont la forme allongée a été comparée à celle d'une barque ou nacelle, est recouvert d'un plumage serré, imbibé d'une matière huileuse qui l'empêche d'être mouillé par l'eau. Ces oiseaux vivent habituellement sur l'eau et se nourrissent principalement de poissons et de matières végétales.

Nous citerons comme exemples de cet ordre le *Cygne*, l'*Oie*, le *Canard*, l'*Eider*, qui habite les mers glaciales et nous fournit le duvet soyeux connu sous le nom d'*édredon*, le *Pélican*, le *Pingouin*, la *Mouette*, le *Goëland*, l'*Albatros* et les *Frégates*. Ces quatre derniers sont des oiseaux de mer, doués d'une

grande puissance de vol. L'*Albatros*, le plus gros des oiseaux
marins, se rencontre principalement aux environs du cap de
Bonne-Espérance. La *Frégate*, au corps élancé, appartient aux
mers tropicales; bien que la longueur démesurée de ses ailes
ne lui permette pas de nager, on la voit, grâce à la puissance
de son vol et à la sûreté de son instinct, qui lui tient lieu de
boussole, s'avancer en pleine mer à des distances souvent
énormes (cent à deux cents lieues de la côte) pour y saisir, en
effleurant les vagues, les poissons dont elle se nourrit.

Résumé.

I. Les oiseaux sont des animaux ovipares, pourvus d'ailes et de
plumes; ils ont le cœur à deux oreillettes et à deux ventricules,
le sang chaud, à globules elliptiques, les poumons très développés
et communiquant avec des réservoirs ou sacs aériens, deux dia-
phragmes rudimentaires, le larynx double.

II. Chez la plupart des oiseaux, le canal digestif offre trois cavités
ou poches principales : le *jabot*, le *ventricule succenturié* et l'estomac proprement dit ou *gésier*. Les dents sont remplacées par des
pièces cornées qui forment le bec. L'estomac est mince et membraneux chez les oiseaux de proie ; il est, au contraire, charnu et
musculeux chez les oiseaux granivores.

III. Le sens le plus développé chez les oiseaux est celui de la vue.
L'œil, proportionnellement plus gros que chez les mammifères,
est protégé par une troisième paupière se mouvant dans le sens
transversal (*membrane clignotante*). La rétine porte un prolongement qui s'avance en forme d'éventail vers le cristallin, et que l'on
désigne sous le nom de *peigne*. Cette membrane paraît avoir pour
but d'augmenter l'étendue de la surface visuelle.

IV. Les oiseaux sont tous ovipares. Leur œuf est essentiellement
formé de trois parties : le jaune, le blanc et la coquille calcaire.
Le jaune est entouré d'une membrane nommée membrane vitelline,
et il porte à sa surface la cicatricule, qui est l'élément germinatif.
Le blanc est enveloppé extérieurement par une membrane translucide, assez épaisse, qui tapisse la face interne de la coquille.

V. On divise les oiseaux en six ordres, d'après les caractères tirés
principalement du bec et des pattes : ce sont les *Rapaces* (aigle,
vautour, hibou), les *Passereaux* (hirondelle, merle, alouette), les
Grimpeurs (perroquet, toucan), les *Gallinacés* (coq, dindon, perdrix), les *Échassiers* (héron, grue, cigogne) et les *Palmipèdes*
(cygne, canard, pélican).

CHAPITRE VII.

Suite de l'embranchement des vertébrés. — Classe des reptiles. — Classe des batraciens. — Leurs caractères. — Leur division en ordres. — Exemples choisis parmi les espèces les plus remarquables.

TROISIÈME CLASSE DES VERTÉBRÉS. REPTILES.

Caractères des reptiles.

85. *Caractères des reptiles.* — Les *reptiles* sont des animaux vertébrés ovipares, à sang froid et à respiration pulmonaire incomplète. Leurs membres sont au nombre de quatre, rarement deux, quelquefois nuls, comme chez les serpents. Leur peau est nue ou le plus souvent recouverte d'une couche épidermique plus ou moins épaisse, formant des tubercules ou se partageant en lames de consistance cornée ou même osseuse, improprement nommées *écailles*, les vraies écailles n'appartenant qu'aux poissons.

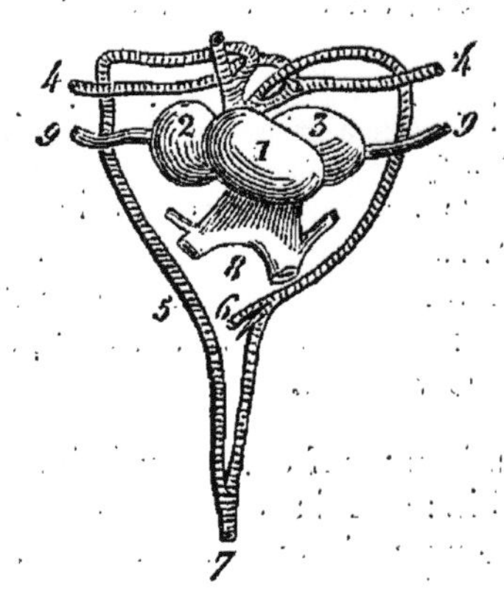

Fig. 79. *Appareil circulatoire d'un reptile (tortue).*

1. Ventricule unique. — 2. Oreillette droite. — 3. Oreillette gauche. — 4-4. Artère pulmonaire. — 5 et 6. Aorte se divisant en deux branches en sortant du ventricule. — 7. Confluent des deux branches de l'aorte. — 8. Veines caves. — 9-9. Veines pulmonaires.

La circulation des reptiles est incomplète. Leur cœur (*fig.* 79) ne présente en effet qu'un seul ventricule communiquant avec deux oreillettes distinctes, ou quelquefois même avec une seule oreillette partagée en deux loges par une cloison mince et perforée. Il résulte nécessairement de cette organisation que le sang veineux, qui revient de toutes les parties du corps, et le sang artériel, qui revient des poumons, se mélangent dans le ventricule commun, qui les chasse ensuite par l'aorte dans tous les organes (*fig.* 80).

Les crocodiles font cependant exception, en ce sens

qu'ils ont le cœur organisé comme celui des mammifères et des oiseaux ; mais ils se distinguent de ces derniers par une particularité remarquable. Du ventricule droit ou veineux part, en même temps que l'artère pulmonaire, un gros tronc qui se recourbe en arrière pour s'unir, après un certain trajet, avec l'aorte descendante ; d'où il résulte que les parties postérieures du corps de l'animal ne reçoivent qu'un mélange de sang artériel et de sang veineux, tandis que les parties antérieures, la tête et les membres thoraciques reçoivent du sang artériel pur. La circulation du crocodile établit donc le passage entre le mode de circulation des mammifères et des oiseaux et celui des autres reptiles.

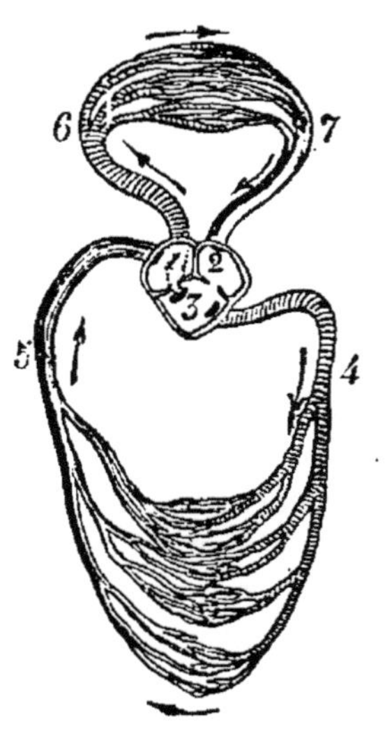

Fig. 80. *Figure théorique représentant le mode de circulation chez les reptiles.*

1. Oreillette droite. — 2. Oreillette gauche. — 3. Ventricule unique. — 4. Aorte. — 5. Veine cave. — 6. Artère pulmonaire. — 7. Veine pulmonaire.

La respiration se fait, avons-nous dit, au moyen de poumons ; mais ces organes, au lieu de se composer d'une infinité de cellules, ne forment, pour ainsi dire, que deux grandes poches, quelquefois presque simples, d'autres fois divisées en un petit nombre de cellules dans lesquelles les bronches viennent se terminer brusquement. Il résulte de cette disposition que les surfaces respiratoires ont fort peu d'étendue, circonstance qui est en rapport avec le mode de circulation de ces animaux.

Les reptiles sont des animaux à sang froid, c'est-à-dire que leur température varie avec celle du milieu dans lequel ils vivent. Ce défaut de caloricité tient au peu d'activité de la circulation et de la respiration.

Le canal digestif ne présente rien de remarquable ; comme chez les oiseaux, il se termine par un cloaque où viennent aboutir également les organes de la reproduction et de la sécrétion urinaire. Les globules du sang des reptiles sont elliptiques et d'un volume considérable.

Le système nerveux (*fig.* 81) est peu développé ; le cerveau, très petit, ne présente aucune circonvolution. Les organes des sens ne paraissent pas jouir d'une grande finesse. Ainsi, l'appareil de l'ouïe est dépourvu de conque auditive, et la membrane du tympan est simplement à fleur de tête ou cachée sous un repli de la peau. Quelquefois même cette membrane, ainsi que les osselets, n'existe pas ; de sorte que l'organe se trouve réduit à l'oreille interne, c'est-à-dire au vestibule, aux canaux demi-circulaires et au limaçon. Les autres organes des sens ne présentent rien de remarquable.

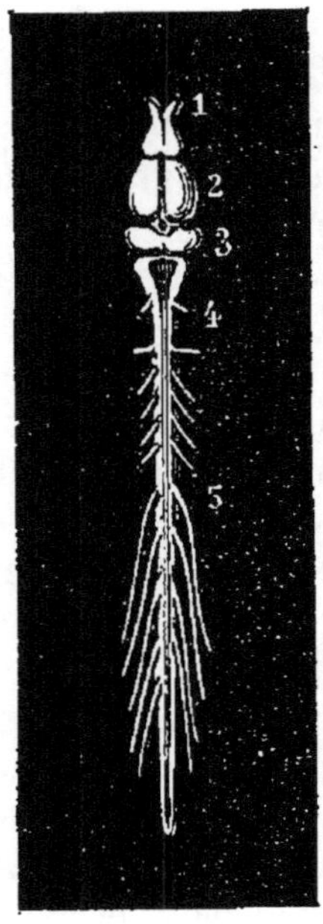

Fig. 81. *Système nerveux d'un reptile.*

1. Hémisphères cérébraux. — 2. Lobes optiques. — 3. Cervelet. — 4 et 5. Bulbe rachidien et moelle épinière.

Les reptiles, avons-nous dit, sont ovipares ; mais chez un certain nombre d'entre eux, le développement du petit renfermé dans l'œuf est presque complet quand la femelle le pond. Quelquefois même l'animal sort de sa coquille au moment où l'œuf franchit l'ouverture du cloaque, comme cela a lieu chez les vipères, ainsi nommées parce qu'elles sont en réalité vivipares.

Les reptiles sont presque tous carnassiers et avalent généralement leur proie vivante. Leur gueule est armée de dents pointues peu favorables à la mastication, mais très propres à saisir et à retenir les animaux dont ils se nourrissent. La plupart ont la langue mince, sèche, bifide vers le bout et très protractile. Enfin, il en est d'autres, tels que la vipère, l'aspic, le crotale ou serpent à sonnettes, que la nature a pourvus d'un venin subtil qui frappe d'une mort presque subite les animaux qui en sont atteints.

Division des reptiles en ordres.

86. *Division des reptiles.* — La classe des reptiles a été divisée en *trois ordres*, savoir :

Les **Chéloniens,**
Les **Sauriens,**
Les **Ophidiens.**

<table>
<tr><td colspan="2">Tableau de la division des reptiles en trois ordres.</td></tr>
<tr><td>Quatre membres. . . .</td><td>{ Corps renfermé dans une carapace. . . . } 1. CHÉLONIENS.
{ Corps sans carapace. 2. SAURIENS.</td></tr>
<tr><td>Pas de membres. . . . .</td><td>3. OPHIDIENS.</td></tr>
</table>

PREMIER ORDRE DES REPTILES. LES CHÉLONIENS.

87. *Caractères des chéloniens.* — Les *chéloniens* ou *tortues* se distinguent de tous les autres reptiles par une espèce de cuirasse osseuse qui renferme et protège leur corps (*fig.* 82). La partie supérieure de cette cuirasse porte le nom de *carapace;* elle est formée par les côtes soudées entre elles et avec la colonne vertébrale. La partie inférieure, nommée *plastron,* est constituée par le sternum, qui offre un développement très considérable. Cette enveloppe osseuse est immédiatement recouverte par la peau, laquelle présente le plus souvent à sa surface de larges plaques ou écailles de nature cornée. La tête et les membres, au nombre de quatre, sont les seules parties qui soient saillantes en dehors de la carapace, dans laquelle l'animal peut, à volonté, les faire rentrer. Les mâchoires, dépourvues de dents, sont munies de pièces cornées analogues au bec des oiseaux.

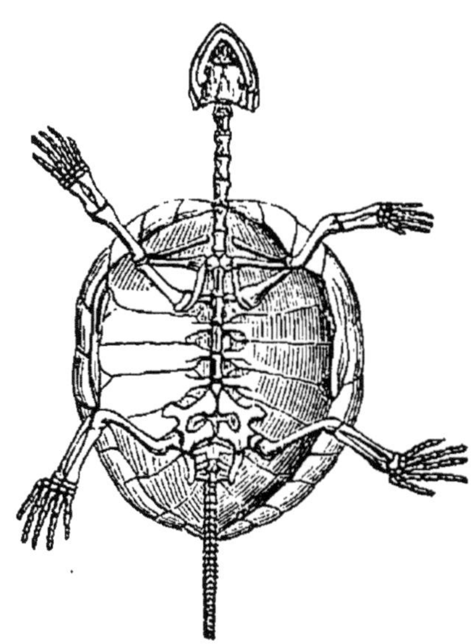

Fig. 82. *Squelette de tortue.*

Les tortues ont un cœur à deux oreillettes distinctes, s'ouvrant dans un seul ventricule, partagé intérieurement en plusieurs cavités communiquant toutes ensemble (*fig.* 80). Les poumons sont très grands, et, comme les parois de la poitrine sont immobiles, c'est par un mouvement de déglutition que l'animal y fait pénétrer l'air. Les tortues se nourrissent de matières végétales ou de petits animaux, tels que des vers, des insectes, des mollusques, etc. Elles sont très vivaces et peuvent passer des mois et même des années sans prendre aucune nourriture.

88. *Division des chéloniens.* — On divise les tortues, d'après leur manière de vivre, en *quatre familles :*

1° Les **Tortues terrestres**, caractérisées par une carapace très bombée, des pattes courtes terminées par des doigts non mobiles, munis d'ongles très forts en forme de petits sabots. A cette famille appartiennent la *Tortue bordée* et la *Tortue grecque*, qui vivent dans les bois humides du midi de l'Europe, où elles se nourrissent d'herbes et de petits insectes.

2° Les **Tortues de marais**, aux doigts courts et mobiles, réunis à leur base par une petite membrane, et terminés par quatre ou cinq ongles médiocrement développés ; mâchoires nues et cornées. Le type de cette famille est la *Tortue commune*, que l'on trouve dans toute l'Europe au voisinage des rivières, où elle se nourrit d'herbes, d'insectes et de vers. Sa chair, d'une saveur assez agréable, sert à préparer divers mets.

3° Les **Tortues fluviales**, principalement caractérisées par leur carapace recouverte d'une peau mollasse, des doigts peu mobiles, à phalanges comprimées, et une sorte de petite trompe portant les narines. Les espèces, peu nombreuses, vivent dans les grands fleuves, où elles nagent avec beaucoup de facilité et se nourrissent de poissons, de petits mollusques et de vers.

4° Les **Tortues de mer**, qui se distinguent par leurs doigts, soudés et aplatis en forme de rames. Aux tortues marines appartient le *Caret*, grande espèce très commune dans la mer des Indes, et dont la carapace fournit la matière translucide et cornée employée dans les arts sous le nom d'*écaille*. Dans l'océan Atlantique vit en troupes nombreuses la *Tortue franche*, vulgairement *Tortue de mer*, qui peut atteindre une longueur de deux mètres et un poids de 300 kilogrammes. Sa chair, bonne à manger, a rendu parfois de grands services aux navigateurs.

DEUXIÈME ORDRE DES REPTILES. LES SAURIENS.

89. *Caractères des sauriens.* — Les *sauriens* ont le corps allongé et terminé par une queue très épaisse à sa base (*fig.* 83). Ils reposent sur quatre membres courts dont les doigts sont armés d'ongles ou de griffes. Leur peau est écailleuse ou chagrinée, souvent grise ou verdâtre. Ils ont des côtes mobiles

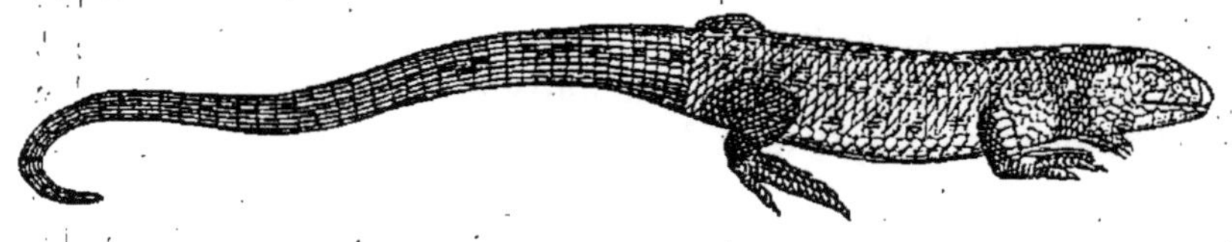

Fig. 83. *Lézard.*

articulées en avant avec un sternum, et susceptibles de mouvements d'élévation ou d'abaissement pour la respiration. Le cœur est à deux oreillettes et un seul ventricule, excepté chez les crocodiles, qui présentent deux ventricules distincts. Leurs poumons, très allongés et vésiculeux, s'étendent en grande partie dans l'abdomen. Les sauriens sont généralement carnassiers; leurs mâchoires sont armées de dents nombreuses et très aiguës; leur langue est étroite, extensible et souvent bifurquée.

90. *Division des sauriens.* — L'ordre des sauriens se divise naturellement en deux groupes ou sous-ordres : les *Sauriens aquatiques* ou *Hydrosauriens*, et les *Sauriens terrestres.*

Les Sauriens aquatiques ou **Hydrosauriens** comprennent les animaux les plus gros et les plus voraces de la classe des reptiles : les *Crocodiles du Nil*, que l'on rencontre également dans la plupart des fleuves ou rivières de l'Afrique centrale, et dont la taille peut atteindre dix mètres de longueur; les *Gavials*, autre espèce de grands crocodiles, au museau grêle et effilé, vivant dans les fleuves de l'Asie méridionale, dans le Gange particulièrement; les *Alligators* ou *Caïmans*, au museau large et obtus, hôtes des fleuves de l'Amérique du Sud.

Les Sauriens terrestres ont pour type le genre Lézard, comprenant un grand nombre d'espèces, dont les plus communes sont le *Lézard gris*, le *Lézard vert* et le *Lézard piqueté*, que l'on trouve à peu près partout. Citons encore les *Iguanes*, grands lézards de l'Amérique du Sud, dont on mange la chair, fort estimée, dit-on, et les *Caméléons*, assez communs dans le midi de l'Espagne et le nord de l'Afrique. La faculté que possède le caméléon de changer de couleur à volonté, de passer du jaune paille, qui est sa couleur habituelle, au vert tendre, au vert foncé. au gris, au rouge brun, au brun noirâtre, lui a valu d'être choisi comme l'emblème de l'homme versatile.

A l'ordre des Sauriens, et comme transition entre cet ordre et le suivant, se rattachent les ORVETS, lesquels se distinguent de tous les autres sauriens par l'absence de membres visibles à l'extérieur, ce qui leur donne l'apparence de serpents. Mais leur structure interne et la présence de membres rudimentaires, cachés sous la peau, les classent dans les sauriens. La principale espèce de ce genre est l'*Orvet* proprement dit, très commun dans nos bois, long de 30 à 40 centimètres et de la grosseur du petit doigt. Ce petit reptile est encore connu sous le nom de *Serpent de Verre*, à cause de la facilité avec laquelle il se brise en deux tronçons quand on le prend à la main.

TROISIÈME ORDRE DES REPTILES. LES OPHIDIENS.

91. *Caractères des ophidiens.* — Les *ophidiens* ou *serpents* ont le corps allongé, cylindrique, dépourvu de membres et terminé par une queue pointue ou obtuse, non distincte du reste du corps. Leurs côtes, très nombreuses, sont toutes libres et flottantes en avant; le sternum n'existe pas. Leur système circulatoire est le même que celui des sauriens. Ils ont deux poumons, dont l'un est constamment rudimentaire, tandis que l'autre, très développé, se prolonge fort loin dans l'abdomen. L'œil des serpents n'a pas de paupières distinctes, ce qui lui donne une fixité menaçante. Les mâchoires sont disposées de manière à pouvoir se dilater considérablement, ce qui permet à l'animal d'avaler une proie souvent plus grosse que son corps. Ces mâchoires sont toujours garnies de dents très aiguës, et chez certaines espèces, la supérieure

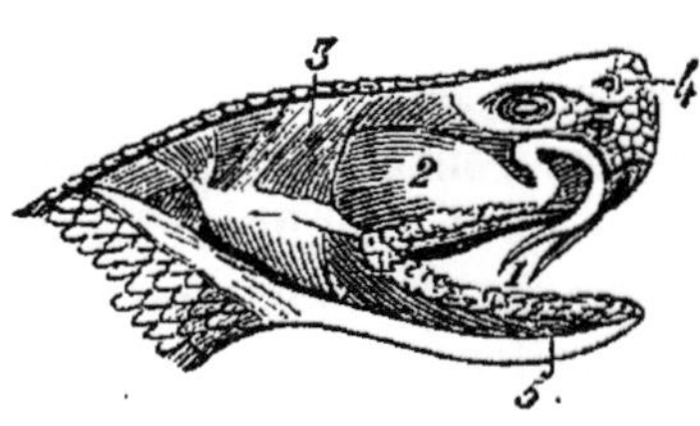
Fig. 84. *Tête de serpent venimeux (crotale ou serpent à sonnettes).*

1. Crochets. — 2. Glande venimeuse. — 3. Muscles élévateurs de la mâchoire. — 4. Narine. — 5. Glandes salivaires situées sur le bord des mâchoires.

(*fig.* 84) porte des crochets acérés et creusés d'une gouttière ou d'un canal par lequel s'écoule un venin subtil, que sécrète une glande particulière située en arrière de l'œil, et dont le conduit excréteur vient s'ouvrir à la base des crochets. Chose remarquable, ce virus, qui, introduit dans une plaie, est capable de tuer en quelques minutes, peut être avalé impunément.

La langue des serpents est en général très longue, très mobile et bifurquée. Ces animaux habitent presque toujours des lieux obscurs, humides et chauds. En hiver ils s'engourdissent et restent dans un état d'immobilité complète.

92. *Division des ophidiens.* — Les *ophidiens* se divisent en *deux groupes*, savoir :

Les **Serpents venimeux** et les **Serpents non venimeux**.

1er Groupe : les **Serpents venimeux.**—Ils sont caractérisés, comme nous venons de le dire, par la présence de deux crochets canaliculés, implantés dans la mâchoire supérieure, et qui servent à verser dans la plaie qu'ils ont faite le venin mortel, en partie chassé de la glande qui le sécrète par la pression des muscles destinés à mouvoir les mâchoires. A ce groupe appartiennent la *Vipère commune*, que l'on trouve aux environs de Paris; les *Crotales* ou *Serpents à sonnettes* de l'Amérique méridionale, ainsi nommés à cause des petites écailles sèches et arrondies en forme de grelots qu'ils portent à l'extrémité de leur queue et qui, en se heurtant, font entendre un bruit de parchemin froissé; les *Trigonocéphales*, très communs dans les Antilles, où ils vivent au milieu des plantations de cannes à sucre ; les *Najas*, non moins dangereux que les Crotales, et dont il existe deux espèces, le *Naja de l'Inde* ou *Cobra capello*, vulgairement connu sous le nom de *Serpent à lunettes*, à cause d'une bande noire qu'il porte sur le cou, et le *Naja de la Haute-Égypte*, l'Aspic de Cléopâtre, devenu légendaire par la mort tragique de cette reine.

2e Groupe : les **Serpents non venimeux.** — Ils sont dépourvus de venin, et par conséquent de crochets canaliculés à leur mâchoire supérieure. Nous citerons comme exemples de ce groupe les *Couleuvres* (*fig.* 85), dont il existe un grand nombre d'espèces en France ; les *Boas* de l'Amérique du Sud, et les *Pythons* de l'Inde et de l'Afrique, serpents de taille gigantesque. Un jeune naturaliste, M. Morice, mort victime de son dévouement à la science, a signalé l'existence, en Cochinchine, d'un serpent non venimeux, du genre *Herpeton*, lequel offrirait

Fig. 85. *Couleuvre.*

comme particularité très intéressante la faculté de se nourrir de plantes aquatiques. Ce serait, en effet, le seul serpent herbivore actuellement connu.

DEUXIÈME GROUPE OU SOUS-EMBRANCHEMENT DES VERTÉBRÉS.

VERTÉBRÉS A RESPIRATION BRANCHIALE TRANSITOIRE OU PERMANENTE.

QUATRIÈME CLASSE DES VERTÉBRÉS. BATRACIENS.

Caractères des batraciens.

95. *Caractères des batraciens.* — Les *batraciens*, autrefois classés parmi les reptiles, dont ils formaient un quatrième ordre, sont des animaux à peau nue, ayant quatre membres terminés par des doigts dépourvus d'ongles. Ils ont les côtes flottantes et manquent de sternum. Leur cœur est à un seul ventricule et à deux oreillettes communiquant entre elles par une ouverture pratiquée dans la cloison qui les sépare. Leurs poumons sont à larges cellules, et leur respiration, peu étendue, se produit au moyen des muscles abdominaux et laryngés.

Mais ce qui caractérise essentiellement les batraciens, ce sont leurs *métamorphoses*, c'est-à-dire les changements d'organisation qu'ils subissent par les progrès de l'âge. Lorsqu'ils sortent de l'œuf, ces animaux ressemblent, tant par la forme de leur corps dépourvu de membres que par l'*existence de branchies*,

9.

à de véritables poissons (*fig.* 86) ; dans cet état, on les désigne vulgairement sous le nom de *Tétards.* Mais peu à peu leurs

Fig. 86. *Grenouille à l'état de têtard.*

membres se développent, les postérieurs d'abord, puis les antérieurs. Dans quelques espèces la queue disparaît ainsi que les branchies, tandis que les poumons, qui n'étaient qu'à l'état rudimentaire, se forment, s'accroissent et deviennent propres à recevoir l'air dans leur intérieur. L'animal prend ainsi sa dernière forme et finit par devenir, de poisson qu'il était, un batracien à respiration aérienne (*fig.* 87) ; ce qui justifie le nom d'*amphibiens* que l'on donne quelquefois encore aux animaux de cet ordre.

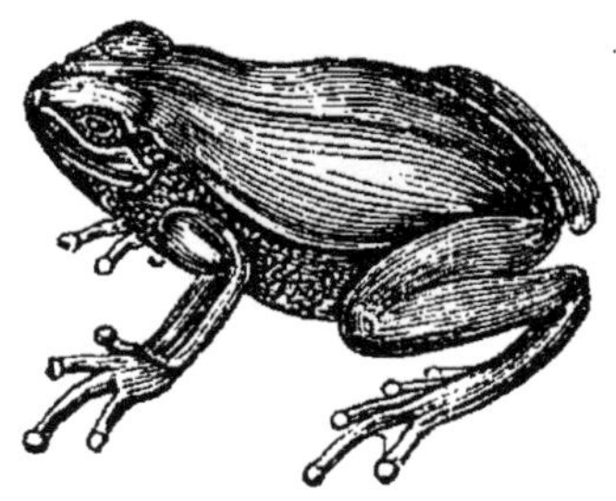

Fig. 87. *Grenouille à l'état parfait.*

Il arrive, chez certaines espèces, que les branchies persistent à l'état adulte, malgré le développement des poumons ; c'est ce que l'on observe chez les *Protées* et les *Sirènes.*

Les batraciens, parvenus à leur état parfait, vivent généralement dans des lieux humides, et quelques-uns dans l'eau. Tous se nourrissent d'animaux vivants, d'insectes, de vers, de petits poissons, etc.

Division des batraciens.

94. *Division des batraciens.* — La classe des batraciens, qui établit, comme on le voit, le passage entre les animaux à respiration aérienne et les poissons, se subdivise en *deux groupes* distincts :

Les **Anoures**, comprenant tous les batraciens dépourvus de queue à l'état adulte, tels que les *Grenouilles* et les *Crapauds.* Ces derniers, très communs dans nos champs et nos jardins, se distinguent des grenouilles de nos marais par leur taille un peu plus grande et surtout par leur peau rugueuse et couverte de verrues, lesquelles sécrètent un liquide venimeux, d'apparence laiteuse. Toutefois, comme le crapaud est dépourvu d'aiguillon avec lequel il puisse inoculer son venin, on peut y toucher et le prendre à la main sans aucun danger. Son venin ne lui sert qu'à éloigner de lui les animaux carnassiers, qui n'osent y mordre.

Les **Urodèles**, comprenant tous les batraciens qui conservent leur queue à l'état adulte, tels que les *Salamandres*, les *Protées*, les *Sirènes*. Par la forme générale de leur corps, ils ressemblent aux sauriens ou lézards. Les *Salamandres* sont les unes terrestres, les autres aquatiques (*fig.* 88) ; ces dernières sont encore désignées sous le nom de *Tritons*. On croyait au-

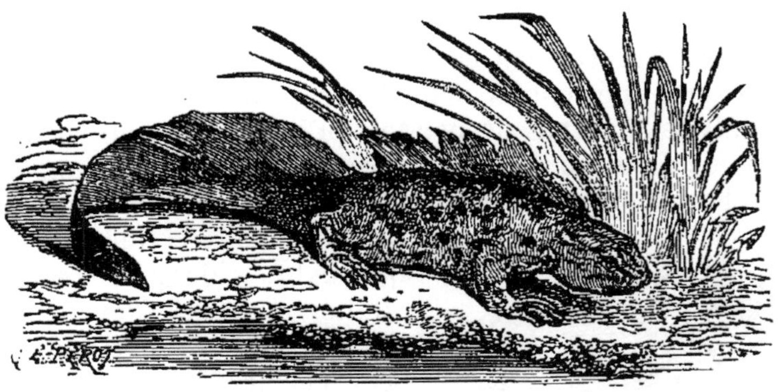

Fig. 88. *Salamandre aquatique (triton).*

trefois que ces animaux étaient incombustibles. La vérité est que leur peau sécrète en abondance une humeur laiteuse qui leur permet de résister quelques instants à l'action du feu ; mais ils ne tardent pas à y succomber.

Des expériences de Spallanzani ont démontré que les salamandres aquatiques possèdent la singulière faculté de reproduire leurs membres après qu'on les leur a arrachés ; l'expérience peut, dit-on, être répétée plusieurs fois sur le même membre, lequel repousserait chaque fois avec la même conformation.

Les *Sirènes*, qui vivent dans quelques marais de l'Amérique septentrionale, et qu'il ne faut pas confondre avec les cétacés herbivores qui portent également ce nom, se rapprochent beaucoup des poissons par la structure de leur squelette et par la persistance de leurs branchies en forme de houppe. Elles ont deux membres antérieurs, mais elles sont privées des membres abdominaux.

Résumé.

I. Les REPTILES sont des animaux ovipares à sang froid, ayant un cœur composé généralement de deux oreillettes et d'un seul ventricule. Ils ont des poumons celluleux, la peau nue ou couverte d'écailles, les membres au nombre de quatre ou nuls, les sens peu développés.

II. On divise les reptiles en trois ordres : les *Chéloniens* (tortues), les *Sauriens* (lézards, crocodiles, etc.) et les *Ophidiens* (serpents).

III. Les BATRACIENS ou AMPHIBIENS sont des animaux à peau nue, ayant quatre membres terminés par des doigts dépourvus d'ongles. Leur organisation interne ressemble beaucoup à celle des reptiles ; mais ce qui caractérise essentiellement ces animaux, ce sont leurs métamorphoses : dans leur jeune âge, ils sont à l'état de *têtards*, respirant alors par des branchies et vivant dans l'eau comme des poissons ; dans l'âge adulte, la plupart respirent par des poumons.

IV. Les batraciens se divisent en deux groupes distincts : l'un comprend tous les batraciens *dépourvus de queue*, tels que les *grenouilles* et les *crapauds* ; l'autre se compose de tous les batraciens qui sont *pourvus de queue*, tels que les *salamandres*, les *protées*, les *sirènes*.

CHAPITRE VIII.

Suite de l'embranchement des vertébrés. — Classe des poissons. — Leurs caractères. — Leur division en ordres. — Exemples choisis parmi les espèces les plus utiles ou les plus remarquables.

CINQUIÈME CLASSE DES VERTÉBRÉS. POISSONS.

Caractères des poissons.

95. *Caractères généraux des poissons.* — Les *poissons* sont des animaux vertébrés, ovipares, respirant toujours au moyen de branchies, dont les membres sont transformés en nageoires et dont le corps est recouvert d'une peau fine ou écailleuse.

Le squelette des poissons (*fig.* 89) présente deux modifications essentielles : tantôt les pièces qui le composent sont dures, calcaires, et constituent de véritables os ; tantôt, au contraire, elles sont molles, flexibles, demi-transparentes, et ressemblent à des cartilages. De là la grande division des poissons en poissons *osseux* et en poissons *cartilagineux*.

Chez les poissons osseux, les vertèbres qui composent la colonne vertébrale sont distinctes les unes des autres, et sont creusées en avant et en arrière d'une cavité conique, remplie par une substance molle et blanchâtre qui sert à les unir. Chez

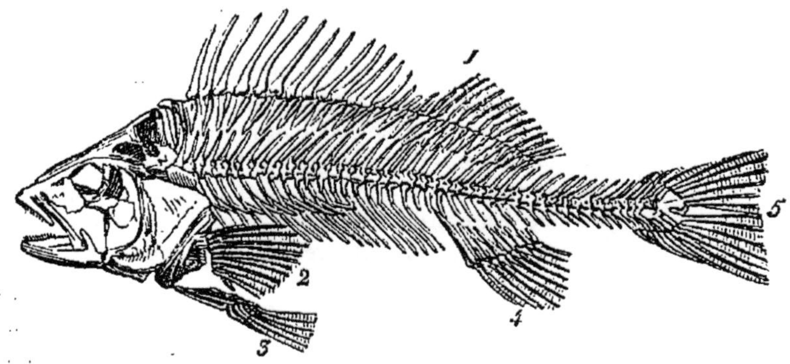

Fig. 89. *Squelette de poisson (perche).*

1. Nageoire dorsale. — 2. Nageoire pectorale. — 3. Nageoire abdominale. —
4. Nageoire anale. — 5. Nageoire caudale.

les poissons cartilagineux, les vertèbres, soudées ensemble, forment une sorte de tube continu dans lequel est logée la moelle épinière, et qui présente de chaque côté des ouvertures pour le passage des nerfs. Les côtes, fines et grêles, sont libres et flottantes en avant par l'absence du sternum ; ce sont elles qui, chez les poissons osseux, constituent ce que l'on appelle vulgairement les arêtes.

Les membres, avons-nous dit, sont transformés en nageoires. Les deux nageoires qui représentent les membres antérieurs sont appelées *nageoires pectorales;* celles qui remplacent les membres postérieurs sont désignées sous le nom de *nageoires abdominales.* Très souvent les nageoires abdominales, au lieu d'être situées à l'arrière du corps, sont placées en avant, c'est-à-dire très près et à la suite des pectorales. Quelquefois même ces nageoires abdominales disparaissent, et les poissons ainsi conformés portent le nom d'*apodes.* Indépendamment de ces quatre nageoires principales, il existe encore, chez certains poissons, deux autres nageoires, dont l'une, située sur la partie moyenne du dos, porte le nom de *dorsale* et dont l'autre, placée derrière l'anus, est appelée *anale.* Enfin, chez tous les poissons, la queue forme encore une dernière nageoire, nommée *caudale,* et dirigée verticalement. Les rayons qui soutiennent la nageoire dorsale ne s'articulent pas, comme on pourrait le supposer, avec les apophyses épineuses des vertèbres ; ils sont supportés (*fig.* 89) par une série d'os *inter-épineux*, lesquels prennent leur point d'appui sur la colonne vertébrale.

Les poissons respirent au moyen de branchies. Tantôt ce sont des lames membraneuses appliquées les unes contre les autres, comme les dents d'un peigne (*fig.* 90) ; plus rarement,

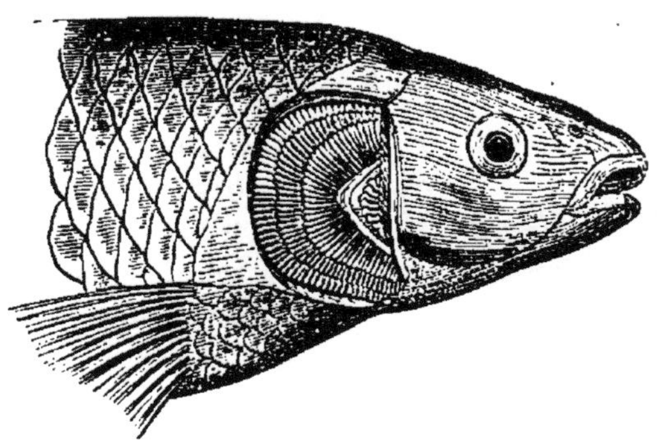

Fig. 90. *Tête de carpe dont on a enlevé l'opercule droit pour mettre à nu les branchies.*

ces organes ont la forme de houppes courtes et arrondies. Dans tous les cas, les branchies sont soutenues par des arceaux osseux ou cartilagineux qui naissent de l'os hyoïde, et sont recouvertes par une membrane vasculaire dans laquelle se ramifient les vaisseaux qui viennent directement du cœur. Presque toujours les branchies sont cachées sous une espèce de lame osseuse ou cartilagineuse, nommée *opercule*, et placée de chaque côté de la tête. Cet opercule fait fonction de soupape pour fermer et rendre libre alternativement l'ouverture par laquelle s'échappe, après avoir passé sur les branchies, l'eau que le poisson avale continuellement. Nous avons vu plus haut que c'est par l'oxygène de l'air en dissolution dans l'eau que se fait, chez les poissons, la transformation du sang veineux en sang artériel.

Le cœur des poissons, situé à une petite distance derrière les branchies, n'a qu'une seule oreillette et un seul ventricule placés sur le trajet du sang veineux (*fig.* 91). Le sang qui revient de toutes les parties du corps arrive à l'oreillette unique par deux troncs principaux représentant les deux veines caves, inférieure et supérieure ; de là, ce sang veineux passe dans le ventricule qui, en se contractant, le chasse dans les branchies

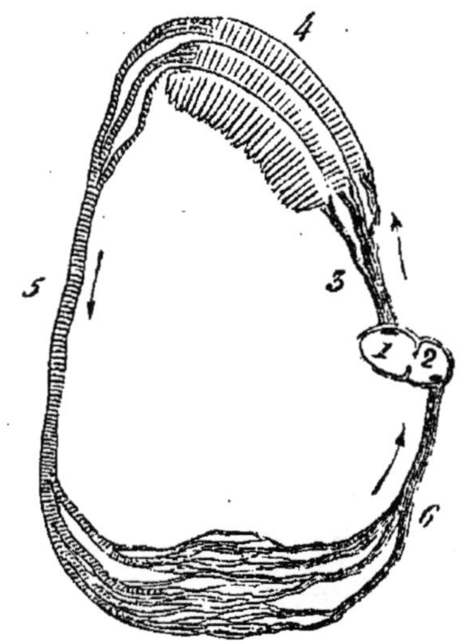

Fig. 91. *Figure théorique représentant le mode de circulation chez les poissons.*

1. Ventricule unique. — 2. Oreillette unique. — 3. Artère branchiale partant du ventricule.— 4. Branchies. — 5. Aorte partant des branchies et portant directement le sang artériel dans toutes les parties du corps. — 6. Veine cave ramenant le sang veineux au cœur.

par une artère nommée *artère branchiale.* En traversant ces organes, le sang veineux se transforme en sang artériel, et, *au lieu de revenir au cœur,* se rend directement dans une grosse artère, représentant l'aorte, qui le distribue dans tout le corps. On voit, d'après cette disposition, que les poissons n'ont véritablement qu'un *cœur droit* ou veineux ; ce qui les distingue de tous les autres vertébrés, chez lesquels le sang artériel revient toujours au cœur après avoir traversé l'appareil respiratoire.

Le système nerveux et les organes des sens sont peu développés chez les poissons. L'appareil de l'ouïe ne se compose que de l'oreille interne, qui elle-même est dépourvue de limaçon. Les yeux, privés de paupières, ont une cornée transparente aplatie et un cristallin globuleux. Les fosses nasales sont réduites à deux cavités peu profondes qui ne s'ouvrent pas dans l'arrière-bouche, comme chez les vertébrés à respiration pulmonaire. La langue, presque immobile et souvent très dure, ne peut être qu'un organe très imparfait de gustation. Enfin la peau est ordinairement recouverte d'écailles brillantes, imbriquées comme les tuiles d'un toit et enchâssées dans le derme, disposition qui doit singulièrement diminuer la sensibilité tactile.

Presque tous les poissons sont carnivores et se dévorent entre eux. Quelques-uns seulement se nourrissent de vers, de mollusques ou de matières végétales. Leurs mâchoires, ainsi que la voûte du palais, sont armées de dents, dont le nombre et la force varient suivant les espèces. Ces dents n'ont pas de racines ; elles sont simplement soudées avec l'os qui les porte. Leur canal digestif se compose d'un œsophage large et très court, se continuant avec l'estomac sans

ligne de démarcation bien tranchée; l'intestin grêle est presque
droit, quelquefois sinueux ; le gros intestin, qui lui fait suite,
est ordinairement court et se termine par un anus, généralement situé tout à fait à l'arrière du corps, excepté chez quelques poissons où il vient s'ouvrir sous la gorge. Les poissons
n'ont pas de glandes salivaires ; mais tous sont pourvus d'un
pancréas et d'un foie volumineux, mou et très riche en matières grasses ou huileuses.

La plupart des poissons sont pourvus d'une *vessie natatoire*,
espèce de poche membraneuse remplie d'air et située dans la
partie supérieure de l'abdomen au-dessus du tube digestif,
dont elle paraît être un simple prolongement. Ordinairement
close de toutes parts, cette poche communique parfois avec
l'intestin par un canal aérien. Au point de vue physiologique,
la vessie natatoire est un appareil hydrostatique qui, en di-
minuant le poids spécifique de l'animal, lui permet soit de se
tenir en équilibre dans l'eau, soit de monter ou de descendre
à volonté dans ce liquide, suivant que, par le jeu des côtes, il
le dilate ou le comprime. L'air qui remplit la vessie natatoire
est beaucoup plus riche en azote que celui que l'eau tient naturellement en dissolution.

Division des poissons en ordres.

96. *Division des poissons.* — La classe des poissons, extrêmement nombreuse, se divise naturellement en *deux groupes*,
d'après la nature du squelette, tantôt osseux, tantôt cartilagineux :

LES POISSONS OSSEUX,

LES POISSONS CARTILAGINEUX.

Le premier groupe (poissons osseux) se subdivise en *six
ordres*, savoir :

Les **Acanthoptérygiens**,

Les **Malacoptérygiens abdominaux**,

Les **Malacoptérygiens subbrachiens**,

Les **Malacoptérygiens apodes**,

Les **Lophobranches**,

Les **Plectognathes**.

Le deuxième groupe (poissons cartilagineux) ne forme que *trois ordres*, savoir :

> Les **Sturioniens**,
> Les **Sélaciens**,
> Les **Cyclostomes**.

La classe des poissons comprend donc, comme on le voit, neuf ordres, fondés sur les caractères indiqués dans le tableau ci-contre.

Remarque. — Quelques naturalistes ont proposé dans ces derniers temps de créer une cinquième classe de vertébrés, que l'on désignerait sous le nom de MYÉLAIRES. Cette classe ne renfermerait qu'un seul ordre, ne contenant lui-même qu'un seul genre actuellement connu, l'*Amphioxus.* Le caractère principal des vertébrés, c'est-à-dire l'existence d'une tige osseuse protégeant la moelle, disparaît ici presque entièrement. L'Amphioxus, animal marin qui, par sa forme, ressemble assez à un poisson, n'a guère qu'une moelle épinière (d'où le nom de *Myélaires* donné à la classe qu'il représenterait). Cette moelle est à peine renflée en avant, et le cerveau manque presque complètement. Le cœur et les corpuscules rouges du sang font également défaut. L'Amphioxus est donc un animal de transition entre les vertébrés et les invertébrés, et vient confirmer une fois de plus l'aphorisme de Linné : *Natura non facit saltus ;* ce qui veut dire, ainsi que nous l'avons déjà fait remarquer, que la nature ne passe jamais brusquement d'un type d'organisation à un autre. Entre deux types différents se trouvent toujours quelques espèces intermédiaires, participant de l'un et de l'autre, et formant comme le trait d'union destiné à maintenir dans sa continuité l'immense série des êtres vivants.

Tableau de la division des poissons en neuf ordres.

POISSONS OSSEUX.	Nageoire dorsale soutenue par des rayons épineux.	1. ACANTHOPTÉRYGIENS.
	Toutes les nageoires soutenues par des rayons mous et cartilagineux; nageoires abdominales placées à la partie postérieure de l'abdomen.	2. MALACOPTÉRYGIENS ABDOMINAUX.
	Nageoires dorsales à rayons mous; nageoires abdominales placées sous les pectorales.	3. MALACOPTÉRYGIENS SUBBRACHIENS.
	Pas de nageoires abdominales; corps généralement cylindrique et allongé.	4. MALACOPTÉRYGIENS APODES.
	Branchies en houppes arrondies et non pectinées.	5. LOPHOBRANCHES.
	Mâchoire supérieure soudée au crâne et immobile.	6. PLECTOGNATHES.
POISSONS CARTILAGINEUX.	Branchies libres, lamelleuses et recouvertes par un opercule mobile.	7. STURIONIENS.
	Branchies fixes et adhérentes à la peau qui les recouvre; mâchoires mobiles et superposées.	8. SÉLACIENS.
	Branchies fixes et adhérentes à la peau; mâchoires réunies en une ouverture circulaire disposée pour la succion.	9. CYCLOSTOMES.

PREMIER GROUPE. POISSONS OSSEUX.

97. 1er Ordre : les **ACANTHOPTÉRYGIENS**. — Cet ordre est celui qui contient le plus grand nombre de genres et d'espèces. Il renferme tous les poissons dont la nageoire dorsale est soutenue par des rayons épineux; ce qui les rend très faciles à reconnaître. Nous citerons comme exemples : la *Perche* (*fig.* 92),

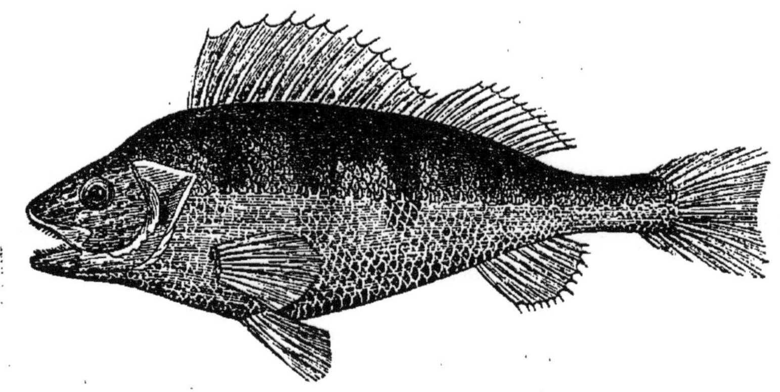

Fig. 92. *Perche.*

qui abonde dans nos rivières ; le *Rouget*, le *Bar commun*, le *Maquereau*, le *Thon*, poisson de mer très recherché; l'*Espadon*, un des plus grands poissons de la Méditerranée, dont la mâchoire supérieure se prolonge en une longue pointe semblable à une épée, et dont la chair blanche, fine et d'un goût délicieux, fournit un aliment très nourrissant. On le pêche également dans la mer du Nord et dans la Baltique.

2e Ordre : les **MALACOPTÉRYGIENS ABDOMINAUX**. — Dans cet ordre sont classés les poissons dont toutes les nageoires sont soutenues par des rayons mous et cartilagineux, et dont les nageoires abdominales sont placées à la partie postérieure de l'abdomen. Cet ordre, également très nombreux en genres et en espèces, comprend presque tous les poissons d'eau douce les plus communs, tels que la *Carpe vulgaire*, le *Cyprin doré* ou *Poisson rouge*, originaire de la Chine, le *Goujon*, la *Tanche*, la *Brème*, le *Brochet*, la *Truite commune*, le *Silure électrique*, que l'on trouve dans le Nil et au Sénégal, ainsi nommé parce qu'il fait éprouver, quand on le touche, une commotion électrique. Parmi les poissons de mer que renferme cet ordre, nous citerons le *Saumon* (*fig.* 93), que l'on rencontre en grandes troupes, principalement à l'embouchure des fleuves, dans lesquels il entre souvent pour y déposer ses œufs ; l'*Alose*, la *Truite Saumonnée* qui, comme le saumon, remontent également les grands fleuves ; le *Hareng*, la *Sardine* et l'*Anchois*, dont on fait une pêche très active.

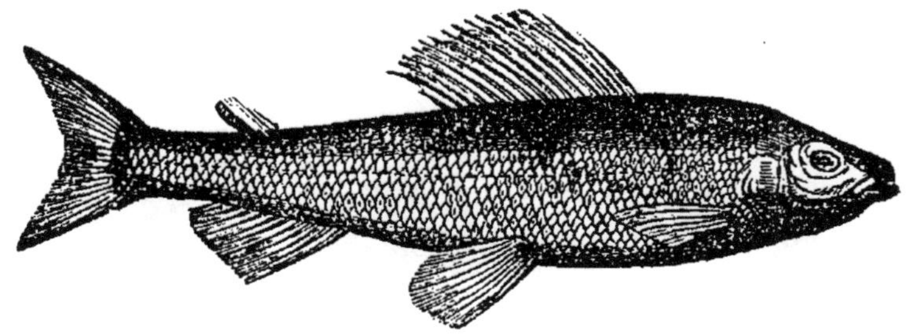

Fig. 93. *Saumon*.

3e Ordre : les **MALACOPTÉRYGIENS SUBBRACHIENS.**— Ce sont tous les poissons dont les nageoires dorsales sont à rayons mous, et dont les abdominales sont placées à une très petite distance et au-dessous des pectorales. Dans cet ordre sont : la *Morue*, si commune dans les mers du Nord, où elle est l'objet d'une pêche très importante, particulièrement près des côtes de l'Islande ; le *Merlan*, la *Lotte* de rivière, la *Limande* (*fig.* 94), la *Sole*, la *Plie*, le *Carrelet*, le *Turbot* et la *Barbue*. Ces six derniers poissons, dont la chair est blanche et très délicate, ont le corps aplati et dépourvu de symétrie.

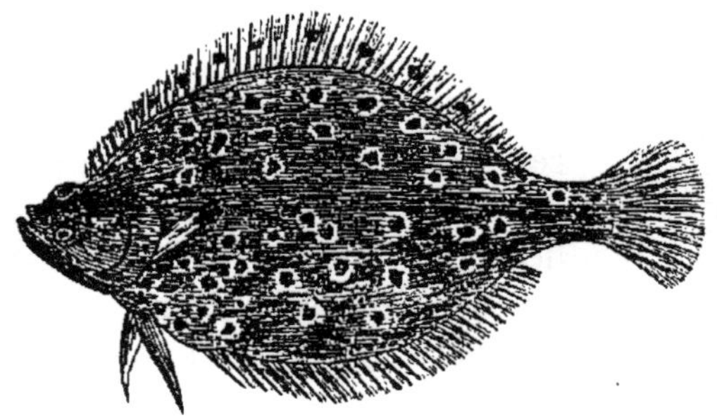

Fig. 94. *Limande*.

4e Ordre : les **MALACOPTÉRYGIENS APODES.** — Ces poissons sont dépourvus de nageoires abdominales ; leur forme se rap-

proche plus ou moins de celle de l'anguille, qui en est le type.
Les espèces les plus remarquables sont : l'*Anguille commune*,
si abondante dans nos rivières ; la *Murène* de la Méditerranée,
que les anciens élevaient dans des viviers pour le service de
leurs tables ; le *Congre* ou *Anguille de mer*, qui peut atteindre
jusqu'à trois mètres de longueur ; les *Lançons* ou *Équilles*,
petits poissons très communs sur nos côtes, où on les prend
en bêchant le sable à mer basse ; le *Gymnote électrique*
(*fig.* 95). Ce dernier, qui vit dans les rivières de l'Amérique

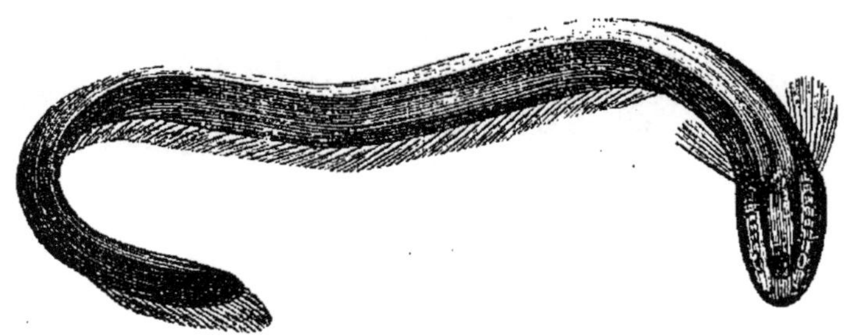

Fig. 95. *Gymnote électrique.*

méridionale, où il acquiert parfois une longueur de deux mètres, possède la propriété de produire, à volonté, de fortes décharges d'électricité, au moyen d'un appareil spécial situé
dans l'épaisseur de sa queue.

Fig. 96. *Hippocampe.*

5e ORDRE : les **LOPHOBRANCHES**. — Cet
ordre ne renferme qu'un petit nombre de
genres et d'espèces, dont les branchies, au
lieu d'être pectinées ou en forme de peigne,
sont disposées en petites houppes arrondies,
réunies par paires le long des arcs bran-
chiaux. Leur corps est dur, sec et comme
dépourvu de chair. L'espèce la plus remarquable appartenant à cet ordre est
un petit poisson d'une forme très origi-
nale, connu sous le nom d'*Hippocampe* ou
Cheval marin (*fig.* 96). Le *Syngnathe* ou
Aiguille de mer, ainsi nommé parce qu'il
a le corps grêle et très allongé, s'y rencontre également.

6ᵉ Ordre : les **PLECTOGNATHES**. — Leur caractère distinctif
consiste dans la disposition des os qui forment la mâchoire
supérieure. Cette mâchoire, au lieu d'être mobile, comme
chez les autres poissons, est soudée au crâne. Tels sont les
Coffres (*fig.* 97), remarquables par l'espèce de cuirasse à com-
partiments osseux dont ils sont revêtus ; les *Diodons* et les
Tétrodons, dont le corps arrondi est garni de piquants, et
qui ont la faculté de se gonfler comme des ballons en avalant
de l'air, ce qui leur permet de flotter à volonté à la surface de
l'eau.

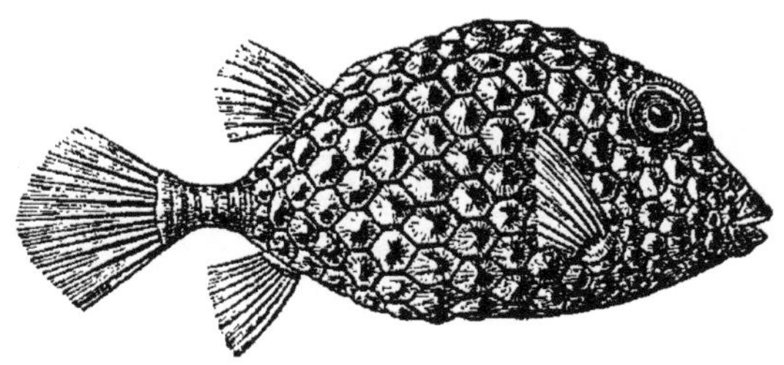

Fig. 97. *Coffre.*

DEUXIÈME GROUPE. POISSONS CARTILAGINEUX.

98. 7ᵉ Ordre : les **STURIONIENS**. — Ils ont leurs branchies
libres, lamelleuses et recouvertes par un opercule mobile. Le
genre *Esturgeon* est le plus important de cet ordre. Il renferme plusieurs espèces, très communes dans les mers du
Nord, et parmi lesquelles sont le *Grand Esturgeon*, qui peut
acquérir jusqu'à quatre et cinq mètres de longueur, et l'*Esturgeon ordinaire* (*fig.* 98), dont la peau est recouverte de pièces

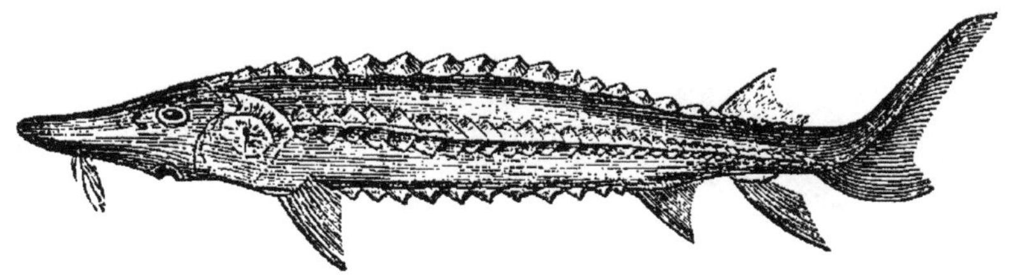

Fig. 98. *Esturgeon.*

osseuses très épaisses, de forme angulaire et disposées par
séries longitudinales. Ce dernier, comme le saumon et quelques autres poissons de mer, remonte souvent très haut dans
les fleuves. L'ichtyocolle ou *colle de poisson*, employée dans

l'industrie et dans l'économie domestique, principalement pour servir d'apprêt à certaines étoffes, pour clarifier le vin et autres liqueurs alcooliques, est fournie par la vessie natatoire du grand esturgeon. La chair de ces poissons est alimentaire et présente une certaine analogie avec celle du veau; leurs œufs servent à préparer le *caviar*, mets favori des Russes.

8e Ordre : les **SÉLACIENS**. — Les poissons qui forment cet ordre ont leurs branchies fixes et adhérentes à la peau qui

Fig. 99. *Requin.*

les recouvre. Leurs mâchoires sont mobiles et armées de dents souvent très fortes et tranchantes. Ils se divisent en deux genres : les *Squales* et les *Raies*, dont les espèces les plus remarquables sont le *Requin* (*fig.* 99), un des plus grands et le plus vorace de tous les poissons; la *Roussette* ou *Chien de mer*, dont la peau jaunâtre et rugueuse, connue sous le nom de *peau de chagrin*, sert à polir le bois et l'ivoire; la *Raie* et la *Torpille* (*fig.* 100), très communes dans nos mers. Ce dernier poisson possède, comme le gymnote, la faculté de produire de très fortes décharges d'électricité au moyen d'un appareil placé de chaque côté de la tête. Cet appareil se compose d'une multitude de petites colonnes polygonales, ressemblant aux loges des rayons de miel. Chacune de ces petites colonnes est formée par la superposi-

Fig. 100. *Torpille.*

tion de plusieurs disques gélatineux, séparés par des cloisons de tissu cellulaire dans lesquelles rampent des vaisseaux et des nerfs. C'est, comme on le voit, une espèce de pile ou batterie voltaïque, dont l'animal se sert pour se défendre ou pour attaquer les poissons, les mollusques et autres animaux marins sur lesquels il dirige à volonté ses décharges électriques.

9e ORDRE : les **CYCLOSTOMES**. — Ces poissons ont, comme ceux de l'ordre précédent, leurs branchies fixes et adhérentes par leurs deux extrémités à la peau qui les recouvre, laquelle est également percée à leur niveau d'une série de trous pour la sortie de l'eau ; mais ils s'en distinguent par la disposition de leur bouche. Leurs mâchoires, au lieu d'être mobiles et superposées l'une à l'autre, sont réunies de manière à former une ouverture circulaire, disposée pour la succion. Leur forme est cylindrique et allongée comme celle des anguilles, et ils sont dépourvus de nageoires pectorales et abdominales. Les *Lamproies* forment le type de cet ordre. On en distingue deux espèces principales : la *Grande Lamproie* ou *Lamproie marine* (*fig.* 101), dont le corps, jaunâtre et marbré de brun, a

Fig. 101. *Grande lamproie.*

environ un mètre de longueur, et la *Lamproie de rivière*, qui est une fois plus petite que la précédente, et dont le corps est vert noirâtre sur le dos et blanc argenté en dessous. La lamproie marine est commune dans le voisinage de nos côtes ; sa chair, comme celle de la lamproie de rivière, est très délicate [1].

1. Nous devons dire ici quelques mots de la *pisciculture,* c'est-à-dire l'art de multiplier les poissons au moyen d'une fécondation artificielle. Cet art, qui a pris de nos jours une grande extension, a été découvert en 1758 par J. H. Jacobi, lieutenant aux miliciens de Westphalie. Il remarqua qu'en pressant légèrement l'abdomen des poissons femelles prêtes à pondre, on obtient tous leurs œufs, et qu'en faisant la même opération sur les mâles, on obtient également la laitance qui, versée dans un vase à moitié rempli d'eau, où les œufs ont été préalablement déposés, les féconde aussi bien et plus sûrement que ne le feraient les animaux eux-mêmes. Cette découverte, qui n'eut d'abord qu'un succès de curiosité, n'est entrée dans la pratique qu'à partir de 1842, où un pêcheur des Vosges, nommé Rémy, appliqua le même procédé à la multiplication des truites. Il plaça les œufs ainsi fécondés artificiellement dans des boîtes en fer-blanc percées

Résumé.

I. Les POISSONS sont des animaux vertébrés, ovipares, respirant toujours par des branchies l'air en dissolution dans l'eau ; leur peau est nue ou écailleuse ; leur sang rouge et à température variable.

II. Les poissons ont leurs membres transformés en nageoires : les deux nageoires qui représentent les membres antérieurs se nomment nageoires *pectorales ;* celles qui représentent les membres postérieurs se nomment nageoires *abdominales* et sont quelquefois très rapprochées des premières. Outre ces deux paires de nageoires, il existe souvent trois autres nageoires impaires, nommées, en raison de leur position, nageoires *dorsale, anale* et *caudale.* Leur abdomen renferme une vessie natatoire propre à les maintenir en équilibre dans l'eau.

III. Le cœur, chez les poissons, est composé d'un seul ventricule et d'une seule oreillette. Il est placé sur le trajet du sang veineux, qu'il reçoit exclusivement, le sang artérialisé dans les branchies passant directement dans tout le corps, sans revenir à cet organe.

IV. La classe des poissons, extrêmement nombreuse, se divise, d'après la nature de leur squelette, en deux groupes distincts : les poissons OSSEUX et les poissons CARTILAGINEUX.

V. Les POISSONS OSSEUX se subdivisent en six ordres, savoir : les *Acantoptérygiens* (perche, rouget, thon, etc.), les *Malacoptérygiens abdominaux* (carpe, brochet, saumon), les *Malacoptérygiens subbrachiens* (morue, limande, turbot), les *Malacoptérygiens apodes* (anguille commune, anguille de mer, gymnote électrique), les *Lophobranches* (hippocampe, syngnathe), les *Plectognathes* (coffres, diodons, tétrodons).

VI. Les POISSONS CARTILAGINEUX se subdivisent en trois ordres, savoir : les *Sturioniens* (esturgeon ordinaire et grand esturgeon), les *Sélaciens* (requin, raie, torpille), les *Cyclostomes* (lamproie marine et lamproie de rivière).

de petits trous et garnies d'une légère couche de sable ; puis il les déposa dans le lit d'une rivière. Au bout d'un certain temps, il vit éclore les petits, et après deux ou trois semaines d'un régime approprié à leurs besoins, il ouvrit les boîtes, et laissa le fretin se répandre librement dans une portion de la rivière disposée pour le recevoir. Quelque temps après, Rémy et un autre pêcheur, Gehier, qu'il s'était associé, possédaient une pièce d'eau renfermant cinq ou six mille truites d'un an jusqu'à trois. Depuis cette époque plusieurs grands établissements de pisciculture ont été fondés, dont l'un, aux frais de l'État, a produit, en moins de deux ans, près d'un million de truites ou saumons destinés à l'ensemencement du Rhône.

10.

CHAPITRE IX.

Deuxième embranchement. Animaux annelés. — Leurs caractéres
généraux. — Division des annelés en classes. — Classe des insectes. — Leurs caractéres. — Leur division en ordres. — Exemples choisis parmi les groupes les plus remarquables et les
espéces utiles ou nuisibles.

DEUXIÈME EMBRANCHEMENT.

ANNELÉS.

Caractères des annelés.

99. *Caractères généraux des animaux annelés.* — Ces animaux n'ont pas de squelette intérieur et ont pour caractère
essentiel de présenter des articulations successives des diverses parties de leur corps
et de leurs membres, lesquels semblent
ainsi divisés en un certain nombre de segments ou articles en forme d'anneaux, désignés parfois sous le nom de *zoonites*.

Le système nerveux des annelés se compose (*fig.* 102) de deux cordons longitudinaux présentant de distance en distance des
renflements ou ganglions, d'où partent de
nombreux filets qui se distribuent aux différentes parties du corps. Il existe généralement une paire de ganglions pour chacun
des articles ou segments dont se compose le
corps de l'animal ; mais le plus souvent ces
deux ganglions se soudent entre eux de
manière à n'en former qu'un seul. Cette
chaîne ganglionnaire est constamment placée au-dessous du canal digestif, à l'exception de la première paire de ganglions,
qui représente le cerveau, et qui se trouve
située au-dessus de l'œsophage. Il résulte
de cette disposition que les deux filets qui
font communiquer la première paire avec

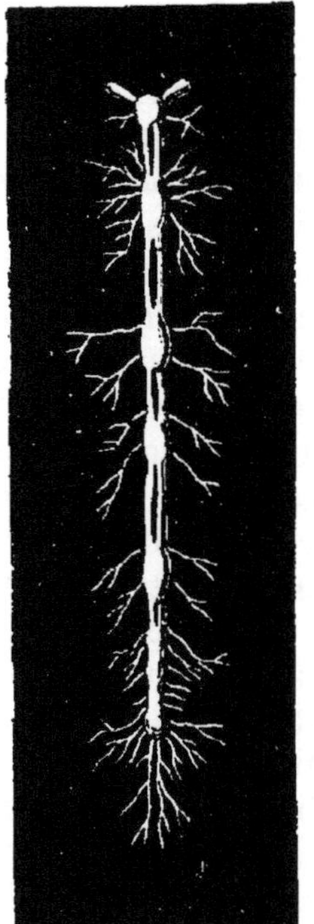

Fig. 102. *Système ner-
veux d'un annelé.*

la seconde forment comme un collier qui embrasse le conduit œsophagien. Chez quelques annelés, tels que les helminthes ou vers intestinaux, le système nerveux est réduit à un simple collier œsophagien, d'où partent quelques filets longitudinaux qui se divisent ensuite dans les diverses parties de l'animal.

Les organes des sens, excepté pour la vue, sont peu développés; quelques-uns même manquent ou semblent manquer complètement chez certains de ces animaux. Celui de la vue est, au contraire, presque toujours distinct et bien conformé. L'œil est tantôt simple et lisse; tantôt il est composé d'un grand nombre de petites facettes juxtaposées, dans chacune desquelles se distribue un rameau du nerf optique.

La peau des annelés est le plus souvent dure, cornée ou encroûtée de matière calcaire. Elle forme un véritable *squelette extérieur*, divisé en un certain nombre de segments articulés, donnant attache, par leur face interne, aux muscles qui font mouvoir les membres. Ceux-ci, au nombre de six au moins, manquent complètement chez quelques-uns de ces animaux, tels que les vers de terre, les sangsues, etc.

La respiration se fait au moyen de *branchies* chez les annelés qui vivent dans l'eau. Chez ceux qui vivent dans l'air, elle se fait soit par les *trachées*, dont nous étudierons plus loin la structure, soit par de petites cavités celluleuses ou *sacs pulmonaires*, assez analogues aux poumons des vertébrés. Chez les helminthes ou vers intestinaux, classés dans cet embranchement, la respiration n'a pas d'organes spéciaux; c'est la peau qui vraisemblablement fait chez eux fonction d'organe respiratoire (respiration cutanée).

Le sang des annelés est généralement blanc; quelquefois il est rouge, rose ou verdâtre. Le mode de circulation est très variable : tantôt il existe un véritable cœur, tantôt cet organe est remplacé par un seul ou par plusieurs vaisseaux contractiles.

Le canal digestif s'étend toujours, chez les annelés, d'une extrémité à l'autre du corps de l'animal. La bouche est quelquefois transformée en suçoir; le plus souvent elle est garnie de mâchoires qui, au lieu d'être superposées, comme dans tous les animaux vertébrés, sont dirigées latéralement. Ces mâchoires sont fréquemment

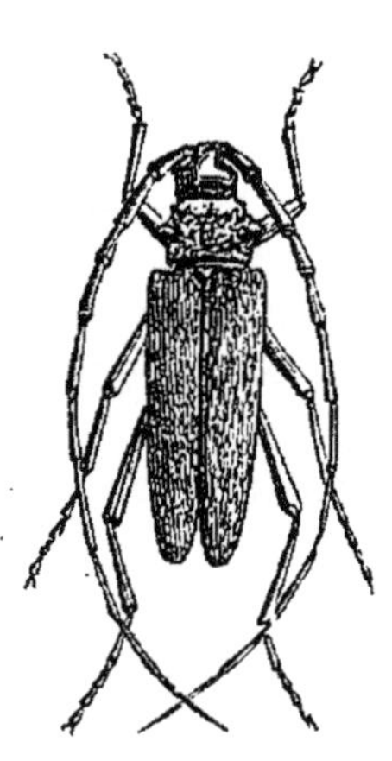

Fig. 103. *Capricorne avec ses antennes repliées en arrière.*

formées par plusieurs pièces dont les deux supérieures portent le nom de *mandibules*, et dont les deux inférieures conservent celui de *mâchoires* proprement dites.

La plupart des animaux de cette classe présentent un organe spécial situé à la partie antérieure de la tête et connu sous le nom d'*antennes* (*fig.* 103). Cet organe se compose de plusieurs pièces articulées bout à bout, dont le nombre et la forme varient suivant les espèces. Quant à ses fonctions, les uns le considèrent comme un organe de tact, d'autres comme un organe d'olfaction.

Division des annelés en sous-embranchements et en classes.

100. *Division des annelés.* — L'embranchement des annelés a été divisé en deux grands groupes ou *sous-embranchements* :

1° Les ARTHROPODES, comprenant tous les annelés pourvus de membres articulés;

2° Les VERS, comprenant tous les annelés dépourvus de membres articulés ou n'en possédant qu'à l'état rudimentaire.

Ces deux groupes forment ensemble *sept classes*, savoir :

ARTHROPODES :
- 1° Les **Insectes**,
- 2° Les **Myriapodes**,
- 3° Les **Arachnides**,
- 4° Les **Crustacés**,

VERS :
- 5° Les **Annélides**,
- 6° Les **Helminthes**,
- 7° Les **Rotateurs**.

PREMIER GROUPE OU SOUS-EMBRANCHEMENT DES ANNELÉS.

ARTHROPODES.

PREMIÈRE CLASSE DES ANNELÉS. INSECTES.

Caractères généraux des insectes.

101. *Caractères généraux des Insectes.* — Les *insectes*, qui forment la classe la plus nombreuse du règne animal, ont le

Tableau de la division des annelés en sept classes.

ARTHROPODES.	Respiration trachéenne ou pulmonaire	Tête distincte du thorax et garnie d'antennes.	Corps composé de trois parties distinctes : tête, thorax, et abdomen ; trois paires de pattes, en général des ailes. **INSECTES.**
			Thorax et abdomen non distincts ; un très grand nombre de pattes ; jamais d'ailes. **MYRIAPODES.**
		Tête non distincte du thorax, point d'antennes. quatre paires de pattes. . . . . **ARACHNIDES.**	
	Respiration branchiale.	En général cinq ou sept paires de pattes ou tentacules articulés, de consistance cornée. . . . . **CRUSTACÉS.**	
VERS. . . .	Respiration presque toujours branchiale, sang coloré, système nerveux formant une chaîne ganglionnaire médiane . . . . **ANNÉLIDES.**		
	Respiration vague et cutanée, sang généralement incolore, système nerveux rudimentaire.	Corps cylindrique, aplati ou globuleux, dépourvu d'organes locomoteurs . . . . **HELMINTHES.**	
		Corps annelé, portant à sa partie antérieure des lobes garnis de cils vibratiles . . . . **ROTATEURS.**	

corps partagé en trois parties distinctes : la *tête*, le *thorax* et l'*abdomen* (*fig.* 104).

Fig. 104. *Parties constituantes du corps d'un insecte.*

1. Tête portant les yeux et les antennes. — 2. *Protothorax* ou premier anneau du thorax, portant la première paire de pattes. — 3. *Mésothorax* ou second anneau du thorax, portant la seconde paire de pattes et la première paire d'ailes. — 4. *Métathorax* ou troisième anneau du thorax, portant la troisième paire de pattes et la seconde paire d'ailes. — 5. Abdomen. — 6. Hanche et cuisse. — 7. Jambe. — 8. Tarse.

La *tête* porte deux antennes, les yeux et les organes de la manducation.

Le *thorax*, qui occupe la partie moyenne du corps, porte les organes du mouvement, c'est-à-dire les pattes, qui sont toujours au nombre de trois paires, et les ailes, qui sont au nombre de deux ou de quatre. Le thorax est lui-même composé de trois anneaux successifs nommés le *protothorax*, le *mésothorax* et le *métathorax*. Le protothorax porte inférieurement la première paire de pattes, mais jamais d'ailes à sa face supérieure ; le mésothorax porte la seconde paire de pattes et la première paire d'ailes chez les insectes qui en ont quatre ; le métathorax porte la troisième paire de pattes et la seconde paire d'ailes. Chacune des pattes est formée de quatre parties articulées, que l'on désigne sous les noms de hanche, cuisse, jambe et tarse. Le tarse se compose de trois à cinq articles et se termine ordinairement par un double crochet.

L'*abdomen* est la troisième et la plus volumineuse partie du corps de l'insecte. Il se compose de plusieurs anneaux articulés, et il porte à son extrémité libre une ouverture commune pour les organes de la digestion et de la reproduction. Sur les parties latérales et inférieures des anneaux se trouvent les stigmates, par lesquels l'air pénètre dans les voies respiratoires.

Le canal digestif (*fig.* 105) présente quelques particularités ou modifications remarquables suivant le genre de nourriture de l'animal.

Chez les insectes broyeurs, se nourrissant de matières solides, la bouche est formée de quatre parties, savoir : la lèvre supérieure, la lèvre inférieure, les mandibules et les mâchoires proprement dites. Ces dernières se meuvent latéralement, et portent souvent sur leur côté interne de petits tubercules pointus que l'on a comparés aux dents des mammifères.

Chez les insectes suceurs, dont les aliments consistent en matières liquides, la bouche présente une espèce de suçoir mobile. Ce suçoir est formé soit par la lèvre inférieure prolongée en un canal dans lequel se trouvent les mandibules et les mâchoires réduites à l'état de stylets aigus, soit par les mâchoires elles-mêmes qui, s'accolant l'une à l'autre, constituent cette longue trompe roulée en spirale que l'on observe chez les papillons.

A la bouche succèdent l'œsophage, puis un premier estomac ou *jabot*, un second estomac ou *gésier*, à la suite duquel viennent les intestins, dont la longueur varie, comme chez les autres animaux, selon la nature des substances dont se nourrit l'insecte. Ainsi, chez les insectes carnassiers, le canal digestif est en général très court, tandis que chez les insectes herbivores, il est ordinairement très long et enroulé plusieurs fois sur lui-même.

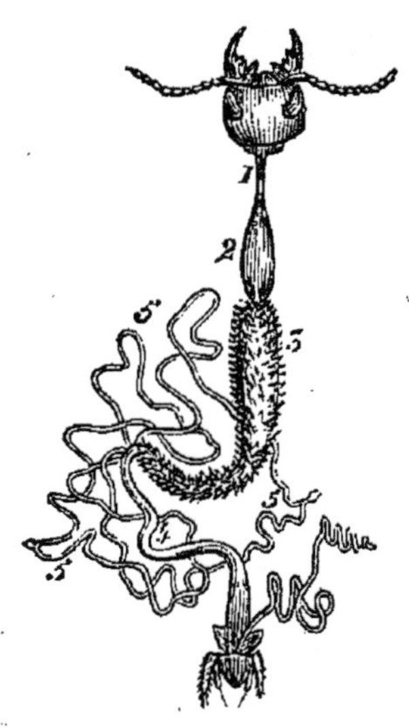

Fig. 105. *Appareil digestif d'un insecte.*

1. Œsophage. — 2. Premier estomac ou jabot. — 3. Deuxième estomac ou gésier. — 4. Intestins. — 5-5-5. Vaisseaux biliaires.

Le foie n'existe pas chez les insectes. Il est remplacé par de longs tubes nommés *vaisseaux biliaires*, lesquels flottent dans l'intérieur de l'abdomen et viennent s'ouvrir par leurs deux extrémités à la surface interne de l'intestin. Ces vaisseaux remplacent également l'organe sécréteur de l'urine, car on a constaté qu'il s'y forme de l'acide urique.

Fig. 106. *Vaisseau dorsal d'un insecte.*

L'appareil de la circulation chez les insectes est réduit à un simple vaisseau, fixé par de petites bandelettes fibreuses le long de la face interne du dos, et que, pour cette raison, on désigne sous le nom de *vaisseau dorsal* (*fig.* 106). La partie postérieure de ce vaisseau, située dans l'abdomen, représente un véritable cœur à plusieurs loges, communiquant entre elles par des orifices valvulaires, et avec le reste du corps par des ouvertures latérales également munies de valvules, qui permettent au sang d'y pénétrer, mais non d'en sortir. Sa partie antérieure ou céphalique s'effile en un conduit aortique, droit ou flexueux, venant s'ouvrir dans la tête soit directement, soit par quelques ramifications terminales.

Le vaisseau dorsal exécute des mouvements alternatifs de contraction et de dilatation analogues à ceux du cœur chez les vertébrés. Ces mouvements, combinés avec le jeu des valvules, ont pour but de faire cheminer le sang d'arrière en avant dans l'intérieur du vaisseau. Arrivé à l'extrémité antérieure de ce conduit, le liquide nourricier se répand dans la tête, et de là dans tout le corps de l'insecte, en passant par les lacunes comprises entre ces divers organes.

La respiration chez les insectes se fait au moyen de *trachées*, c'est-à-dire de petits tubes ramifiés dans lesquels l'air pénètre et circule (*fig.* 107). Chacun de ces petits tubes se compose de deux membranes, entre lesquelles est roulé en spirale un filament cartilagineux. Il arrive assez souvent que plusieurs de ces tubes présentent, de distance en distance, des renflements ou *sacs aériens*, analogues à ceux que l'on observe chez les oiseaux, et qui ont également pour but de diminuer le poids spécifique de l'animal. Les ouvertures extérieures des trachées portent le nom de *stigmates ;* elles ont ordinairement la forme de petites fentes , placées sur les parties latérales de l'abdomen.

D'après M. Émile Blanchard, les trachées seraient également des organes de circulation. Le sang y circulerait entre les deux membranes qui les constituent, et l'hématose se ferait ainsi à travers la membrane interne.

Le système nerveux ne présente rien de particulier chez les insectes. Il se compose (*fig.* 108) d'une double série de ganglions réunis entre eux par des cordons longitudinaux , et donnant naissance à un grand nombre de filets nerveux qui se distribuent aux divers organes. Les deux ganglions antérieurs ou céphaliques sont les plus volumineux ; ils sont placés au-dessus de l'œsophage, tandis que tous les autres sont situés au-dessous du canal digestif. Il résulte de cette disposition

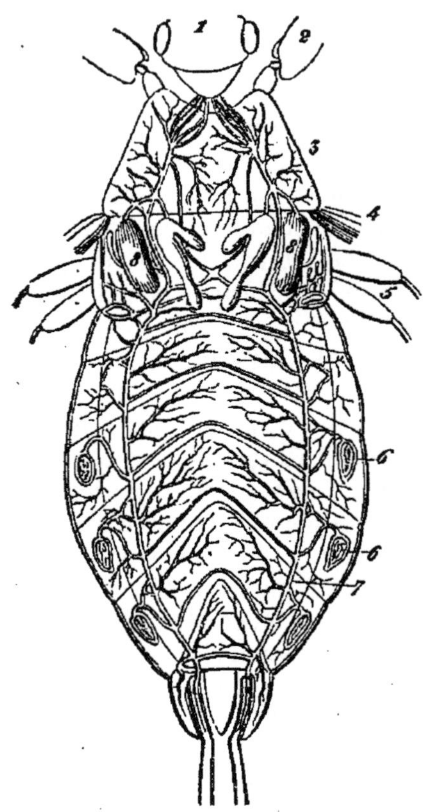

Fig. 107. *Appareil respiratoire d'un insecte vu au microscope.*

1. Tête. — 2. Première paire de pattes — 3. Premier anneau du thorax. — 4. Ailes. — 5. Deuxième et troisième paires de pattes. — 6-6. Stigmates. — 7. Trachées. — 8-8. Sacs aériens.

que les deux cordons qui unissent les ganglions céphaliques à la première paire de ganglions suivants forment, ainsi que nous l'avons dit, une sorte de collier nerveux qui embrasse l'œsophage (collier œsophagien).

Les insectes paraissent être pourvus des cinq sens qui appartiennent aux animaux supérieurs ; mais on ignore encore par quels organes s'exercent quelques-uns de ces sens. Ainsi les antennes sont considérées par les uns comme l'organe du toucher, tandis que d'autres les regardent comme l'organe de l'odorat. Plusieurs physiologistes pensent, au contraire, que ce dernier sens a son siège à l'entrée des trachées, c'est-à-dire aux stigmates. Quant à l'organe de l'ouïe, bien qu'il soit hors de doute qu'un grand nombre d'insectes sont doués de la faculté d'entendre, on ignore complètement où il est placé.

De tous les organes des sens, l'œil est celui qui, chez les insectes, est le plus parfait et le mieux développé. Ces animaux ont deux sortes d'yeux, des yeux *simples* et des yeux *composés* ou à facettes.

Les yeux simples, que l'on désigne encore sous les noms de *stemmates* ou *ocelles*, sont généralement au nombre de trois, disposés en triangle sur le sommet de la tête. Chacun d'eux se compose essentiellement d'une cornée transparente convexe, d'une choroïde enduite de matière colorante, et d'un rameau nerveux appartenant au ganglion céphalique.

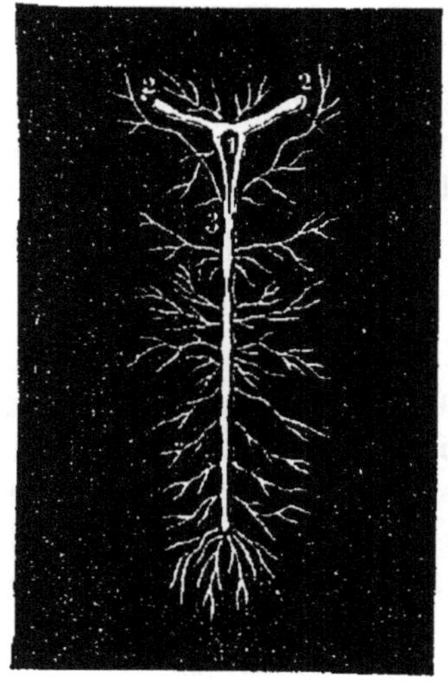

Fig. 108. *Système nerveux d'un insecte.*

1. Collier œsophagien. — 2-2. Nerfs optiques partant de la première paire de ganglions. — 3. Seconde paire de ganglions.

Les yeux composés ou à facettes (*fig.* 109) ont une surface très convexe, présentant, lorsqu'on l'examine à la loupe, une multitude de petites facettes planes et hexagonales. Chacune de ces petites facettes représente un œil parfaitement distinct, ayant une cornée transparente très épaisse, en dedans de laquelle est une cavité conique ou prismatique remplie par l'humeur vitrée. Cette cavité est tapissée intérieurement par une choroïde mince et colorée, sur laquelle vient s'épanouir une des divisions du nerf optique partant d'un renflement bulbiforme qui termine ce nerf. L'œil composé des insectes est donc formé

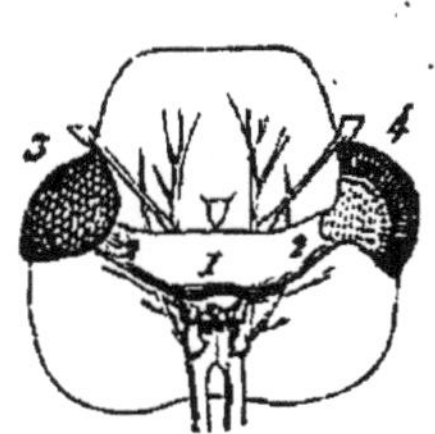

Fig. 109. *Yeux composés d'un insecte.*

1. Ganglion céphalique. — 2-2. Nerf optique. — 3. Œil entier. — 4. Œil coupé longitudinalement.

par la réunion d'un très grand nombre d'yeux distincts, disposition qui permet à la fois la vision à très courte distance et la vision panoramique, toutes deux nécessaires aux insectes ailés.

Presque tous les insectes portent une paire d'yeux composés, situés sur les parties latérales de la tête. Quelques-uns n'ont que des yeux simples; d'autres ont à la fois des yeux simples et des yeux composés. Les larves n'ont jamais que des yeux simples.

102. *Métamorphoses des insectes.* — Les insectes sont tous ovipares. La plupart d'entre eux présentent dans leur développement un phénomène très remarquable dont nous avons déjà vu un exemple chez les batraciens. Ce phénomène consiste en des changements de forme et de structure qui ont reçu le nom de *métamorphoses.* Ces métamorphoses sont *complètes* ou *incomplètes.*

Dans la métamorphose *complète*, l'insecte passe par trois états différents (*fig.* 110), depuis sa naissance jusqu'à son

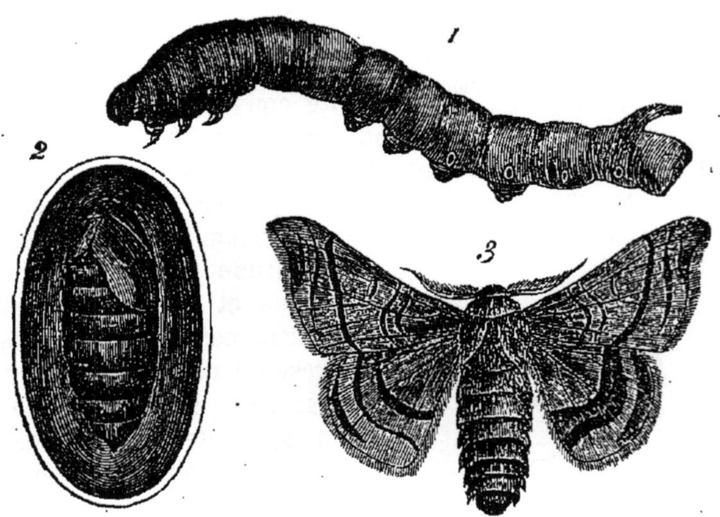

Fig. 110. *Métamorphoses du ver à soie.*

1. Ver à soie à l'état de larve. — 2. Ver à soie à l'état de chrysalide enveloppée dans son cocon. — 3. Ver à soie à l'état d'insecte parfait.

entier développement. Lorsqu'il sort de l'œuf, il est à l'état de *larve*, et sous cette forme il ressemble à un ver. Son corps est alors mou, allongé et composé d'une série d'anneaux plus ou moins nombreux. Ses yeux sont simples et sa bouche est presque toujours armée de mandibules et de mâchoires puissantes, disposées comme celles des insectes broyeurs. Après avoir vécu dans cet état pendant un certain temps, l'insecte se change en *nymphe* ou *chrysalide*, nouvelle forme sous laquelle il reste complètement immobile et cesse de se nourrir. Tantôt la chrysalide n'a pour enveloppe que la peau desséchée de la larve; tantôt elle est renfermée dans une coque ou *cocon* de soie que la larve a fabriqué avant de subir sa métamorphose. C'est dans cet état d'immobilité et de repos apparent que se forment et se développent les organes qui doivent constituer l'insecte à *l'état parfait*. Lorsque ce développement est achevé, l'animal sort de son enveloppe, et commence la troisième et dernière phase de son existence, pendant laquelle seulement il est apte à se reproduire.

Dans la métamorphose *incomplète* ou demi-métamorphose, les changements que subit l'insecte sont beaucoup moins considérables. Le plus souvent ils ne consistent que dans le développement des ailes, dont le petit animal est dépourvu lorsqu'il sort de l'œuf : les blattes, les sauterelles sont dans ce cas. Quelquefois la métamorphose se borne au développement des pattes, comme on l'observe chez quelques suceurs.

Division des insectes.

105. *Division des insectes.* — Les insectes se divisent d'abord très naturellement en *trois grandes sections*, fondées sur l'absence ou la présence des ailes, et dans ce dernier cas, sur le nombre de ces organes :

1º Les **Insectes tétraptères**, qui ont quatre ailes ;

2º Les **Insectes diptères** ou à deux ailes seulement ;

3º Les **Insectes aptères** ou dépourvus d'ailes.

Ces trois sections sont ensuite subdivisées, la première en *six ordres*, la deuxième en *deux* et la troisième en *quatre;* ce qui forme en tout *douze ordres*, distribués comme l'indique le tableau suivant, et dont nous étudierons successivement les principaux caractères.

Tableau de la division des insectes en douze ordres.

Ire SECTION. **INSECTES TÉTRAPTÈRES.**	Les quatre ailes dissemblables	Les inférieures pliées en travers	COLÉOPTÈRES.
		Les inférieures pliées en long.	ORTHOPTÈRES.
	Les quatre ailes semblables ou n'offrant que de légères différences	Mâchoires et mandibules formant un suçoir.	HÉMIPTÈRES.
		Mâchoires et mandibules distinctes . . — Les quatre ailes égales. . . .	NÉVROPTÈRES.
		Mâchoires et mandibules distinctes . . — Les inférieures plus petites.	HYMÉNOPTÈRES.
		Mâchoires et mandibules formant une trompe. . . .	LÉPIDOPTÈRES.
IIe SECTION. **INSECTES DIPTÈRES.**	Ailes plissées longitudinalement en forme d'éventail; mandibules pointues croisant l'une sur l'autre.		RHIPIPTÈRES.
	Ailes planes et réticulées; mâchoires et mandibules formant un suçoir. . . .		DIPTÈRES.
IIIe SECTION. **INSECTES APTÈRES.**	Mâchoires distinctes . .	Abdomen garni d'appendices	THYSANOURES.
		Abdomen sans appendices.	CYSTAPTÈRES.
	Mâchoires non distinctes.	Membres égaux.	PARASITES.
		Membres postérieurs plus longs.	SUCEURS.

PREMIÈRE SECTION.

INSECTES TÉTRAPTÈRES.

104. 1er Ordre : les **COLÉOPTÈRES**. — Cet ordre est celui qui renferme le plus grand nombre de genres et d'espèces. Les insectes qui le composent (*fig.* 111) sont caractérisés par la présence de quatre ailes, dont les deux supérieures, nommées *élytres*, sont sous la forme d'étuis cornés, tandis que les inférieures, minces et transparentes, sont, dans l'état de repos, repliées transversalement sous les précédentes qui leur servent d'abri. Leur tête porte deux antennes, et leur bouche est munie d'une paire de mandibules et de mâchoires.

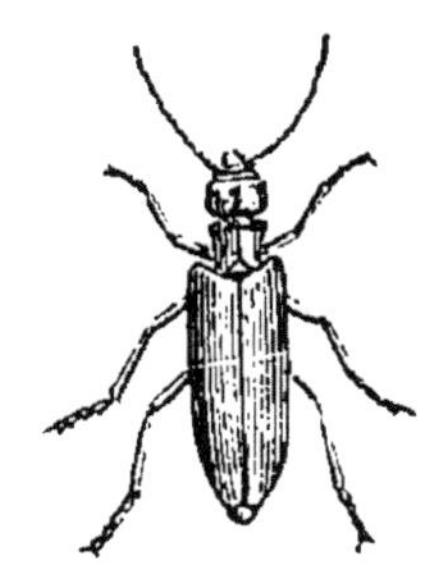

Fig. 111. *Insecte coléoptère (cantharide).*

L'ordre des coléoptères se subdivise en *quatre tribus*, d'après le nombre des articles qui composent le tarse, savoir : les *Coléoptères pentamères*, qui ont cinq articles à tous les tarses ; les *Coléoptères hétéromères*, qui ont cinq articles aux tarses des quatre pattes antérieures, et quatre seulement aux deux pattes de derrière ; les *Coléoptères tétramères*, qui ont quatre articles à chacun de leurs tarses ; les *Coléoptères trimères*, qui n'ont au plus que trois articles.

1re Tribu : les COLÉOPTÈRES PENTAMÈRES. A cette tribu appartiennent un très grand nombre de genres et d'espèces vulgaires, parmi lesquels nous citerons, comme exemples, les *Hannetons*, les *Scarabées*, les *Lucanes*, les *Lampyres* ou *Vers luisants*. Ces derniers sont ainsi nommés à cause de la faculté qu'ils possèdent de produire de la lumière. Dans l'espèce commune en France, la femelle seule est phosphorescente ; elle est privée d'ailes, et se tient dans les gazons, qu'elle illumine, pendant les nuits chaudes de l'été, d'une lueur pâle et immobile. En Italie et dans presque tout le midi de l'Europe, il existe une autre espèce de lampyre, pourvue d'ailes dans les deux sexes. Voltigeant par essaims dans l'air du soir, ces insectes, vulgairement connus sous le nom de *Lucioles*, se dessinent en traits de feu, formant parfois comme un fourmillement lumineux du plus singulier effet.

2ᵉ Tribu : les Coléoptères hétéromères. C'est dans ce groupe que se trouve la *Cantharide* (*fig.* 111), insecte vésicant dont on fait un si fréquent usage en pharmacie pour la confection des vésicatoires. Les cantharides se rencontrent principalement en Espagne et dans le midi de la France, où elles vivent sur les frênes et les lilas. Cette tribu renferme encore quelques autres insectes vésicants, tels que les *Méloés*, les *Mylabres*, les *Décatomes*, etc.

3ᵉ Tribu : les Coléoptères tétramères. Nous citerons comme exemples, dans cette tribu, la *Calandre* ou *Charançon ordinaire*, qui fait parfois tant de ravages dans les magasins de blé ; l'*Attelade de la vigne*, si souvent nuisible à cette plante, dont elle dévore les feuilles ; les *Scolytes* ou les *Xylophages*, qui, ainsi que l'indique leur nom, attaquent par le tronc nos arbres forestiers, où ils se creusent entre le bois et l'écorce des galeries parfois très étendues.

4ᵉ Tribu : les Coléoptères trimères. Dans cette dernière tribu se trouvent les *Coccinelles,* dont le corps hémisphérique est orné de jolies couleurs, et que l'on désigne vulgairement sous le nom de *Bétes à Dieu.*

2ᵉ Ordre : les ORTHOPTÈRES. — Les insectes qui composent cet ordre (*fig.* 112) ont la bouche conformée comme celle des coléoptères et se nourrissent presque tous de matières végétales. Leurs ailes supérieures sont encore en forme d'élytres, mais au lieu d'être cornées comme celles des coléoptères, elles sont le plus souvent molles ou membraneuses. Les ailes inférieures sont, dans l'état de repos, plissées longitudinalement en manière d'éventail. Ces insectes ne subissent que des demi-métamorphoses, qui consistent dans le développement de leurs ailes, dont ils sont dépourvus à l'état de larves.

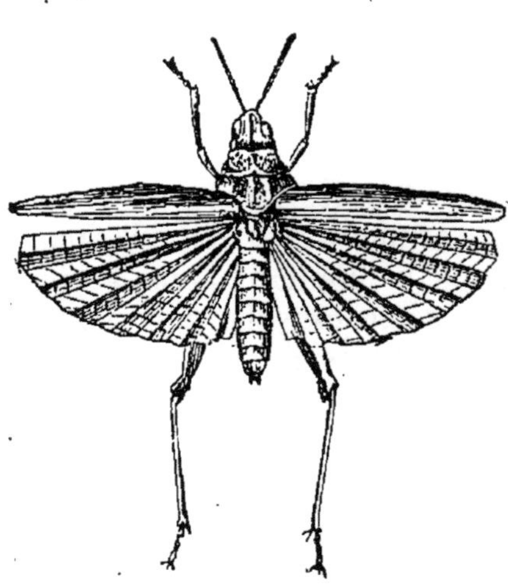

Fig. 112. *Insecte orthoptère.* (*sauterelle.*)

Plusieurs d'entre eux font entendre un bruit particulier, et monotone qui provient du frottement rapide de certaines parties de leur corps les unes sur les autres.

Les orthoptères forment *deux tribus*, savoir : les *Orthoptères coureurs*, dont les six pattes sont toutes à peu près égales, et les *Orthoptères sauteurs*, dont les deux pattes de derrière sont beaucoup plus longues que les autres, ce qui donne à ces insectes la faculté de sauter avec beaucoup de force.

1re Tribu : les ORTHOPTÈRES COUREURS. A cette tribu appartiennent les *Forficules* ou *Perce-oreilles;* les *Blattes*, très communes dans les cuisines et dans les boulangeries; les *Mantes religieuses*, ainsi nommées parce qu'elles imitent dans certains de leurs mouvements l'attitude d'une personne en prière. Les gens du midi les désignent vulgairement sous le nom de *Prega-Diou.*

2e Tribu : les ORTHOPTÈRES SAUTEURS. Dans cette tribu se trouvent les *Sauterelles* (*fig.* 112), les *Criquets*, les *Grillons* ou *Cris-cris* et les *Courtilières*. Les sauterelles, comme on le sait, occasionnent souvent de grands dégâts dans certaines contrées de l'Afrique, où elles viennent s'abattre en légions innombrables.

3e ORDRE : les **HÉMIPTÈRES**. — Ces insectes (*fig.* 113) ont la bouche organisée en un suçoir composé de quatre soies raides et pointues qui, en se rapprochant, forment un tube rétractile. Ils ont quatre ailes, dont les deux supérieures sont des élytres à moitié membraneuses, ou de simples ailes entièrement semblables aux inférieures. Les hémiptères ne subissent que des demi-métamorphoses, qui consistent dans le développement successif de leurs ailes. Quelques-uns même n'éprouvent aucune métamorphose, et restent constamment privés d'ailes, comme la punaise des lits, les cochenilles femelles et quelques pucerons.

Fig. 113. *Insecte hémiptère* (*punaise des bois*).

Cet ordre a été subdivisé en *deux tribus*, savoir : les *Hémiptères hétéroptères*, dont les élytres sont cornées à leur base et membraneuses dans leur contour; et les *Hémiptères homo-*

ptères, dont les quatre ailes sont membraneuses et réticulées dans toute leur étendue.

1ʳᵉ Tribu : les HÉMIPTÈRES HÉTÉROPTÈRES. A cette tribu appartiennent la *Punaise des bois*, la *Punaise commune* ou *Punaise des lits*, et les *Notonectes*, si communs dans nos étangs, où ils nagent sur le dos pour mieux saisir leur proie.

2ᵉ Tribu : les HÉMIPTÈRES HOMOPTÈRES. Les principaux genres de cette tribu sont : les *Cigales* (*fig. 114*), remarquables par le bruit perçant et monotone qu'elles font entendre pendant les chaleurs de la canicule; les *Pucerons*, qui vivent principalement sur les rosiers et sur nos arbres fruitiers; les *Cochenilles*, dont une espèce, la *Cochenille du nopal*, originaire du Mexique, fournit la matière colorante connue sous le nom de *carmin*.

Fig. 114. *Cigale.*

A cette tribu appartient encore le *Phylloxera vastatrix*, espèce microscopique qui depuis plusieurs années ravage nos vignobles du Midi et du Bordelais. Cette espèce redoutable, voisine des pucerons, se compose (*fig. 115*) de sujets aptères ou sans ailes, de couleur jaunâtre, ayant à peine trois quarts de millimètre de longueur sur un demi de largeur, et de sujets ailés, un peu plus longs, pourvus de quatre ailes membraneuses. Les premiers vivent par myriades sur les racines de la vigne, fixés par leur suçoir enfoncé dans l'écorce. Les seconds, dès qu'ils sont munis de leurs ailes, sortent de terre, et s'en vont, emportés par le vent

Fig. 115. *Phylloxera vastatrix vu au microscope avec un grossissement d'environ 20 en diamètre.*

1. Phylloxera aptère, vu en dessus. — 2. Le même, vu en dessous avec son suçoir. — 3. Phylloxera ailé.

à des distances souvent considérables, infester d'autres vignobles, en y déposant leurs œufs sur les feuilles et les bourgeons. De ces œufs naissent de nouveaux individus, dont la plupart gagnent les racines, où ils se multiplient bientôt avec une prodigieuse fécondité. Ce qui n'explique que trop bien l'effrayante progression de la maladie, contre laquelle, hélas! malgré tant d'efforts, nous ne possédons encore que des remèdes impuissants. Quant à l'origine du phylloxera, l'opinion la plus accréditée est qu'il nous aurait été importé de l'Amérique sur des ceps transplantés dans nos vignobles.

4ᵉ Ordre : les **NÉVROPTÈRES**. — Les insectes qui composent cet ordre ont la bouche armée de mandibules et de mâchoires. Leurs ailes (*fig. 116*), au nombre de quatre, sont à peu près égales et sont finement réticulées; les femelles ne portent jamais d'aiguillon à l'extrémité de leur abdomen, ce qui les distingue des hyménoptères, qui forment l'ordre suivant. Parmi ces insectes, les uns éprouvent des métamorphoses complètes, tandis que les autres ne subissent que des demi-métamorphoses.

Fig. 116. *Insecte névroptère (libellule).*

Les principaux genres de cet ordre sont : les *Libellules*, vulgairement appelées *Demoiselles*, dont le corps est très allongé et qui volent si élégamment à la surface des eaux; les *Éphémères*, ainsi nommés à cause de la brièveté de leur vie, qui dure à peine quelques heures; les *Fourmis-lions*, dont les larves se creusent dans le sable une sorte d'entonnoir au fond duquel elles se cachent, attendant qu'un insecte roule dans le précipice pour en faire leur proie; enfin les *Termites* ou *Fourmis blanches*. Ces derniers insectes attaquent les bois de charpente et font souvent de grands dégâts dans les chantiers de la marine.

5ᵉ Ordre : les **HYMÉNOPTÈRES**. — Ces insectes ont la bouche armée de mandibules et de mâchoires généralement allongées. Leurs ailes, au nombre de quatre (*fig. 117*), sont simplement veinées, et les inférieures sont toujours plus petites que les supérieures. Les femelles portent à l'extrémité de leur abdomen tantôt une sorte de tarière, tantôt un aiguillon creusé d'un canal, au moyen duquel elles versent dans la piqûre qu'elles ont faite une liqueur âcre et venimeuse, sécrétée par des glandules situées à la base de l'aiguillon. Les hyménoptères ont des métamorphoses complètes.

Cet ordre a été subdivisé en *deux tribus*, savoir : les *Hyménoptères térébrants*, dont les femelles sont munies d'une tarière destinée à creuser la cavité dans laquelle elles déposent leurs œufs, et les *Hyménoptères porte-aiguillon*.

Fig. 117. *Insecte hyménoptère (abeille)*.

1re Tribu : les HYMÉNOPTÈRES TÉRÉBRANTS. Les principaux genres de cette tribu sont : les *Cynips* ou *Gallicoles*, qui, au moyen de leur tarière, introduisent leurs œufs sous l'épiderme des végétaux, et y produisent ainsi ces excroissances connues sous le nom de *galles*, dont une espèce, celle du chêne, dite *noix de galle*, sert à la fabrication de l'encre ; les *Chrysides* ou *Guêpes dorées*, remarquables par leur éclat métallique ; les *Ichneumons*, grands destructeurs de chenilles, sous la peau desquelles les femelles déposent leurs œufs, pour assurer, au moment de l'éclosion, la nourriture de leurs larves.

2e Tribu : les HYMÉNOPTÈRES PORTE-AIGUILLON. A cette tribu appartiennent les *Abeilles* (*fig. 117*), les *Guêpes* et les *Fourmis*. On sait que les abeilles vivent en sociétés nombreuses dont chacune se compose d'une femelle unique, qui a reçu le nom de *reine*, de cinq ou six cents mâles ou *faux bourdons* et de vingt à trente mille individus neutres ou *abeilles ouvrières*. Ce sont ces dernières qui construisent avec la cire qu'elle sécrètent les *alvéoles* ou cellules hexagonales et régulières destinées à recevoir les œufs et le miel qui doit nourrir les larves. Les guêpes, comme les abeilles, vivent en société, et construisent leurs nids, également composés d'alvéoles hexagonales, avec une sorte de matière assez analogue à du papier, qu'elles fabriquent en délayant dans leur salive des parcelles de vieux bois ; les piqûres de leur aiguillon peuvent, dans certains cas, produire des accidents sérieux. Les fourmis se réunissent également en sociétés nombreuses, composées de mâles, de femelles et d'individus neutres. Les mâles et les femelles sont pourvus d'ailes, les neutres en sont privées.

6ᵉ Ordre : les LÉPIDOPTÈRES. — Les lépidoptères, généralement connus sous le nom de *Papillons* (*fig.* 118), sont des insectes dont les mâchoires sont transformées en une trompe roulée en spirale, et dont les ailes, au nombre de quatre, sont recouvertes de fines écailles semblables à de la poussière et très diversement colorées.

Fig. 118. *Insecte lépidoptère* (*papillon*).

Leurs métamorphoses sont complètes. En sortant de l'œuf, ils sont d'abord sous la forme de *chenilles*, et leur bouche est armée de mandibules et de mâchoires très fortes ; puis ils passent à l'état de nymphe ou *chrysalide*, pour devenir ensuite insectes parfaits.

L'ordre des lépidoptères se partage en *trois tribus* bien distinctes, savoir : les *Papillons diurnes*, les *Papillons crépusculaires* et les *Papillons nocturnes*.

1ʳᵉ Tribu : les PAPILLONS DIURNES. Ces papillons ont leurs ailes dressées verticalement dans le repos, et sont surtout remarquables par la variété et la richesse de leurs couleurs. Leurs antennes sont renflées à leur extrémité en forme de massue. Leur chrysalide n'est jamais renfermée dans un cocon. A cette tribu appartiennent les *Papillons* proprement dits, les *Danaïdes*, les *Satyres*, les *Piérides*, les *Vanesses*, etc.

2ᵉ Tribu : les PAPILLONS CRÉPUSCULAIRES. Ces papillons n'ont pas, comme les précédents, les ailes relevées pendant le repos et leurs antennes sont fusiformes. Nous citerons comme exemples de cette tribu les *Zygènes*, aux ailes bleues tachetées de rouge, et les *Sphynx*, dont une espèce, le *Sphynx à tête de mort*, commet de grands dégâts dans les ruches, où il s'introduit pour y dévorer le miel et les larves.

3ᵉ Tribu : les PAPILLONS NOCTURNES. Ces papillons ont les antennes plumeuses, et les ailes rabattues pendant le repos. Leurs chenilles, avant de passer à l'état de nymphes, se filent un cocon avec de la *soie*. Cette matière est sécrétée par deux glandes tubuleuses dont les canaux excréteurs se terminent par une filière excessivement étroite, qui vient s'ouvrir à l'extrémité d'un petit tubercule charnu (*trompe soyeuse*), adhérent à la lèvre inférieure de l'animal. A cette tribu appartiennent les *Phalènes*, les *Noctuelles*, les *Pyrales*, fort nuisibles par leurs innombrables chenilles à nos arbres fruitiers et surtout à la vigne ; les *Tinéites* ou *Teignes*, dont les larves dévorent les fourrures et les étoffes. C'est encore dans cette tribu que se trouve l'espèce la plus importante de toute la classe des insectes, le *Bombyx* du mûrier ou *Ver à soie*, dont la larve (*fig.* 110), au moment de passer de l'état de ver ou chenille à l'état de chrysalide, sécrète la *soie*, avec laquelle elle se construit une cellule ovoïde ou *cocon*, qui doit lui servir d'abri pendant que s'opère sa métamorphose en papillon. La soie est sécrétée à l'état d'un liquide épais et gélatineux qui se solidifie au moment où il s'échappe de sa filière. Sa couleur varie : tantôt elle est jaune, tantôt d'un blanc éclatant, selon la variété du ver qui l'a produite[1].

DEUXIÈME SECTION.

INSECTES DIPTÈRES.

105. 7e Ordre : les **RHIPIPTÈRES**. — Ce sont de très petits insectes parasites, dont les deux ailes membraneuses (*fig.* 119) sont pliées suivant leur longueur en forme d'éventail. Leur bouche porte des mandibules formées de soies fines et pointues, se croisant par leur extrémité libre. Leurs antennes sont courtes, filiformes ou légèrement aplaties.

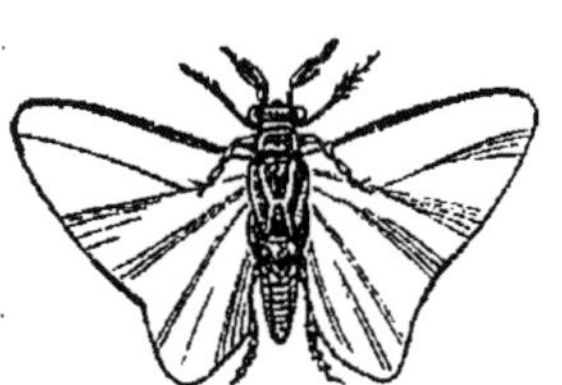

Fig. 119. *Insecte rhipiptère (stylops).*

Cet ordre ne renferme que deux genres : les *Xénos* et les *Stylops*, dont les larves vivent en parasites sur quelques espèces de guêpes et d'autres hyménoptères.

---

1. Les vers à soie sont sujets à deux maladies redoutables : la *muscardine*, due à l'envahissement de la larve par un champignon parasite, et la *pébrine*, résultant de l'empoisonnement du ver par des corpuscules microscopiques qui se développent dans ses organes. Comme la pébrine frappe également les œufs, sur lesquels, au moyen de puissants microscopes, on peut en découvrir les germes, il est possible de se mettre à l'abri de ce redoutable fléau en ne faisant éclore que les œufs reconnus parfaitement sains. C'est grâce à ce procédé, indiqué par M. Pasteur, que l'industrie si florissante de nos vers à soie a pu être sauvée, en France, d'une destruction complète.

8ᵉ Ordre : les **DIPTÈRES**. — Ces insectes, dont la mouche commune peut donner une idée, ont deux ailes membraneuses et réticulées (*fig.* 120) sous lesquelles on trouve presque toujours deux petites pièces mobiles appelées *balanciers*, tenant la place des ailes qui manquent. Leur bouche consiste généralement en une trompe ou *suçoir* rétractile. Les diptères subissent des métamorphoses complètes. Leurs larves, vulgairement connues sous le nom d'*asticots*, sont vermiformes et se nourrissent principalement de matières animales en putréfaction. Lorsqu'elles passent à l'état de nymphe, leur peau se dessèche et forme une sorte de coque qui ressemble à une graine, et qui se rompt quand l'insecte est parvenu à l'état parfait.

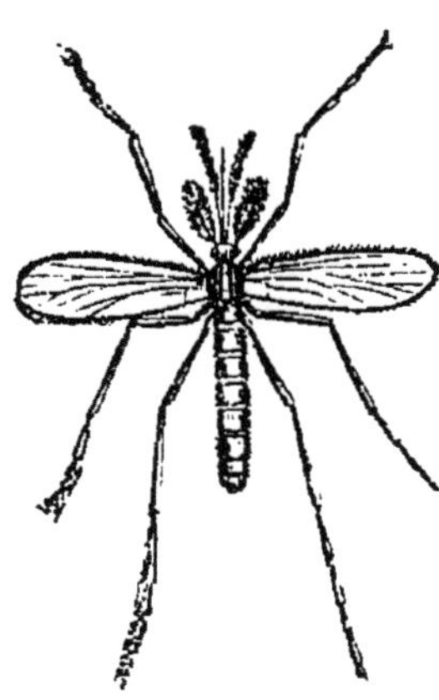

Fig. 120. *Insecte diptère (cousin).*

A cet ordre appartiennent la *Mouche commune*, les *Taons*, si incommodes pour les chevaux et les bœufs, dont ils sucent le sang, les *Cousins*, non moins désagréables pour l'homme, surtout dans les pays chauds, où on les désigne sous le nom de *Moustiques*. Leurs larves sont aquatiques, ce qui explique leur extrême abondance dans certaines contrées marécageuses, qu'ils rendent parfois inhabitables pendant une partie de l'année.

TROISIÈME SECTION.

INSECTES APTÈRES[1].

106. 9ᵉ Ordre : les **THYSANOURES**. — Ces insectes ont la bouche armée de mandibules et de mâchoires. Leur abdomen est garni de pièces mobiles simulant des pattes, ou terminé par des appendices articulés et disposés pour le saut. Ils n'éprouvent jamais de métamorphoses.

---

1. Plusieurs entomologistes ayant cru reconnaître que l'absence des ailes, qui caractérise essentiellement les insectes aptères, résulterait d'un simple arrêt de développement, ont jugé à propos de supprimer ce groupe, et de répartir les quatre ordres qui le composent dans quelques-uns des ordres précédents. C'est ainsi que les Thysanoures (lépismes) ont été rangés, d'après certaines analogies de structure, parmi les névroptères ; les Cystaptères et les Parasites (ricins, poux) parmi les hémiptères ; les Suceurs ou Aphaniptères (puces) parmi les diptères, etc.

Cet ordre ne comprend que deux genres : les *Podures* et les *Lépismes*. Les *Podures* sont de très petits insectes qui vivent sur la terre humide ou sur les feuilles de quelques plantes aquatiques. Les *Lépismes* (*fig. 121*) ont le corps allongé et recouvert de petites écailles brillantes et comme argentées. Ils sont très communs dans nos habitations, au fond des vieilles armoires et parmi les vieux livres de nos bibliothèques.

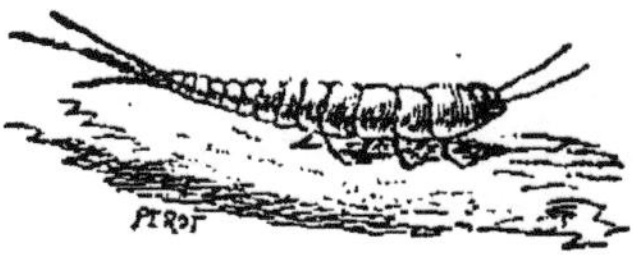

Fig. 121. *Lépisme grossi.*

10e Ordre : les **CYSTAPTÈRES**. — Ce sont, comme les précédents, des insectes parasites dont la bouche, au lieu d'être munie d'un suçoir, est armée de deux mandibules en forme de crochets. Ils n'éprouvent aucune métamorphose.

Un seul genre compose cet ordre : c'est celui des *Ricins*, que l'on connaît sous le nom vulgaire de *Tiques* ; ils vivent sur certains mammifères, tels que le chien, et sur un grand nombre d'oiseaux.

11e Ordre : les **PARASITES**. — Les parasites ont la bouche en forme de suçoir, les yeux simples, le corps aplati et demi-transparent. Leurs pattes sont terminées par une pince mobile et très puissante. Ils ne subissent pas de métamorphoses.

Cet ordre ne renferme qu'un seul genre : celui des *Poux*, qui comprend trois espèces distinctes vivant sur l'homme [1].

---

1. Le nom de *Parasites*, en histoire naturelle, ne désigne pas seulement cet ordre d'insectes. Il s'applique à tous les animaux et même aux plantes qui vivent aux dépens d'autres espèces. En zoologie, on distingue deux catégories de parasites :

Les *parasites vrais*, qui naissent dans le corps des animaux et se développent aux dépens de leur substance, tels que les Helminthes ou Vers intestinaux, nommés encore pour cette raison *Entozoaires* ;

Les *parasites mixtes*, qui vivent sur la peau des animaux, tels que les Poux ou parasites proprement dits, les Puces, les Ricins, l'Acarus de la gale, et une foule d'autres en nombre immense, car il est peu d'animaux, même parmi les plus petits, qui ne possèdent quelque parasite attaché à leur espèce. Les infusoires eux-mêmes, malgré leur taille microscopique, n'en sont pas exempts.

Il ne faut pas confondre avec les parasites les animaux dits *commensaux*, lesquels ne vivent pas, comme les premiers, aux dépens de leur hôte, mais se bornent à lui demander un gîte et une part de sa nourriture. Comme exemple de ce genre d'animaux, nous citerons le *Pinnothère*, petit crabe bien connu, qui, en automne, se loge dans la coquille des moules marines, non pour s'en nourrir, mais pour partager avec elles le butin que la mer apporte ou qu'il va y chercher lui-même. Le Requin, qui le croirait ? donne asile à un commensal, le *Remora*, petit

12e Ordre : les SUCEURS ou APHANIPTÈRES.— Ils ont le corps ovale et aplati latéralement. La tête, très petite, porte deux antennes fort courtes ; la bouche est munie d'un suçoir qui contient trois soies raides et aiguës, dont la réunion forme un tube très fin, à l'aide duquel ces insectes percent la peau et aspirent le sang des animaux sur lesquels ils vivent. Les deux pattes de derrière, très longues et très fortes, sont organisées pour le saut. Les suceurs subissent des métamorphoses. Lorsqu'ils sortent de l'œuf, ils sont sous la forme de larves ou de petits vers apodes doués d'une extrême vivacité. Au bout de quelques jours, cette larve se renferme dans une petite coque soyeuse où elle passe à l'état de nymphe, pour en sortir un peu plus tard à l'état parfait, c'est-à-dire munie de ses pattes.

Cet ordre, comme les deux précédents, ne comprend qu'un seul genre : c'est celui des *Puces*, dont les deux espèces principales sont la *Puce commune* et la *Puce pénétrante*, connue dans les pays chauds sous le nom de *Chique* ou de *Bicho*. La puce pénétrante s'enfonce dans la peau du talon et sous les ongles des orteils, où elle se gonfle de manière à acquérir le volume d'un pois. Ce gonflement est dû au développement d'un petit sac membraneux que l'animal porte sous l'abdomen et qui contient ses œufs. On conçoit que la présence de cet insecte puisse parfois déterminer des accidents assez graves.

Résumé.

I. Les ANNELÉS constituent un des quatre embranchements du règne animal. Leur corps est formé de différentes pièces ou anneaux mobiles articulés les uns à la suite des autres. Leur système nerveux se compose d'une série de ganglions ordinairement disposés par paires, et réunis entre eux par des filets de communication. Les annelés sont ovipares.

II. On divise l'embranchement des annelés en deux groupes principaux ou sous-embranchements comprenant ensemble huit classes. Premier groupe, les ARTHROPODES, formant cinq classes : les *Insectes*, les *Myriapodes*, les *Arachnides*, les *Crustacés* et les *Cirrhopodes*. Deuxième groupe, les VERS, formant trois classes : les *Annélides*, les *Helminthes* et les *Rotateurs*.

poisson qui s'attache à ses flancs au moyen d'un appareil particulier, afin de saisir au passage le fretin dédaigné par son hôte redoutable.

III. Les INSECTES ont le corps divisé en trois segments distincts : la *tête*, qui porte les yeux, les antennes et les organes de la manducation ; le *thorax*, divisé en trois anneaux distincts, le protothorax, le mésothorax et le métathorax, auxquels sont attachés les organes du mouvement, et l'*abdomen*, dans lequel sont contenus les organes de la digestion et de la reproduction.

IV. Les insectes ont trois paires de pattes, deux ou quatre ailes, quelquefois nulles ; les yeux simples ou composés, à facettes hexagonales ; l'organe circulatoire réduit à un vaisseau dorsal, cloisonné et ouvert à ses deux extrémités ; la respiration trachéenne ; des stigmates sur les parties latérales de l'abdomen servant à l'introduction de l'air dans les trachées.

V. On divise les insectes en trois grandes sections établies sur la présence ou l'absence des ailes, et dans le premier cas sur le nombre de ces organes. La première section comprend tous les insectes *Tétraptères*, ou à quatre ailes ; la deuxième section se compose de tous les insectes *Diptères* ou à deux ailes ; la troisième section comprend les insectes *Aptères* ou dépourvus d'ailes.

VI. Les *Insectes tétraptères* forment six ordres : les *Coléoptères* (hannetons, scarabées, etc.) ; les *Orthoptères* (sauterelles) ; les *Hémiptères* (punaises) ; les *Névroptères* (libellules) ; les *Hyménoptères* (abeilles, guêpes) ; les *Lépidoptères* (papillons).

VII. Les *Insectes diptères* forment deux ordres : les *Rhipiptères* xénos et stylops) ; les *Diptères* (mouche commune, cousin).

VIII. Les *Insectes aptères* forment quatre ordres : les *Thysanoures* (podures et lépismes) ; les *Cystaptères* (ricins) ; les *Parasites* (poux) ; les *Suceurs* (puces).

CHAPITRE X.

Suite de l'embranchement des annelés. — Classes des myriapodes, des arachnides, des crustacés, des cirrhopodes, des annélides. des helminthes et des rotateurs. — Leurs principaux ordres et leurs caractères. — Espèces utiles ou nuisibles.

DEUXIÈME CLASSE DES ANNELÉS. MYRIAPODES.

Caractères des myriapodes.

107. *Caractères des myriapodes.* — Les *myriapodes* (*fig.* 122) forment le passage entre les insectes et les arachnides. Comme les insectes, ils respirent au moyen de trachées et portent des antennes, mais ils s'en distinguent par la forme de leur corps,

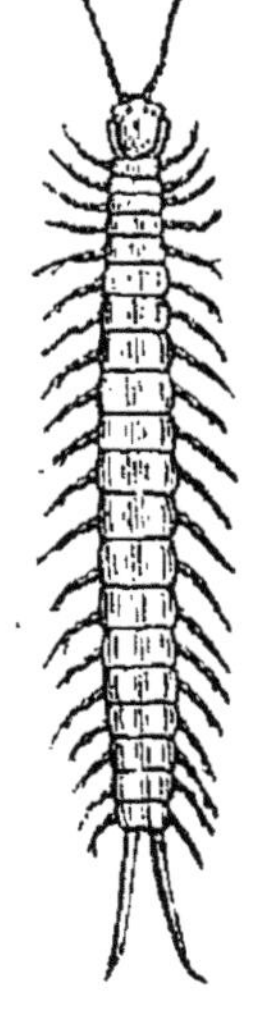

qui est très allongé et divisé en un grand nombre d'anneaux.

Ces anneaux, à peu près égaux entre eux, portent chacun une ou deux paires de pattes : de là le nom d'animaux à *mille pieds*, sous lequel on les distingue vulgairement. La tête seule est distincte du reste du corps, et elle est garnie de deux petites antennes. Les yeux, au nombre de deux, sont généralement composés, et la bouche est armée de mandibules ou de mâchoires conformées pour la mastication. Le système nerveux consiste en une série de ganglions unis entre eux par des cordons de communication, et en nombre égal à celui des anneaux ou segments dont se compose le corps de l'animal.

Fig. 122. *Scolopendre.*

Les principaux genres de cette classe sont les *Iules*, au corps cylindrique et crustacé, et les *Scolopendres* (*fig.* 122), vulgairement appelés *Mille-pieds*, au corps aplati et membraneux. Ces derniers sont carnassiers et remarquables par leur agilité. On les trouve le plus souvent dans les lieux sombres et humides, cachés sous les pierres, les feuilles, les écorces et autres corps reposant sur le sol.

TROISIÈME CLASSE DES ANNELÉS. ARACHNIDES.

Caractères des arachnides.

108. *Caractères des arachnides.* — Les *arachnides*, dont l'araignée commune nous offre un exemple, sont des animaux articulés, dépourvus d'ailes et d'antennes, et dont les pattes sont au nombre de huit, quatre de chaque côté.

Le corps des arachnides, recouvert d'une peau presque toujours molle, glabre ou velue, se compose de deux parties distinctes, le *céphalothorax*, ainsi nommé parce qu'il comprend la tête et le thorax, réunis en un seul tronçon, et l'*abdomen*, qui ne forme qu'une seule masse molle et globuleuse (araignées) ou présente une série d'anneaux, comme on l'observe chez les scorpions (*fig.* 123 et 124).

Les organes de la locomotion consistent, ainsi que nous l'avons dit, en quatre paires de pattes articulées, souvent très longues et terminées par un double crochet. Ces pattes sont fixées au céphalothorax. Une particularité digne de remarque, c'est que si l'une des pattes vient à se rompre, le moignon qui reste en reproduit une autre tout à fait semblable. Ce fait s'observe également chez les crustacés et chez quelques animaux de la classe des batraciens, tels que les salamandres (94).

La plupart des arachnides possèdent un appareil circulatoire assez complet. Ils ont un cœur, situé dans la région dorsale. Le sang, qui a traversé les organes, se rend à l'appareil de la respiration, puis arrive au cœur, qui le distribue ensuite dans toutes les parties du corps. Chez quelques arachnides, les organes de la circulation sont cependant beaucoup plus simples et se réduisent à un seul vaisseau dorsal, analogue à celui des insectes.

La respiration se fait soit, comme chez les insectes, au moyen de trachées (arachnides trachéens), soit par de petites poches ou sacs pulmonaires placés dans l'abdomen et recevant l'air par des ouvertures situées au-dessous (arachnides pulmonaires).

Le système nerveux des arachnides présente deux dispositions différentes qui sont en rapport avec la forme de leur corps. Chez les arachnides dont le corps est allongé et dont l'abdomen est formé d'une série d'articles distincts, les ganglions, au nombre de neuf à dix, unis l'un à l'autre par un double cordon nerveux, sont disposés sur une ligne longitudinale, s'étendant de la tête à l'extrémité de l'abdomen : c'est ce que l'on observe chez le scorpion. Chez les arachnides dont le corps est court et dont l'abdomen est simple et globuleux, le système nerveux ne se compose que d'un seul ganglion central situé dans le thorax, et d'où partent de nombreux filets qui se rendent en rayonnant aux divers organes. Il existe quelquefois un second ganglion placé à l'extrémité de l'abdomen, et communiquant avec le premier par un double cordon longitudinal : cette disposition s'observe chez toutes les araignées ordinaires.

Les yeux des arachnides sont toujours simples et lisses. Leur nombre varie de deux à huit, et ils sont situés sur la tête. Chacun d'eux se compose d'une cornée transparente, d'un cristallin, d'une humeur vitrée, d'une rétine formée par la terminaison d'un nerf optique, et recouverte extérieurement par une matière colorante. Le sens de l'ouïe paraît exister chez les arachnides, bien que l'on ignore par quel organe s'exerce l'audition. Quelques observateurs ont même prétendu que certains de ces animaux sont sensibles aux charmes de la musique.

Les arachnides sont des animaux carnassiers, se nourrissant particulièrement d'insectes, auxquels ils font une guerre assidue. Quelques-uns sont parasites. Chez ceux qui vivent d'insectes, la bouche est armée de mandibules à crochets mobiles au-dessous desquelles se trouvent deux mâchoires latérales munies de palpes articulées. Chez les arachnides parasites, la bouche est munie d'un suçoir ayant la forme d'une petite trompe. Le canal digestif ne présente rien de remarquable, si ce n'est que le foie est le plus souvent remplacé par de nombreux vaisseaux biliaires qui flottent dans l'abdomen et viennent s'ouvrir directement dans l'intestin.

La nature a pourvu un grand nombre d'arachnides d'un appareil venimeux. Le plus souvent le canal excréteur de la glande qui sécrète le venin vient s'ouvrir à l'extrémité du crochet mobile des mandibules. Chez les scorpions, l'abdomen se termine par un crochet aigu, présentant au voisinage de sa pointe deux ouvertures communiquant avec une glande venimeuse.

Plusieurs arachnides ont dans l'abdomen un appareil particulier qui sécrète un fluide visqueux. Ce fluide, en passant par des filières situées au voisinage de l'anus et en se condensant à l'air, forme les longs filaments à l'aide desquels ces animaux enveloppent leurs œufs et tendent les toiles qui leur servent de piège pour prendre les insectes. Les fils blancs et soyeux, dits *fils de la Vierge*, que l'on voit flotter dans l'air pendant les belles journées de l'automne, sont attribués à une araignée des champs, nommée *Epeire*.

Division des arachnides.

109. *Division des arachnides.* — La classe des arachnides se divise en *deux ordres*, d'après la structure des organes de la respiration et de circulation, savoir :

Les **Arachnides pulmonaires**,
Les **Arachnides trachéens**.

1er Ordre : les **ARACHNIDES PULMONAIRES**. — Cet ordre comprend tous les arachnides qui respirent par des poches ou sacs pulmonaires, et qui ont un cœur donnant naissance à plusieurs vaisseaux artériels. Ces animaux ont de plus un certain nombre de trachées très déliées qui s'ouvrent au dehors par des stigmates placés sous l'abdomen. Leurs yeux sont simples et lisses. Nous citerons comme exemples les *Fileuses* ou *Araignées* proprement dites, la *Tarentule* et les *Scorpions*.

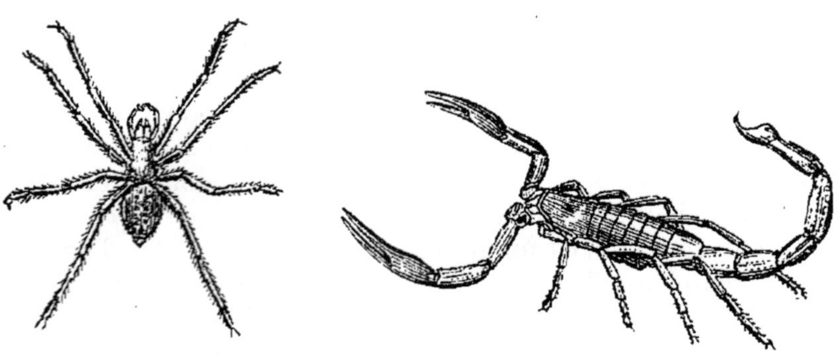

Fig. 123. *Tarentule.*   Fig. 124. *Scorpion.*

Les *Fileuses*, très répandues dans nos habitations et dans les amps, comprennent un grand nombre d'espèces, dont quel-s-unes rendent à l'agriculture des services réels en détrui-ne foule d'insectes nuisibles. La *Tarentule* (*fig.* 123), que uve en Italie, particulièrement aux environs de Tarente, vient son nom, est longue de 2 à 3 centimètres, et a le couleur brune tachetée de noir. Sa piqûre passe pour une maladie nerveuse, le *tarentisme*, dont la danse et seraient, dit-on, le meilleur remède. Les *Scor-rtout remarquables par le grand développement s, transformées en deux fortes pinces, et par le ix que porte le dernier anneau de leur abdo-ît plusieurs espèces, dont les plus commu-ion d'Europe* (*fig.* 124), long d'environ 7 à ne l'on trouve dans le midi de la France, ne; le *Scorpion d'Afrique*, qui atteint jus-res de longueur, et dont la piqûre peut accidents. Tous vivent dans les lieux ous des pierres, des décombres, etc.

2ᵉ Ordre : les **ARACHNIDES TRACHÉENS**. — Ce sont ceux qui ne respirent que par des trachées, et dont l'appareil circula-toire est réduit, comme chez les insectes, à un simple vaisseau dorsal. Plusieurs de ces arachnides sont parasites et d'une petitesse microscopique. Nous citerons comme exemples les *Faucheurs*, dont les pattes sont extrêmement longues et qui vivent dans les fentes des vieilles murailles ; les *Ixodes*, qui vivent en pa-rasites sur d'autres animaux ; les *Mites*, si communes dans certains fromages et dans beaucoup d'autres matières ani-males ou végétales. Le *Sarcopte* ou *Aca-rus de la gale* (*fig.* 125) est une espèce de mite dont la présence sous l'épi-derme produit la maladie de ce nom.

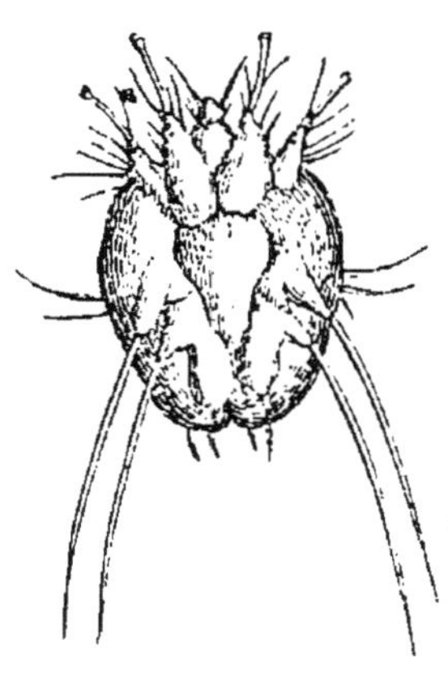

Fig. 125. *Sarcopte de la gale.*

QUATRIÈME CLASSE DES ANNELÉS. CRUSTACÉS.

Caractères des crustacés.

110. *Caractères des crustacés.* — Les *crustacés* (*fig.* 126), qui comprennent les crabes, les écrevisses, les homards, etc., ont généralement la peau dure, pierreuse, encroûtée de carbonate de chaux. Leur corps se compose d'une série d'anneaux, tantôt libres, tantôt soudés entre eux. L'ensemble de ces anneaux présente parfois trois parties distinctes : la *tête*, le *thorax* et l'*abdomen* ; mais le plus souvent la tête et le thorax sont con-fondus en une seule pièce qu'on nomme alors *céphalothorax*.

La tête porte deux paires d'an-tennes filiformes, la bouche et les yeux. Ces derniers organes, simples ou composés, sont quelquefois fixes et sessiles ; le plus ordinairement ils sont pédiculés et mobiles, comme on l'observe chez l'écrevisse, le crabe et le homard.

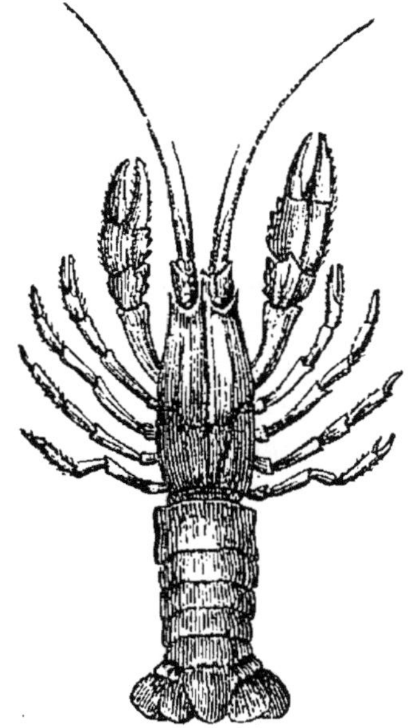

Fig. 126. *Écrevisse.*

Le thorax porte les organes du mouvement, lesquels se composent de cinq ou de sept paires de pattes articulées. Les pattes antérieures sont quelquefois très rapprochées de la bouche et forment des mâchoires auxiliaires désignées sous le nom de *pieds-mâchoires*. Souvent aussi la première des vraies pattes se termine par une pince dont les deux branches, très développées, sont armées de tubercules pointus à l'aide desquels l'animal saisit et retient sa proie.

Les crustacés, étant presque tous des animaux aquatiques, respirent par des branchies, ordinairement placées sous la carapace calcaire qui recouvre le céphalothorax (*fig.* 127). Quelquefois cependant elles sont extérieures et situées à la base des pattes et sous l'abdomen.

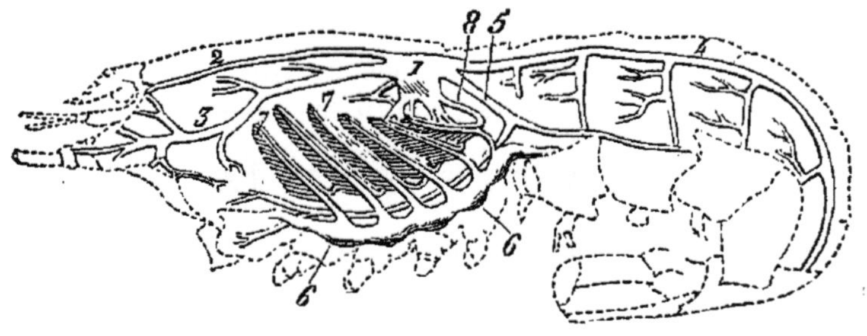

Fig. 127. *Appareils de la circulation et de la respiration chez les crustacés (homard).*

1. Cœur ou ventricule artériel. — 2 et 3. Artères se distribuant à la tête. — 4. Artère abdominale. — 5. Artère se distribuant au thorax. — 6-6. Sinus veineux recevant le sang des diverses parties du corps et l'envoyant aux branchies. — 7-7. Branchies. — 8. Veines branchiales ramenant le sang des branchies au cœur.

L'appareil de la circulation chez les crustacés se compose d'un cœur artériel ou aortique, situé sur la ligne médiane du dos et n'ayant qu'une seule cavité. Cet organe reçoit le sang qui revient des branchies par deux veines branchiales et le chasse ensuite dans les artères, qui le distribuent à toutes les parties du corps. Quant aux veines, elles sont remplacées par des lacunes irrégulières qui communiquent toutes ensemble et qui ramènent le sang dans deux grands sinus situés vers la partie inférieure du thorax. Ces deux sinus, en se contractant, poussent ensuite le sang dans les branchies, où il se revivifie avant de retourner au cœur.

Le système nerveux des crustacés est formé d'une double

série de ganglions qui occupent la face inférieure du corps, près de la ligne médiane. Quelquefois ces ganglions sont réunis et soudés entre eux de manière à n'en plus former que deux, dont l'un occupe la tête et l'autre le thorax : c'est ce qu'on observe chez les langoustes. Dans les crabes, la concentration est plus grande encore, et le système nerveux se trouve réduit à un seul ganglion situé vers le milieu du thorax, et d'où partent des filets qui se distribuent en rayonnant à tous les organes.

Les organes des sens sont fort incomplets : l'œil est quelquefois simple et fixe ; mais le plus souvent il est composé, comme chez les insectes, et situé à l'extrémité d'un pédicule mobile. L'appareil de l'ouïe est réduit, quand il existe, à une petite cavité placée à la base des antennes, remplie de liquide, et fermée extérieurement par une membrane analogue à un tympan. On ne sait rien de positif relativement aux sens du goût et de l'odorat. Quant au toucher, il doit être fort obtus.

Les crustacés sont presque tous carnivores. Leurs mâchoires, dirigées latéralement, se composent de deux mandibules souvent armées de tubercules acérés, et au-dessous desquelles se trouve un nombre variable de pieds-mâchoires. Quelques crustacés parasites ont leur bouche disposée en un suçoir, muni de soies raides et pointues pour piquer la peau des animaux, dont ils sucent le sang. Le canal digestif est étendu en droite ligne de la bouche à l'anus.

Les Crustacés sont tous ovipares. Quelques-uns, comme l'Écrevisse, présentent, au moment de l'éclosion, leur forme définitive ; mais la plupart, tels que les Crabes, les Langoustes, etc., naissent à l'état de larves, et n'arrivent à l'âge adulte qu'après une série de métamorphoses plus ou moins complètes. A certaines époques, d'autant plus rapprochées que l'animal est plus jeune, l'enveloppe calcaire des crustacés tombe et est remplacée par une peau molle et très mince, qui leur permet alors de grandir, mais qui peu à peu reprend, jusqu'à la prochaine mue, sa consistance normale.

Division des Crustacés.

111. *Division des crustacés.* — La classe des *crustacés*, très nombreuse, se divise en plusieurs ordres, dont les principaux sont : les **Décapodes** ou Crustacés proprement dits, les **Isopodes**, les **Entomostracés** et les **Cirripèdes**.

DÉCAPODES ou **CRUSTACÉS** proprement dits. — Ils ont les téguments durs et calcaires, les yeux pédiculés et cinq paires de pattes. On trouve souvent dans leur estomac, immédiatement avant la mue, deux petites masses arrondies de carbonate de chaux, improprement nommées *yeux d'écrevisse*. Dans ce groupe se trouvent plusieurs espèces comestibles bien connues, telles que le *Crabe*, l'*Écrevisse*, le *Homard*, la *Langouste*, les *Crevettes* et le *Bernard-l'Ermite*, très commun sur nos côtes, et qui offre cette particularité curieuse de vivre dans une coquille d'emprunt qu'il traîne partout avec lui.

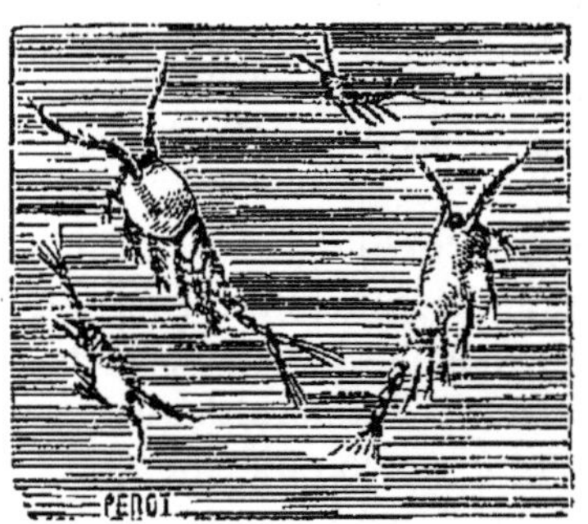

Fig. 128. *Cloporte.*

ISOPODES. — Ont les yeux sessiles et sept paires de pattes égales. Petits animaux marins, excepté le Cloporte (*fig.* 128), ce dernier très commun dans les lieux sombres et humides, les caves, les écuries, etc.

ENTOMOSTRACÉS. — Ce sont en général de très petits animaux, dont la peau est mince ou cornée, et dont les pieds, en nombre très variable, sont disposés pour la natation. Tous vivent dans les eaux douces ou salées; plusieurs sont parasites. Nous citerons comme exemples les *Daphnies* ou *Puces aquatiques* et les *Cyclopes*. Ces derniers (*fig.* 129), ainsi nommés parce qu'ils n'ont qu'un seul œil composé, placé en avant et au sommet de la tête, ont à peine un millimètre de long; ils pullulent dans toutes nos eaux dormantes, où ils nagent avec une grande agilité.

Fig. 129. *Cyclopes très grossis.*

CIRRIPÈDES. — Petits animaux de mer fixés aux roches sous-marines, soit par un pédicule, soit simplement par leur base élargie. Tous sont pourvus d'une carapace calcaire, souvent composée de plusieurs pièces. Leur corps est recouvert par un repli de la peau qui lui forme une sorte de *manteau* analogue à celui des mollusques, et ils ont pour membres plusieurs paires d'appendices ou tentacules articulés, nommés *cirres*, d'où leur nom de cirripèdes.

L'ordre des Cirripèdes ne comprend qu'un petit nombre

12.

de genres, dont les principaux sont les *Anatifes* (*fig.* 130), très

Fig. 130. *Cirripèdes.*

1. Anatifes. — 2. Balanes.

communs sur nos côtes, où on les trouve fixés par un pédicule charnu aux rochers, aux galets, à la quille des barques, etc., et les *Balanes* ou *Glands de mer* (*fig.* 130), dont le corps, privé de pédicule, est renfermé dans une petite coquille blanche en forme de cône tronqué et fermée à son sommet par deux ou quatre valves mobiles, entre lesquelles l'animal fait sortir ses cirrhes articulés. Les balanes sont le plus souvent groupées en grand nombre sur les roches ou autres corps sous-marins, auxquels elles adhèrent par leur base. Il n'est pas rare de voir les coquilles de la moule vulgaire couvertes de balanes.

112. *Crustacés fossiles.* — Les plus anciens et les plus abondants sont les *Trilobites*, qui vivaient dans les mers, en nombre prodigieux, à l'époque de la formation des terrains cambrien et silurien. Après eux vinrent les *Limules* qui remontent à l'époque carbonifère, et dont quelques espèces de grande taille, connues sous le nom de *Crabes des Moluques*, vivent encore dans la mer des Indes.

DEUXIÈME GROUPE DES ANNELÉS. VERS.

CINQUIÈME CLASSE DES ANNELÉS. ANNÉLIDES.

Caractères des Annélides.

113. *Caractères des Annélides.* — Les *annélides* ou *vers à sang coloré* ont le corps en général mou, cylindrique ou légèrement aplati, et partagé en un grand nombre de segments, séparés par des plis cutanés (*fig.* 132 et 133). Leur tête est tantôt distincte du reste du corps, tantôt elle se confond avec lui. Ces animaux n'ont pas de membres articulés; chez quelques-uns, ceux-ci sont remplacés par des faisceaux de soies portés par des tubercules charnus qui forment, de chaque côté du corps, deux séries longitudinales. La bouche est armée de deux ou trois mâchoires ou est disposée en suçoir.

Les annélides respirent en général par des branchies, qui tantôt sont placées sur la tête en forme de houppes ou de panaches (*fig.* 131), tantôt occupent les parties moyennes du corps, où elles représentent comme de petits arbustes.

Quelques annélides, tels que les vers de terre et les sangsues, n'ont pas de branchies; ces organes sont remplacés par de petites poches vésiculeuses, dont l'ouverture extérieure est située sur le dos ou sur la face inférieure du corps.

Les annélides ont le sang coloré; le plus souvent il est rouge, quelquefois il est jaunâtre ou même vert. Ce liquide circule dans un système très variable de vaisseaux artériels et veineux. Le cœur n'existe pas; il est remplacé par quelques vaisseaux contractiles qui font mouvoir le sang.

Division des annélides.

114. *Division des annélides.* — La classe des annélides se divise en *trois ordres*, savoir :

> Les **Annélides tubicoles,**
> Les **Annélides dorsibranches,**
> Les **Annélides abranches**[1].

1er Ordre : les **ANNÉLIDES TUBICOLES**. — Ces animaux sont ainsi nommés parce qu'ils habitent une coquille tubuleuse, qui est formée tantôt de matières calcaires sécrétées par l'animal, tantôt de sables ou de fragments de coquilles agglutinés au moyen d'une matière gélatineuse fournie par la peau. Ces tubes sont parfois ouverts par les deux bouts et n'adhèrent pas à l'animal, qui peut alors en sortir à volonté. Les annélides tubicoles ont leurs branchies placées sur la tête en forme de panaches. Tous habitent la mer. Les principaux genres de cet ordre sont les *Serpules* (*fig.* 131), dont on peut voir sur nos côtes les tubes calcaires, pressés en grand nombre les uns contre les autres, recouvrir les rochers, les pierres, les coquilles d'huîtres, etc.; les *Sabelles,* dont le tube est ordinai-

---

1. Quelques auteurs modernes divisent les annélides en deux ordres seulement :

1° Les *Annélides chétopodes,* dont le corps est cylindrique et muni de soies, servant à la locomotion, tantôt réunies en faisceaux portés par des tubercules charnus (serpules, sabelles arénicoles, etc.), tantôt peu nombreuses et cachées dans des plis de la peau (vers de terre);

2° les *Annélides apodes,* dont le corps, plus ou moins aplati, est complètement dépourvu de soies (sangsues).

rement formé de grains de sable et d'argile; les *Amphitrites*, remarquables par les filaments dorés qu'elles portent sur leur tête, disposés en peigne ou en couronne, ce qui leur a valu le nom de *reines des mers.*

Fig. 131. *Annélide tubicole.*
(*Serpule.*)

2e ORDRE : les **ANNÉLIDES DORSIBRANCHES**. — Cet ordre comprend les annélides qui ont leurs branchies placées sur les parties latérales du corps; ces branchies ont généralement la forme de petits arbustes ramifiés. Les genres les plus communs sont les *Arénicoles*, qui vivent dans les sables des bords de l'Océan; les *Néréides*, les *Eunices* et les *Amphinomes*, qui nagent librement dans la mer. Les *Arénicoles* sont recherchés sur nos côtes par les pêcheurs, qui s'en servent comme d'appât pour prendre le poisson.

3e ORDRE : les **ANNÉLIDES ABRANCHES**. — Ces animaux sont caractérisés par l'absence des branchies. Ils respirent soit par la peau, soit par de petites poches vésiculeuses que l'on peut comparer à des sacs pulmonaires. Tels sont le *Lombric* ou *Ver de terre* (*fig.* 132), si commun dans nos champs, et les *Sangsues*

Fig. 132. *Lombric ou ver de terre.*

dont l'usage en médecine est bien connu. Les *Sangsues* (*fig.* 133) ont le corps mou et rétractile, muni, à chacune de ses extrémités, d'une ventouse en forme de disque aplati. La ventouse antérieure fait fonction de suçoir; la postérieure sert seulement à fixer l'animal ou à lui donner un point d'appui dans ses mouvements de progression. La bouche, placée au centre de la ventouse antérieure, est armée de trois petites mâchoires triangulaires finement découpées sur leurs bords, en forme de dents très aiguës, à l'aide desquelles l'animal perce la peau

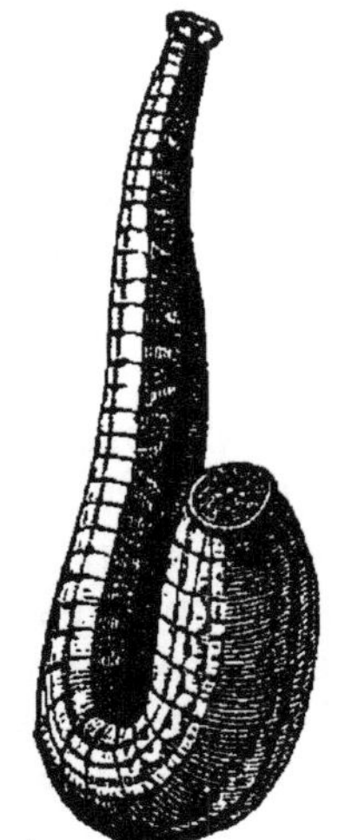

Fig. 133. *Sangsue.*

de l'homme ou autres vertébrés, auxquels il s'attache pour en tirer le sang. Deux espèces de sangsues sont employées en médecine : la *Sangsue verte* ou *officinale* et la *Sangsue grise* ou *médicinale*, très communes toutes les deux dans les mares et les ruisseaux du centre de la France et autres parties de l'Europe, où leur pêche constituait autrefois une branche de revenu très lucrative, mais qui, depuis plusieurs années, n'a cessé de se réduire, grâce à l'emploi de plus en plus restreint des émissions sanguines dans la pratique de la médecine moderne.

SEPTIÈME CLASSE DES ANNELÉS. HELMINTHES.

Caractères et division des helminthes.

115. *Caractères des helminthes.* — Les *helminthes* ou *vers intestinaux* (*fig.* 134) ont le corps généralement allongé ou

Fig. 134. *Ver intestinal (ascaride lombricoïde).*

globuleux, la peau nue, musculaire et rétractile. Quelques-uns ont un système nerveux qui est sous la forme d'un cordon circulaire entourant la bouche, et d'où partent deux filets longitudinaux qui se distribuent en se ramifiant aux divers organes. Le canal digestif, bien développé chez quelques-uns, est rudimentaire chez d'autres, et peut même manquer complètement, l'animal se nourrissant alors par simple absorption périphérique. La respiration est nulle ou ne s'opère que vaguement par la surface cutanée. Le système circulatoire, peu développé chez la plupart de ces animaux, fait défaut chez quelques-uns d'entre eux. Il se compose, quand il existe, de quelques vaisseaux contractiles, analogues à ceux des annélides (sangsues, vers de terre, etc.).

Les helminthes vivent dans le canal digestif et dans les principaux viscères de l'homme et des autres animaux, d'où le nom d'*entozoaires* sous lequel ils sont encore désignés.

116. *Division des helminthes.* — La classe des helminthes ou vers intestinaux a été divisée, d'après la forme de leur corps, en trois groupes :

Les **Cestoïdes** ou vers rubanés,

Les **Trématodes** ou vers plats,

Les **Nématoïdes** ou vers cylindriques.

1er GROUPE : VERS CESTOÏDES OU RUBANÉS. — A ce groupe appartiennent deux espèces principales : le *Tænia Solium*, vulgairement *Ténia* ou *Ver solitaire*, et le *Bothriocéphale*. Le *Ténia* (*fig.* 135) a le corps aplati, de couleur blanche et ressemblant à un long ruban articulé ; sa tête, portée sur un long cou rétréci, est globuleuse et présente quatre ventouses arrondies, entourant un suçoir terminal non perforé et armé d'une double rangée circulaire de crochets aigus. Le *Bothriocéphale* ne diffère du ténia que par sa couleur grise, ses articles plus larges, sa tête plus petite et de forme ovoïde. Cette espèce de ver solitaire qui, comme le ténia, peut atteindre plusieurs mètres de longueur, et vit dans les intestins de l'homme, est surtout commune chez les Russes, les Polonais et les Suisses, tandis que le ténia s'observe plus particulièrement en France, en Italie et en Allemagne.

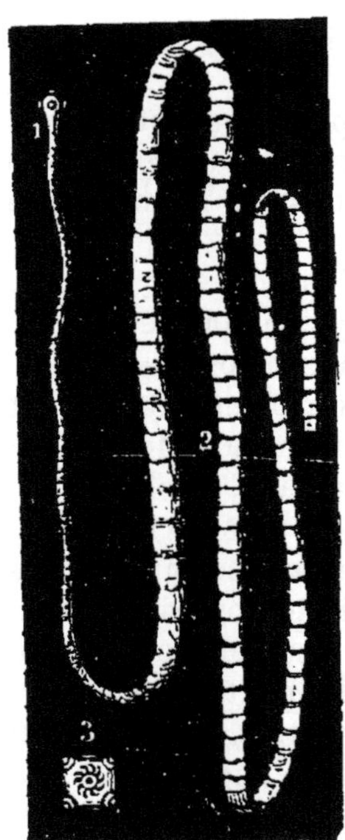

Fig. 135. *Ténia ou ver solitaire.*

1. Tête vue de côté. — 2. Corps de l'animal. — 3. Tête vue de face, montrant le suçoir terminal avec ses crochets et les quatre ventouses qui l'entourent.

2e GROUPE : VERS TRÉMATODES OU PLATS. — Comme exemple de ce groupe peu nombreux, nous citerons le *Distome hépathique* (*Distoma hepaticum*), généralement nommé *Douve du foie*, de forme ovale et aplatie, de couleur brune ou noirâtre et d'une longueur variant de 5 à 15 millimètres. Cet entozoaire, assez rare chez l'homme, est très commun chez le mouton et quelques autres animaux. On le trouve, comme l'indique son nom, dans le foie, particulièrement dans la vésicule et les conduits biliaires.

3e GROUPE : **VERS NÉMATOÏDES OU CYLINDRIQUES.** — Ce groupe, beaucoup plus nombreux que les deux premiers, présente, comme espèces principales : l'*Ascaride lombricoïde* (*fig.* 134), long de 15 à 20 centimètres, aminci à ses deux extrémités, tantôt blanc, tantôt rouge ou rouge brun, et ressemblant alors au lombric ou ver de terre, ce qui lui a valu son nom ; l'*Oxyure vermiculaire*, petit ver blanc, rigide et filiforme, très commun chez les enfants ; le *Strongle rénal* ou *Strongle géant*, long de 20 à 40 centimètres, de couleur rouge et ressemblant assez à l'ascaride lombricoïde, mais moins effilé à ses deux bouts, ainsi nommé parce qu'il habite les reins ; la *Filaire* ou *Dragonneau de Médine*, long de plusieurs centimètres, filiforme, vivant sous la peau, dans le tissu cellulaire ou dans l'épaisseur des muscles, particulièrement chez les habitants des pays chauds.

A ce groupe d'helminthes appartient encore la *Trichine* (*fig.* 136), petit ver long d'un millimètre à peine, roulé en spirale et de l'épaisseur d'un cheveu, d'où lui vient son nom (θρίξ, τριχός, cheveu). Les trichines se trouvent disséminées dans les muscles de plusieurs animaux, et plus particulièrement du porc, où il est possible de les apercevoir, parfois même à l'œil nu, logées soit séparément, soit deux ou trois ensemble, dans de petites poches ou kystes blanchâtres. Elles peuvent se transmettre à l'homme par l'ingestion de la chair de cet animal ou de tout autre qui en contiendrait, mangée crue ou mal cuite. Il en résulte une maladie particulière, la *trichinose*, qui, portée à un haut degré, peut entraîner la mort. La trichinose est surtout commune chez les Allemands du Nord, gros mangeurs de porc[1].

Fig. 136. *Trichines enkystées dans la chair musculaire du porc.*

1. Certains auteurs placent encore dans le groupe des vers nématoïdes quelques

117. *Métamorphoses des helminthes.* — Plusieurs vers intestinaux subissent, comme la plupart des insectes, des métamorphoses plus ou moins complètes. L'exemple le plus curieux de ces transformations nous est donné par le ténia ou ver solitaire.

Lorsque les œufs du ténia, qui ont pris naissance dans ses anneaux, sont expulsés au dehors, chacun d'eux contient déjà un petit embryon de forme ronde ou ovale, armé de six crochets. Qu'un animal (cochon, bœuf, mouton, etc.) ou un homme, avale un de ces œufs, les sucs digestifs en détruiront l'enveloppe, et l'embryon, devenu libre, commencera aussitôt son évolution. Mais il *ne formera pas immédiatement un ver solitaire.* Guidé par son instinct, cet embryon perce d'abord, au moyen de ses crochets mobiles, les tuniques de l'intestin, pour aller de là, soit en employant toujours ses crochets, soit par un mode de cheminement encore inconnu, se fixer dans quelque organe (foie, poumon, muscle, cerveau, etc.) propice à son développement. Il se transforme alors, après avoir perdu ses crochets devenus inutiles, en une vésicule transparente et contractile, laquelle grossit rapidement et ne tarde pas à constituer ce qu'on appelle une *hydatide* ou *ver cystique.* Sur la paroi interne de cette hydatide, remplie d'un liquide aqueux et incolore, se développent ensuite un ou plusieurs bourgeons vésiculeux, au fond desquels se montre une *tête de ténia* (*fig.* 135) avec son armature complète, c'est-à-dire ses quatre ventouses et son suçoir terminal, entouré de sa double couronne de crochets. Ces produits vivants, à tête de ténia, de la vésicule hydatique varient de forme et ont reçu les noms de *Cysticerques*, d'*Echinocoques*, de *Cœnures*, suivant qu'ils dérivent de l'œuf de telle ou telle espèce de ténia.

Ces Cysticerques, Echinocoques ou Cœnures sont les véritables *larves du ténia.* Mais ces larves *n'arrivent jamais à l'état parfait chez l'individu qui les porte :* il faut pour cela qu'elles parviennent à se loger dans le tube digestif d'un autre animal ; car c'est là seulement que s'achèvera leur transformation en un ver solitaire. Le ténia ne peut donc parcourir le cycle complet de son existence qu'en *passant successivement d'un ani-*

vers non parasites et de très petite taille, parmi lesquels nous citerons les *Anguillules* du vinaigre (*Anguillula aceti*), qui se développent également dans la colle de pâte aigrie. Leur corps filiforme, à peine visible à l'œil nu, est doué de mouvements ondulatoires très rapides, que l'on peut facilement observer avec une forte loupe ou un microscope de faible grossissement.

mal à un autre. Un porc, par exemple, a ingéré avec ses aliments des œufs de ténia ; les embryons qu'ils contiennent, après avoir traversé son tube digestif, se répandent dans ses divers organes, où ils engendrent des cysticerques (cause de la maladie porcine connue sous le nom de *ladrerie*). Qu'un homme mange la chair de ce porc, et les cysticerques qu'elle contient, ou tout au moins l'un d'entre eux (l'expérience en a été faite plusieurs fois), lui donneront le ver solitaire.

La *Trichine*, dont l'hygiène publique se préoccupe à bon droit, subit des métamorphoses analogues. Les trichines enkystées dans les muscles (*fig.* 136), leur gîte préféré, ne sont, elles aussi, que des larves, qui, pour se reproduire, doivent être ingérées par un autre animal. Mais elles présentent avec le ténia cette différence que, étant vivipares, les petits vers qui en proviennent restent dans le canal digestif où ils sont nés, jusqu'au moment où ils en perceront les parois pour aller à leur tour s'enkyster dans les muscles, et ainsi de suite. La trichine n'a donc besoin que d'être ingérée une seule fois, tandis que le ténia doit l'être deux fois, d'abord à l'état d'œuf et ensuite à l'état de larve.

HUITIÈME CLASSE DES ANNELÉS. ROTATEURS.

Caractères des rotateurs.

118. *Caractères des rotateurs.* — Les *rotateurs* sont des animaux microscopiques que l'on a longtemps confondus avec les infusoires proprement dits ; mais des recherches récentes ont démontré que ces animalcules ont une organisation beaucoup plus élevée. Leur corps présente une disposition annulaire distincte. Leur canal digestif s'étend en droite ligne de la bouche à l'anus, et offre vers son milieu un renflement stomacal. Autour de la bouche se voient des cils vibratiles doués de mouvements rotatoires très remarquables, qui les font ressembler à de petites roues tour-

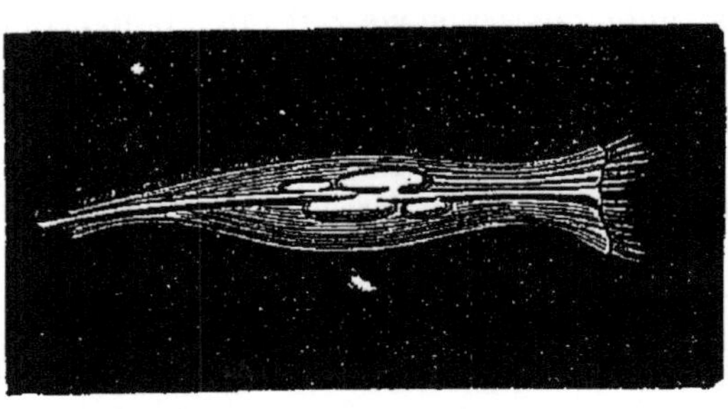

Fig. 137. *Rotifère vu au microscope.*

nant avec rapidité sur leur axe; d'où leur nom de *rotateurs*. Ils présentent également des traces d'un système nerveux ganglionnaire. Dans cette classe se trouvent les *Rotifères* (*fig.* 137), animalcules bien connus par la singulière propriété dont ils jouissent de pouvoir être desséchés et de revenir ensuite à la vie lorsqu'on les humecte; les *Hydatines* et les *Branchions*. Ces derniers ont le corps recouvert d'une espèce de carapace analogue à celle de certains crustacés. Tous ces petits êtres vivent dans les eaux stagnantes.

Résumé.

I. Les MYRIAPODES ont le corps allongé, composé de deux segments, la tête et le thorax. Ils ont deux antennes; leurs pattes articulées sont très nombreuses; leurs yeux sont simples ou composés; leur respiration est trachéenne. Cette classe, longtemps réunie à celle des insectes, ne comprend que deux genres : les *Iules* et les *Scolopendres*.

II. Les ARACHNIDES ont le corps composé de deux parties, le céphalothorax et l'abdomen; leur peau est molle, glabre ou velue; ils sont privés d'ailes et d'antennes et ont *quatre paires* de pattes articulées; leurs yeux sont simples et lisses, en nombre qui varie de deux à sept : leur respiration se fait au moyen de sacs pulmonaires ou de trachées.

III. Les arachnides ne subissent jamais de métamorphoses; quelques-uns ont la propriété de filer une toile. On les divise en deux ordres, d'après la nature de leurs organes respiratoires : 1° les *Arachnides pulmonaires;* exemple : l'araignée domestique, la tarentule, le scorpion; 2° les *Arachnides trachéens;* exemple : les faucheurs, les mites, le sarcopte ou acarus de la gale.

IV. Les CRUSTACÉS sont des animaux dont la peau est plus ou moins dure ou calcaire, et dont le corps est partagé en trois segments : la tête, le thorax et l'abdomen. Les deux premiers segments sont souvent confondus comme chez les arachnides en un céphalothorax. Leur circulation est analogue à celle des mollusques, et leur respiration branchiale.

V. Les crustacés se divisent en deux ordres : 1° les *Crustacés* proprement dits, dont les téguments sont calcaires et dont les pieds sont au nombre de dix à quatorze; exemple : les écrevisses, les crabes, les homards; 2° les *Entomostracés*, animaux souvent très petits, dont les téguments sont minces, cornés, et dont les pieds, en nombre variable, sont uniquement disposés pour servir à la natation; exemple : les cyclopes.

VI. Les Cirrhopodes, qui se rapprochent beaucoup des mollusques par leur forme extérieure, sont de petits animaux marins, munis d'une carapace ou coquille calcaire, et n'ayant pour membres que des appendices ou tentacules articulés, nommés *cirrhes*. Les principaux genres de cette classe sont les *Anatifes* et les *Balanes*, très communs sur nos côtes, où on les trouve réunis et fixés en grand nombre sur les rochers et autres corps sous-marins.

VII. Les Annélides ont le corps mou, cylindrique et formé d'un grand nombre d'anneaux. On les subdivise en trois ordres : 1º les *A. tubicoles*, dont le corps est enfermé dans une coquille tubuleuse; exemple : les serpules, les amphitrites, etc.; 2º les *A. dorsibranches*, dont les branchies en forme de houppe sont extérieures ; exemple : les arénicoles; 3º les *A. abranches*, dépourvus de branchies, respirant soit par la peau, soit par des sacs pulmonaires ; exemple : le lombric terrestre, les sangsues.

VIII. Les Helminthes ou Vers intestinaux ont la peau nue, musculaire et rétractile. Ils vivent dans les organes de la digestion et dans les principaux viscères de l'homme et des autres animaux. Exemple : le ténia ou ver solitaire, l'ascaride lombricoïde, l'oxyure vermiculaire, les douves du foie, la trichine, etc.

IX. Les Rotateurs sont des animaux microscopiques dont le corps présente une disposition annulaire très manifeste, et dont la bouche est entourée de cils vibratiles doués de mouvements rotatoires. A cette classe appartiennent les *Rotifères*, les *Hydatines* et les *Branchions*.

CHAPITRE XI.

Troisième embranchement. Mollusques. — Quatrième embranchement. Rayonnés ou Zoophytes. — Leur division en classes. — Leurs principaux ordres et leurs caractères. — Espèces utiles ou nuisibles.

TROISIÈME EMBRANCHEMENT.

MOLLUSQUES.

Caractères généraux des mollusques.

119. *Caractères généraux des mollusques.* — Les *mollusques,* qui comprennent les animaux connus sous le nom de *coquil-*

lages, sont dépourvus de squelette intérieur. Leur corps est recouvert par une peau molle et contractile, dont la face interne donne attache aux muscles destinés aux mouvements. Le plus ordinairement cette peau se prolonge en un repli membraneux qui enveloppe le corps en totalité ou en partie, et qui a reçu le nom de *manteau* C'est dans l'épaisseur ou à la surface même de cet appendice que se forme le test ou coquille calcaire qui protège l'animal. Quelques mollusques sont cependant privés de coquilles et portent alors le nom de mollusques *nus*, pour les distinguer de ceux qui en sont pourvus et que l'on désigne sous le nom de mollusques *testacés*.

Les mollusques n'ont pas de membres articulés. Quelques-uns, comme les limaçons, présentent à la partie inférieure de leur corps un disque ou plateau charnu qui leur sert pour ramper à la surface du sol. D'autres, tels que les seiches et les calmars, ont la tête environnée d'appendices ou tentacules charnus qui sont à la fois des organes de préhension et de locomotion. Dans certains cas, le manteau se prolonge latéralement en forme de nageoires, comme on l'observe chez les hyales qui vivent exclusivement dans les eaux de la mer.

Le système nerveux des mollusques (*fig.* 138) se compose en général de plusieurs masses ganglionnaires répandues sans symétrie dans les diverses parties du corps et réunies entre elles par des filets de communication. L'œsophage, comme chez la plupart des invertébrés, est encore entouré par une sorte de collier nerveux plus ou moins serré. Chez quelques mollusques inférieurs (molluscoïdes ou tuniciers), ce collier disparaît, et le système nerveux est tout à fait rudimentaire ou même nul. Les organes des sens sont en général peu développés, à l'exception du toucher, qui est très délicat à cause de la finesse de la peau dans laquelle il réside. Tantôt les yeux sont sessiles, tantôt ils sont portés par un pédicule tubuleux et rétractile. Chez un grand nombre de ces animaux, il existe autour de la bouche de petits appendices qui paraissent être le siège du goût. On voit chez quelques autres les rudiments d'un organe de l'ouïe ;

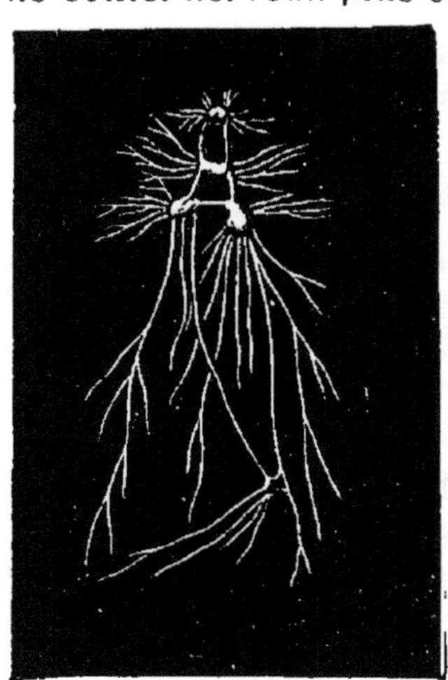

Fig. 138. *Système nerveux des mollusques.*

mais on n'en connaît aucun qui soit pourvu d'un organe spécial pour l'odorat.

La circulation des mollusques ressemble à celle des crustacés. Ils ont un cœur artériel qui reçoit directement le sang de l'appareil respiratoire pour le transmettre ensuite à toutes les parties du corps. Comme les poissons, la plupart des mollusques respirent au moyen de branchies, qui tantôt sont intérieures, tantôt sont situées extérieurement, et prennent alors la forme de peignes, de houppes et de panaches (*fig.* 139). Chez quelques mollusques qui vivent dans l'air, comme les limaçons, les limaces, etc., l'appareil respiratoire consiste en un sac pulmonaire dans lequel l'air pénètre par une ouverture spéciale.

Fig. 139. *Mollusque gastéropode pectinibranche.*

1-1. Branchies.

L'appareil digestif est assez bien développé. La bouche, ordinairement privée d'organes masticateurs, s'ouvre directement dans l'estomac, qui est enveloppé par le foie, et dont la face interne est souvent garnie de piquants ou de plaques calcaires destinés au broiement des substances alimentaires.

Les mollusques sont généralement ovipares. Chez quelques-uns, cependant, les œufs éclosent dans l'intérieur du corps de la mère, et les petits naissent vivants.

Division des mollusques.

120. *Division des mollusques.* — L'embranchement des mollusques se divise d'abord en *deux groupes* ou *sous-embranchements :*

1° Les MOLLUSQUES proprement dits,

2° Les MOLLUSCOÏDES OU TUNICIERS.

Le premier groupe (mollusques) se subdivise ensuite en *quatre classes,* savoir :

Les **Céphalopodes,** Les **Gastéropodes,**
Les **Ptéropodes,** Les **Acéphales.**

Tableau de la division des mollusques en six classes.

MOLLUSQUES proprement dits.	Système nerveux composé de plusieurs ganglions réunis par des cordons médullaires. Génération ovipare.	Tête distincte, à tentacules	très longs, entourant la tête et servant de pieds.	1. CÉPHALOPODES.
			courts ou nuls. Nageant à l'aide de membranes latérales. . . .	2. PTÉROPODES.
			courts ou nuls. Se traînant sur un disque ventral	3. GASTÉROPODES.
		Tête non distincte	Sans tentacules ou à tentacules charnus, non articulés.	4. ACÉPHALES.
MOLLUSCOÏDES.	Système nerveux rudimentaire ou nul. Génération ovipare ou par bourgeons.		Branchies intérieures, un système vasculaire et un cœur.	5. TUNICIERS.
			Branchies extérieures formant une couronne autour de la bouche, point de système vasculaire ni de cœur . .	6. BRYOZOAIRES.

Le deuxième groupe (molluscoïdes) comprend *deux classes* :

Les **Tuniciers,**   Les **Bryozoaires.**

PREMIER GROUPE OU SOUS-EMBRANCHEMENT DES MOLLUSQUES.

MOLLUSQUES PROPREMENT DITS.

121. 1re Classe : les **CÉPHALOPODES.** — Les mollusques céphalopodes (*fig.* 140) sont caractérisés par de longs tentacules qui environnent leur tête. Ces tentacules, au nombre de huit à dix, sont à la fois des organes de tact, de préhension et de mouvement ; leur face interne est garnie de plusieurs rangées de ventouses qui servent à les fixer. Le corps des céphalopodes forme une espèce de sac musculeux et membraneux ayant une ouverture antérieure pour laisser sortir la tête et les tentacules. Ces mollusques vivent tous dans la mer et se nourrissent principalement de crustacés et de poissons. Les uns sont nus, les autres

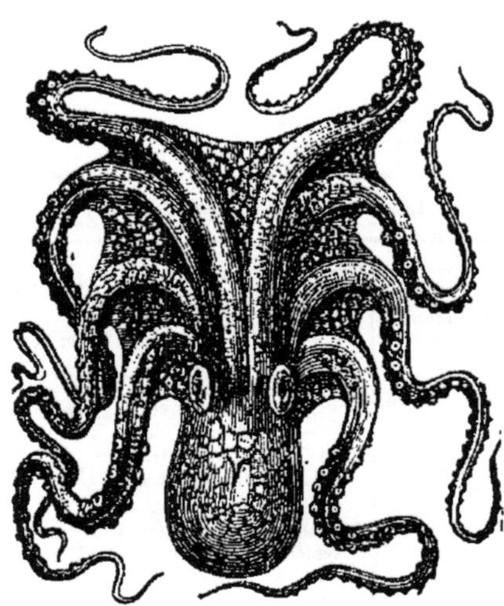

Fig. 140. *Mollusque céphalopode (poulpe).*

portent une coquille univalve, contournée sur elle-même. La plupart sont remarquables par le développement et la perfection de leurs yeux, qui ont beaucoup d'analogie avec ceux des animaux vertébrés.

Un fait important à noter dans l'organisation des céphalopodes, c'est la présence d'une pièce cartilagineuse située derrière le ganglion supérieur ou céphalique. Cette pièce, percée de trous pour le passage des nerfs, représente en quelque sorte une base de crâne, et forme comme le dernier vestige du squelette des animaux vertébrés. C'est pourquoi les céphalopodes avaient été placés par Cuvier immédiatement après les poissons.

Cette classe a été divisée en deux ordres, dont les principaux genres sont les *Poulpes,* les *Seiches* et les *Calmars.* Les

Poulpes (*fig.* 140), très communs dans les mers qui baignent. nos côtes, sont munis de huit tentacules, ayant la forme de longs bras, garnis chacun d'une double rangée de ventouses, à l'aide desquels l'animal enlace et maintient fortement sa proie. Les poulpes de nos climats, que l'on désigne encore vulgairement sous le nom de *Pieuvres*, sont généralement d'assez petite taille ; dans les mers chaudes, quelques-uns peuvent atteindre des dimensions considérables. Des navigateurs en ont rencon-

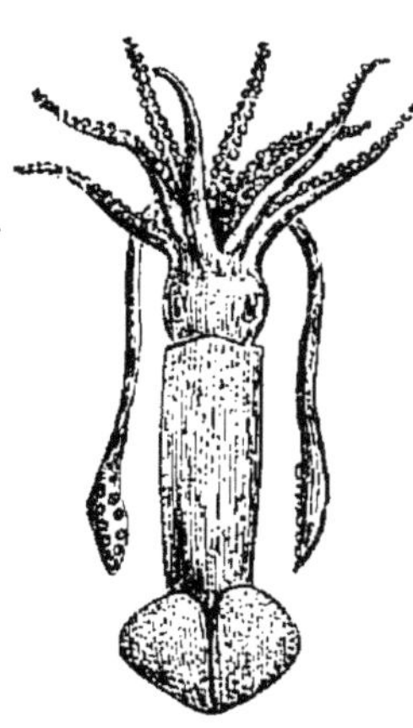

Fig. 141. *Calmar.*

tré, en plein Océan, dont le poids pouvait être évalué à plus de 2,000 kilogr. Les *Seiches* portent une coquille rudimentaire à la partie supérieure du dos, désignée sous le nom d'*os de seiche* ou *biscuit de mer*, dont on se sert en pharmacie pour la composition des poudres dentifrices. Près de leur cœur se trouve une petite vessie, qui sécrète un fluide noirâtre avec lequel on prépare la couleur connue sous le nom de *sépia de Rome*, fréquemment employée dans la peinture à l'aquarelle. Les *Calmars* (*fig.* 141), dont la forme se rapproche beaucoup de celle des seiches, offrent la même particularité.

A cette classe appartient encore l'*Argonaute*, qui a la forme d'un poulpe, mais qui s'en distingue par sa coquille mince et blanche, dans laquelle il peut flotter à la surface des eaux. Rien de plus curieux que la manière dont ce petit animal manœuvre son frêle esquif avec ses tentacules, dont les deux antérieurs, élargis en membranes, lui servent de voiles, tandis que les six autres, plongés dans l'eau, lui tiennent lieu de rames. Ce singulier mollusque habite les mers chaudes de l'Inde et le grand Océan.

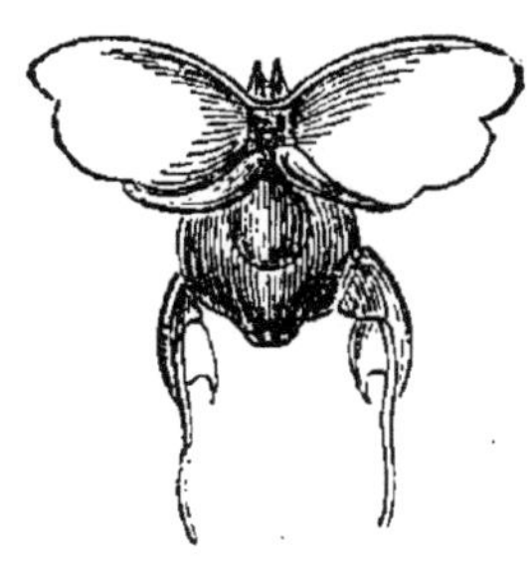

Fig. 142. *Mollusque ptéropode (hyale).*

2ᵉ CLASSE : les **PTÉROPODES**. — Ces mollusques ont le corps enveloppé d'un sac charnu, comme les céphalopodes ; mais leur tête est dépourvue de tentacules. Leurs organes de mouvement consistent en deux nageoires placées de chaque côté de la bouche (*fig.* 142). Les uns sont nus, les autres ont une coquille.

Cette classe ne comprend qu'un petit

nombre de genres, répandus principalement dans les mers polaires : tels sont les *Clios*, les *Pneumodermes* et les *Hyales*.

3e CLASSE : les **GASTÉROPODES**. — Les gastéropodes (*fig.* 143) sont caractérisés par un disque charnu placé sous le ventre et sur lequel rampe l'animal. La tête, toujours distincte, porte une ou deux paires de tentacules rétractiles dont les supérieurs soutiennent quelquefois les yeux à leur extrémité. Quelques-uns de ces animaux sont nus ; mais la plupart ont une coquille univalve roulée en spirale, et dans laquelle ils peuvent faire rentrer la totalité de leur corps.

Cette classe renferme un très grand nombre de mollusques, dont les uns respirent par des sacs pulmonaires et les autres par des branchies. Parmi les GASTÉROPODES PULMONÉS se trouvent les *Limaçons* (*fig.* 143), dont une espèce, le *Limaçon*

Fig. 143. *Mollusque gastéropode (limaçon).*

de vigne, vulgairement nommé *Escargot,* est recherché par certains gourmets ; la *Limace des bois,* mollusque nu, à peau rouge et visqueuse, d'un aspect repoussant ; les *Limnées,* à coquille conique roulée en spirale, et les *Planorbes,* à coquille plate et discoïde, petits mollusques excessivement répandus dans les eaux douces de toutes les parties du globe. Parmi les GASTÉROPODES A BRANCHIES (*fig.* 139), les plus nombreux de leur classe, nous citerons les *Porcelaines,* les *Volutes,* les *Haliotides,* les *Buccins,* les *Murex,* les *Natices* et les *Cérithes.* Plusieurs de ces mollusques, tels que les porcelaines, les volutes et les haliotides, sont remarquables par les formes élégantes, l'éclat, le poli et les riches couleurs de leurs coquilles. Une espèce de murex, assez répandue dans la Méditerranée, le *Murex brandaris,* sécrète une liqueur rouge qu'employaient, dit-on, les Phéniciens pour préparer la *pourpre de Tyr,* servant à teindre les riches étoffes, dont l'usage, chez les anciens, était exclusivement réservé aux empereurs ou autres princes souverains.

13.

4e Classe : les ACÉPHALES. — Ces mollusques, ainsi nommés parce qu'ils semblent manquer de tête, ont la bouche ainsi que le reste du corps complètement recouverts par le manteau, lequel forme deux larges lames, tantôt séparées l'une de l'autre, tantôt soudées en une espèce de sac simplement ouvert au niveau de la bouche et de l'anus. Leurs branchies sont ordinairement sous la forme de feuillets pectinés placés de chaque côté du corps sous les replis du manteau. Les acéphales sont presque tous à coquille bivalve : quelques-uns sont nus.

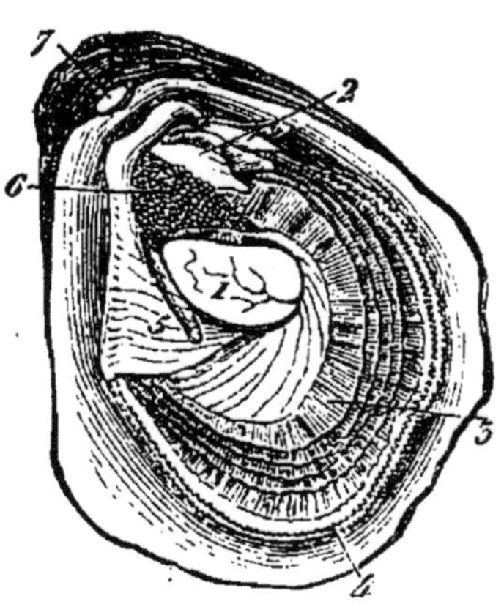

Fig. 144. *Mollusque acéphale*
(*huître*).

1. Muscle moteur des valves. — 2. Palpes entourant la bouche. — 3. Branchies. — 4, 5. Manteau. — 6. Foie. — 7. Charnière des deux valves de la coquille.

Cette classe renferme un très grand nombre de genres, comprenant une foule d'espèces comestibles, dont les principaux sont les *Huîtres* (*fig.* 144) [1], les *Moules*, dont l'espèce alimentaire (*Metilus edulis*) couvre de ses noires coquilles les rochers de nos côtes ; les *Bénitiers*, ainsi nommés parce que leurs

[1]. L'huître, comme la plupart des mollusques, est ovipare, et produit, de juin à la fin septembre, une immense quantité d'œufs qui éclosent en général dans leur manteau. Les jeunes animaux qui en sortent, et qui sont pour ainsi dire microscopiques (un cinquième de millimètre environ), sont munis chacun, dans les premiers temps qui suivent l'éclosion, d'un appareil à cils vibratiles, qui leur permet de nager librement pour aller à la recherche d'un point d'attache, où ils prendront ensuite leur forme définitive. Leurs essaims sont innombrables ; on évalue de un à deux millions le nombre d'embryons produits par l'huître mère à chaque portée.

Une industrie nouvelle, l'*ostréiculture*, due à l'initiative d'un célèbre embryologiste, le professeur Coste, du Collége de France, s'est proposé pour but de recueillir par des procédés artificiels, au moment de la ponte, ce frai des huîtres, que l'on désigne sous le nom de *naissain*, et de le parquer ensuite dans des bassins appropriés, jusqu'à son entier développement.

Les appareils employés pour ce genre de récolte sont très variés : ce sont tantôt des branches d'arbres réunies en fagots ou fascines, tantôt des madriers assemblés en planchers, dits *planchers collecteurs*, des amas de pierres, de tuiles, de coquilles, etc., suivant les localités, et que l'on place à proximité d'un banc d'huîtres naturel. Quand tous ces appareils sont recouverts de jeunes huîtres suffisamment développées, on enlève celles-ci en les séparant de leur point d'attache, et on les place dans des *claires* ou bassins en maçonnerie de peu de pro-

coquilles, souvent énormes, servent de bénitiers dans nos églises ; les *Anodontes* et les *Tarets*. Ces derniers, dont le corps est vermiforme, sont excessivement nuisibles, à cause de l'habitude qu'ils ont de creuser, au moyen de leur coquille qui leur sert de tarière (d'où leur nom), tous les bois submergés, dans lesquels ils se pratiquent de longues galeries. « En quelques mois, en quelques semaines, des planches épaisses, des madriers de chêne ou de sapin, parfaitement intacts en apparence, sont quelquefois vermoulus, de telle sorte qu'ils n'offrent plus aucune résistance et cèdent au moindre choc. Aussi a-t-on vu des navires s'ouvrir en pleine mer sous les pieds des marins, que rien n'avait avertis du danger ; aussi, dans le commencement du dernier siècle, la moitié de la Hollande faillit-elle périr sous les flots, parce que les pilotis de toutes les grandes digues s'étaient rompus à la fois, minés par les tarets. » (Quatrefages.)

La *nacre de perle* est fournie par les lames intérieures de certaines coquilles bivalves appartenant à des mollusques acéphales, particulièrement au genre *Pintadine*. C'est une espèce de ce genre, nommée *Pintadina margaritifera* ou huître perlière, qui produit les *perles fines*. Celles-ci sont sous la forme de globules ovoïdes ou sphériques, composés de matière nacrée, que l'animal sécrète sur la face interne de sa coquille ou dans l'épaisseur du repli cutané qui forme son manteau. L'huître perlière se trouve principalement dans les mers de l'Inde et de la Chine.

fondeur, et munis de vannes permettant d'y maintenir l'eau à marée basse. Il faut en général trois ans pour que l'huître ait atteint une taille suffisante pour pouvoir être livrée à la consommation.

Il ne faut pas confondre l'ostréiculture proprement dite avec le *parcage* des huîtres, lequel consiste à prendre des huîtres toutes faites sur les bans naturels, et à les élever ensuite dans des bassins *ad hoc*, dits *parcs aux huîtres*, afin de leur communiquer certaines qualités de goût, de forme et de couleur, qui en augmentent la valeur vénale. Si l'ostréiculture est une invention récente, le parcage des huîtres remonte à l'antiquité : il était déjà pratiqué du temps de Cicéron, dans le lac Lucrin, près de Naples.

L'ostréiculture, après une suite de succès et de revers, est aujourd'hui en pleine activité sur divers points de nos côtes, notamment à Arcachon, qui possède actuellement plus de 2500 parcs, et dans le Morbihan, à Vannes et à Auray, qui en possèdent de cinq à six cents.

Fig. 145. *Mollusque bra-chiopode (lingule.)*

A la suite des acéphales, se placent les **BRACHIOPODES**, qui forment le passage des mollusques aux molluscoïdes, et sont ainsi nommés à cause des deux longs bras charnus qui sortent de chaque côté de leur manteau. Leur coquille est toujours bivalve.

Les principaux représentants de ce groupe sont : les *Lingules (fig. 145)*, qui vivent dans les mers tropicales de l'Inde et de l'Amérique, les *Térébratules* et les *Orbicules*.

DEUXIÈME GROUPE OU SOUS-EMBRANCHEMENT DES MOLLUSQUES

MOLLUSCOÏDES OU TUNICIERS.

122. 1re Classe, les TUNICIERS proprement dits. — Ces animaux, ainsi que ceux de la classe suivante, ont été tour à tour rangés parmi les mollusques et parmi les zoophytes. Mais leur organisation générale se rapproche plus de celle des mollusques. Ils forment véritablement la transition entre ces derniers et le quatrième embranchement. Les tuniciers sont pourvus d'un manteau très grand, lequel représente une espèce de cavité respiratoire renfermant des branchies. Ils ont un cœur et des vaisseaux sanguins dans lesquels le sang se meut en changeant périodiquement de direction. Tous les animaux de cette classe sont marins : les uns sont ovipares, d'autres se reproduisent par bourgeons. Les principaux genres de cette classe sont les *Pyrosomes* et les *Ascidies*. Les pyrosomes, comme l'indique leur nom, sont phosphorescents. Pendant la nuit, leurs corps gélatineux projettent sur la mer des lueurs irisées de toutes les couleurs du prisme. Les *Ascidies* (*fig. 146*), que l'on désigne

Fig. 146. *Acidies sociales.*

encore sous le nom d'*Outres de mer*, sont privées de la faculté de se déplacer ; on les trouve dans presque toutes les mers, le plus souvent réunies en grand nombre sur un support commun, fixé aux rochers ou autres corps sous-marins. Quelques espèces sont comestibles.

7ᵉ CLASSE : les **BRYOZOAIRES**. — Les bryozoaires se distinguent des précédents par leur manteau moins développé et

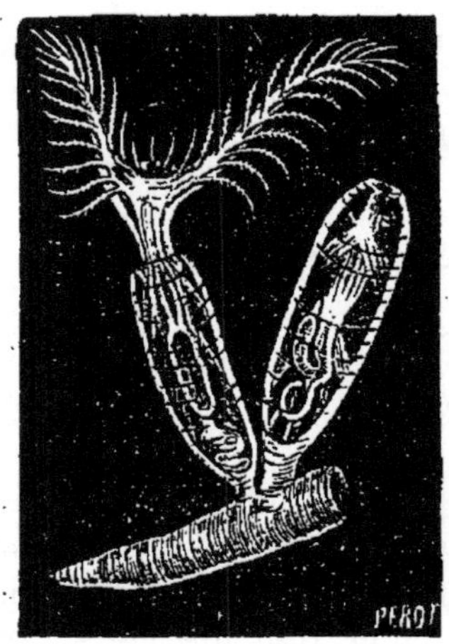

Fig. 147. *Plumatelles vues au microscope.*

leurs branchies à nu. Ces dernières forment autour de la bouche une couronne de tentacules garnis latéralement de cils vibratiles. L'extrémité inférieure du manteau porte un tube corné ou calcaire dans lequel l'animal peut se retirer tout entier. Les bryozoaires sont dépourvus de cœur et de vaisseaux ; leurs organes sont simplement baignés par le fluide nourricier. On les trouve généralement dans la mer, quelques-uns dans les eaux douces. Les principaux genres sont les *Flustres*, les *Alcyons* et les *Plumatelles* (*fig.* 147). Ces dernières, de taille presque microscopique, sont assez communes dans nos étangs, où on les trouve groupées en masses plus ou moins considérables, à la surface des divers corps submergés.

QUATRIÈME EMBRANCHEMENT.

RAYONNÉS OU ZOOPHYTES.

Caractères généraux des zoophytes.

125. *Caractères généraux des rayonnés* ou *zoophytes.* — Les *rayonnés* ou *zoophytes* sont des animaux d'une organisation très variée, et dont le corps, au lieu de présenter la symétrie bilatérale, commune à presque tous les animaux des classes précédentes, a généralement une forme globuleuse ou étoilée, d'où leur nom de RAYONNÉS. Leur système nerveux, lorsqu'il est distinct des autres parties de leur organisme, se présente (*fig.* 148) sous l'aspect d'un anneau ganglionnaire, d'où naissent des cordons nerveux qui se dirigent en rayonnant vers la périphérie du corps.

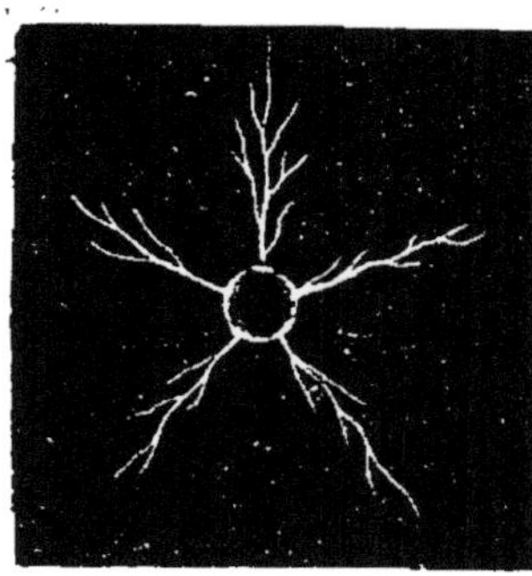

Fig. 148. *Système nerveux des animaux rayonnés.*

Les organes de la circulation et ceux de la respiration ne sont que rudimentaires ou font même, chez quelques-uns de ces animaux, complètement défaut. Le canal digestif seul est assez bien développé. Il présente parfois une disposition remarquable à laquelle on a donné le nom de *phlébentérisme.* Cette disposition consiste en certains appendices ayant la forme de tubes ou de vaisseaux ramifiés qui naissent immédiatement du canal digestif, et paraissent destinés à porter directement les sucs nutritifs à tous les organes; de telle sorte que la digestion et la circulation semblent se confondre. Quelquefois même le canal digestif, réduit à son dernier terme de simplicité, se compose uniquement d'un sac à une seule ouverture garnie de tentacules.

Le toucher, qui s'exerce par la peau, est le seul sens qui soit manifestement commun à tous ces animaux. Quelques-uns, cependant, les oursins et les astéries, paraissent doués du sens de la vue. Chez tous les autres, il n'existe, ou, pour mieux dire, on ne connaît aucun organe de sensibilité spéciale.

Les êtres qui composent ce dernier embranchement du règne animal ont été encore désignés sous le nom de ZOOPHYTES ou *animaux-plantes*, à cause de la simplicité de leur organisation et de certaines analogies de forme avec les espèces du règne végétal. La plupart de ces animaux sont ovipares. Quelques-uns, tels que les polypes, se reproduisent par une sorte de bourgeonnement ou extension de leur propre tissu, auquel on a donné le nom de *génération gemmipare.* D'autres enfin se multiplient par la division de l'individu en plusieurs parties, dont chacune devient un animal complet. Ce dernier mode de génération, le plus simple de tous, a reçu le nom de *génération scissipare.*

Division des rayonnés ou zoophytes.

124. *Division des rayonnés ou zoophytes.* — On divise les rayonnés ou zoophytes en trois grands groupes ou sous-embranchements :

1° Les **Echinodermes,**

2° Les **Cœlentérés,**

3° Les **Protozoaires.**

Chacun de ces groupes se subdivise en plusieurs classes dont nous indiquerons sommairement les caractères principaux.

PREMIER GROUPE OU SOUS-EMBRANCHEMENT
DES RAYONNÉS OU ZOOPHYTES.

ÉCHINODERMES.

Caractères généraux des échinodermes.

125. *Caractères généraux des échinodermes.* — Les *échinodermes* (*fig.* 149) sont des animaux marins, dont la peau, générale-

Fig. 149. *Echinoderme (astérie ou étoile de mer).*

ment dure et calcaire, est armée de pointes ou d'épines articulées. Leur corps, de forme globuleuse ou étoilée, offre le type le plus parfait de la symétrie rayonnée. On voit à sa surface un grand nombre de petits trous disposés en rangées symétriques, par lesquels sortent des espèces de tentacules ou de suçoirs mous et rétractiles. Leur bouche est souvent garnie de pièces calcaires qui remplacent les dents et les mâchoires.

Leur système nerveux (*fig.* 148) consiste en un filet ganglionnaire entourant la bouche, et d'où partent des rameaux qui se distribuent dans les différentes parties du corps. Quelques-uns de ces animaux possèdent des yeux. On considère au moins comme tels, chez les astéries, de petites éminences globuleuses et transparentes, situées à la surface inférieure des rayons, et entourées chacune d'un pigment choroïdien de couleur rouge.

Tous les échinodermes ont un canal digestif distinct, présentant généralement deux orifices, bouche et anus; quelques-uns seulement, de la classe des astéries, ont le tube digestif terminé en un ou plusieurs culs-de-sac, et n'ayant, par conséquent, qu'une seule ouverture, la bouche, laquelle sert à la fois à l'introduction des aliments et à l'expulsion de leur résidu. Leur système circulatoire se compose, pour la plupart d'entre eux, d'un vaisseau annulaire contractile, d'où partent des troncs vasculaires se ramifiant sur l'intestin. Leur sang est incolore. Les échinodermes possèdent en outre un système de vaisseaux *aquifères*, qui permettent à l'eau de pénétrer dans toutes les parties du corps, où s'opère probablement leur respiration.

Division des échinodermes.

126. *Division des échinodermes.* — Les échinodermes se divisent en trois classes :

1° Les **Holothuries**,
2° Les **Oursins**,
3° Les **Astéries**.

Fig. 150. *Holothuries.*

1re CLASSE : les **HOLOTHURIES**. — Ces animaux (*fig.* 150) sont facilement reconnaissables à leur corps allongé et cylindrique, mais à symétrie rayonnée, ce qui les distingue des vers proprement dits. Leur peau, dure et coriace, est dépourvue de piquants, mais elle est parsemée de corpuscules calcaires de diverses formes. Leur extrémité antérieure ou buccale porte un grand nombre de tentacules courts et ramifiés comme autant de petits arbustes. Les holothuries vivent principalement sur les rochers ou sur les rivages de la mer. Quelques espèces, dont la taille peut atteindre d'assez grandes dimensions, sont comestibles.

2e Classe : les **OURSINS**. — Les oursins (*fig.* 151) ont le corps globuleux ou ovoïde, et recouvert d'un test calcaire, le plus souvent hérissé de piquants articulés et mobiles. Ils vivent au fond des mers ou rampent sur les rochers à fleur d'eau.

Fig. 151. *Oursin.*

Les épines du côté droit ont été enlevées pour faire voir le test calcaire.

3e Classe : les **ASTÉRIES OU ÉTOILES DE MER**. — Ces animaux, ainsi nommés à cause de leur forme (*fig.* 149), présentent une foule d'espèces, se distinguant entre elles par le nombre variable des branches qui composent leur étoile. Comme les oursins, les astéries, très communes sur nos côtes, vivent au fond de la mer ou sur les plages que le reflux laisse momentanément à découvert. A cette classe appartiennent encore les *Encrines*, qui se fixent sur les rochers sous-marins à l'aide d'une sorte de tige, et ressemblent ainsi à de petits arbustes. Les encrines, assez rares à l'époque actuelle, ont vécu en grand nombre au fond des mers à diverses époques géologiques, depuis les périodes les plus anciennes de la formation du globe.

DEUXIÈME GROUPE OU SOUS-EMBRANCHEMENT DES RAYONNÉS OU ZOOPHYTES.

CŒLENTÉRÉS.

Caractères et division des cœlentérés.

127. *Caractères généraux des cœlentérés.* — Les cœlentérés sont, comme les échinodermes, des animaux à symétrie rayonnée, mais d'une organisation beaucoup plus simple. Ce qui les distingue surtout de ces derniers, c'est que leur canal digestif au lieu d'être un organe distinct, un tube à parois propres, librement suspendu dans leur intérieur, n'est plus qu'une simple cavité creusée, pour ainsi dire, en forme de cul-de-sac *dans l'épaisseur même de leur corps*. D'où il suit que le ventre et l'intestin se confondent chez eux en une seule cavité, ce qui leur a valu leur nom (de κοιλία, ventre, et ἔντερον, intestin) et l'avantage d'être considérés comme représentant un type particulier d'organisation.

La cavité digestive des cœlentérés présente fréquemment la disposition que nous avons précédemment décrite sous le nom de *phlébentérisme*, laquelle consiste, ainsi que nous l'avons vu, en un système de vaisseaux partant de cette cavité même, pour aller de là se répandre dans le reste du corps et y distribuer les sucs nutritifs élaborés par la digestion. Les cœlentérés n'ont donc pas de système vasculaire distinct. Ce système se confond chez eux avec leur cavité ventrale, qui, de cette façon préside en même temps à la digestion et à la distribution du liquide nourricier dans toutes les parties du corps. Les cœlentérés ont la respiration cutanée, ce qui veut dire que n'ayant pas d'organes respiratoires, au moins apparents, cette fonction s'opère par toute leur surface, interne ou externe.

Le système nerveux, chez les cœlentérés, est rudimentaire ou nul. On admet, dans ce dernier cas, que leur corps est formé d'un tissu, dit *sarcodique*, possédant à la fois la sensibilité et le mouvement, volontaire ou réflexe.

128. *Division des cœlentérés.* — Les cœlentérés se divisent en trois classes :

1° Les **Acalèphes**,

2° Les **Polypes**,

3° Les **Spongiaires**.

1re CLASSE : les **ACALÈPHES**. — Ces animaux (*fig.* 152) ont le corps gélatineux et transparent, se présentant généralement sous la forme d'un disque convexe à sa partie supérieure et concave inférieurement. De la circonférence de ce disque partent des espèces de tentacules filiformes, simples ou ramifiés, qui sont à la fois des organes de préhension et de mouvement. Le canal digestif n'a qu'une seule ouverture qui se voit au centre de la face inférieure du disque. Autour de cette ouverture buccale s'allongent plusieurs tentacules volumineux ou bras, communiquant avec elle et faisant fonction de suçoirs.

Les acalèphes ne se rencontrent que dans la mer. Les principaux genres sont les *Méduses* ou *Orties de mer* (*fig.* 152), ainsi

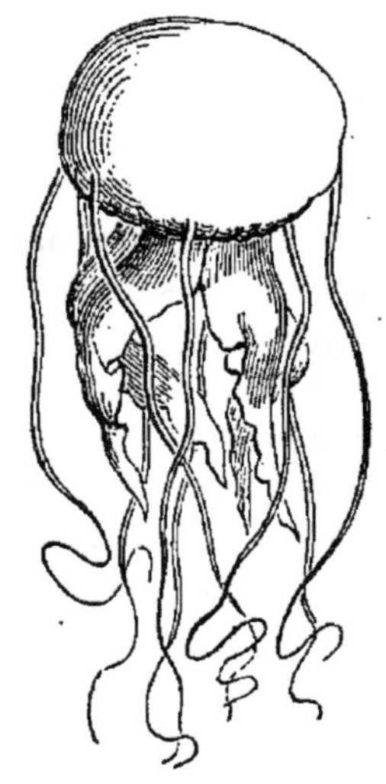

Fig. 152. *Acalèphe (méduse)*.

nommées parce que leur contact produit sur la peau une sensation de brûlure, et que l'on rencontre flottant par milliers dans le voisinage de nos côtes maritimes, ou échouées sur le sable à marée basse ; les *Béroés*, qui ressemblent à de petits ballons, et les *Physalies*. Ces dernières se soutiennent dans l'eau au moyen d'une espèce d'ampoule ou de vessie natatoire remplie d'air.

La plupart des acalèphes, et plus particulièrement les méduses, présentent un phénomène curieux, connu sous le nom de *génération alternante*. Ces méduses produisent des œufs d'où sortent d'abord des animalcules ciliés, doués de la faculté de nager ; mais ces animalcules, en grandissant, *ne reproduisent pas immédiatement des méduses*. Après un certain temps d'une vie errante, on les voit s'attacher aux rochers sous-marins, où ils se fixent et donnent naissance à des colonies de *Polypes*. De ces polypes naissent des bourgeons dont les uns, en se développant, restent à l'état de polypes et contribuent ainsi à l'accroissement de la colonie, mais dont les autres se séparent du polype mère et *se transforment en autant de méduses flottantes*, lesquelles recommenceront le même cycle, et ainsi de suite. C'est pour ce motif que plusieurs zoologistes modernes ont cessé de considérer les acalèphes comme formant une classe à part, et en ont fait simplement un ordre de la classe des polypes, sous le nom de *polypoméduses*.

2e CLASSE : les **POLYPES**. — Les *polypes* (*fig.* 153), que l'on désigne encore sous le nom de *coralliaires*, ont le corps mou, gélatineux et de forme cylindrique ou conique. Leur bouche est environnée de tentacules nombreux. Telle est la simplicité d'organisation de ces animaux que quelques-uns, tels que les hydres ou polypes d'eau douce, ne sont plus constitués, pour ainsi dire, que par un simple canal digestif à une seule ouverture, sorte de sac alimentaire, susceptible, ainsi que l'a démon-

tré le célèbre naturaliste Tremblay, d'être retourné sur lui-
même comme un doigt de gant, sans que l'animal périsse.

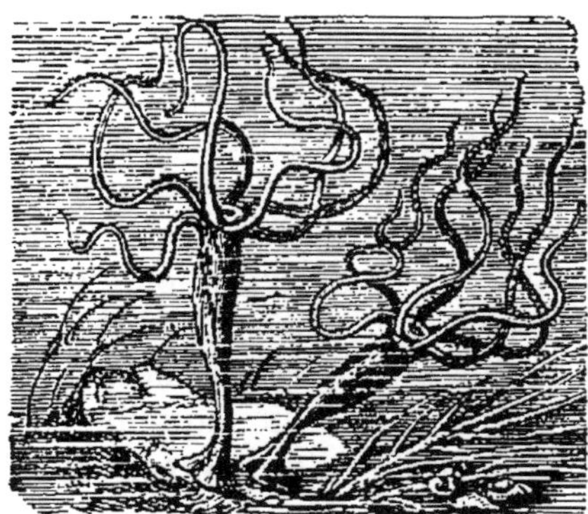

Fig. 153. *Polypes d'eau douce (hydres)*,
très grossis.

Mais ce qui caractérise surtout les polypes, c'est leur reproduction par bourgeonnement, et la faculté que possèdent la plupart d'entre eux de se grouper ainsi en grand nombre sur un support ramifié plus ou moins dur, corné ou le plus souvent calcaire. Ce support, sécrété par l'animal lui-même, porte le nom de *polypier :* il présente des formes et une structure très variées, constituant tantôt une agglomération de tubes très fins, tantôt des amas de cellules communiquant entre elles et dans lesquelles tous les individus d'une même espèce se tiennent et vivent, pour ainsi dire, d'une vie commune.

Fig. 154. *Actinie.*

La classe des polypes renferme un très grand nombre de genres. Les principaux sont les *Actinies* ou *Anémones de mer* (*fig.* 154), au corps charnu et cylindrique, portant une couronne de tentacules longs et flexibles, dont les couleurs variées et souvent fort belles donnent à ces animaux l'apparence de fleurs sous-marines ; les *Coraux*, dont une espèce, le *Corail rouge* (*Corallium rubrum*), fournit la matière employée sous ce nom dans la fabrication des bijoux ; les *Polypes pierreux* ou *Madrépores*, dont les débris calcaires, accumulés en masses immenses, forment, dans les parties chaudes du grand Océan, de nombreux récifs, et même la base de plusieurs îles habitées. A cette classe appartiennent encore les *Hydres* ou *Polypes d'eau douce* (*fig.* 153), célèbres dans la science par les expériences de Tremblay, qui, ainsi que nous l'avons dit plus haut, parvint à retourner comme un doigt de gant leur sac digestif, sans que l'animal cessât de vivre et de digérer. Ces petits animaux, longs à peine de quelques millimètres, sont fixés par un pédicule charnu, et ont la bouche environnée de tentacules avec lesquels ils saisissent les corpuscules organiques dont ils se nourrissent.

Le *Corail rouge* (*fig.* 155) est un polypier qui croît dans la profondeur des mers, fixé sur les roches sous-marines. Il présente une forme arborescente et se compose d'une matière calcaire très dure, d'un rouge intense et susceptible de recevoir un beau poli. Dans l'état de vie, ce polypier est revêtu d'une espèce d'écorce charnue sur laquelle sont fixés de très petits polypes ayant chacun huit bras dentelés, un estomac simple à une seule ouverture. La pêche du corail se fait surtout dans la Méditerranée, où elle est l'objet d'un commerce très important.

Fig. 155. *Polype (corail rouge).*

3e Classe : les **SPONGIAIRES**. — Les *Spongiaires* ou *Éponges* (*fig.* 156) ne sont, à leur naissance, que de petits corpuscules gélatineux, ovoïdes, et couverts de cils vibratiles, au moyen desquels ils s'agitent dans l'eau ; bientôt ils se fixent sur un corps étranger et deviennent complètement immobiles. Ils prennent alors la forme d'un petit cylindre creux, pourvu d'une ouverture ou *oscule* à son extrémité libre, et présentant à sa surface un grand nombre de pores, qui permettent à l'eau et aux particules alimentaires qu'elle contient de pénétrer dans la cavité centrale ou digestive. Des cils vibratiles tapissant cette cavité dirigent cette eau des pores vers l'oscule, par lequel elle s'échappe. Ces petits êtres, que leur instinct porte à se réunir en grand nombre sur un même point, sécrètent alors une multitude de filaments cornés et élastiques, qui s'enchevêtrent de manière à former une masse ou charpente solide et poreuse, destinée à servir de

Fig. 156. *Éponge.*

support et d'abri à toute la colonie, laquelle continue de s'accroître pendant un temps plus ou moins long par la production de nouveaux individus par voie de bourgeonnement. A certaines époques de l'année s'échappent de cette masse les corpuscules ovoïdes et ciliés, dont il vient d'être question, et qui, grâce à la faculté de locomotion qu'ils possèdent alors, vont à leur tour fonder dans leur voisinage de nouvelles colonies.

La charpente fibreuse des spongiaires, admirablement organisée pour recevoir et retenir l'eau dans sa masse, constitue l'*Eponge* proprement dite, dont plusieurs espèces sont utilisées dans l'économie domestique. La plus commune se trouve dans la Méditerranée, principalement le long des côtes de la Syrie, où elle est l'objet d'une pêche très importante.

TROISIÈME GROUPE OU SOUS-EMBRANCHEMENT DES RAYONNÉS OU ZOOPHYTES.

PROTOZOAIRES.

Caractères et division des protozoaires.

129. *Caractères généraux des protozoaires.* — Les *protozoaires*, ainsi nommés parce qu'ils forment, en allant du simple au composé, le premier chaînon de la série zoologique, et peut-être aussi parce qu'il est permis de supposer que c'est par eux que se sont produites, sur notre globe, les premières manifestations de la vie animale, sont tous des animaux de très petite taille, le plus souvent microscopique. Telle est, en effet, la simplicité de leur organisation, que celle-ci se réduit chez quelques-uns (Amibes) à des particules dépourvues d'enveloppe, uniquement composées d'une matière contractile, changeant de forme à chaque instant, et désignée sous le nom de *sarcode*. Chez la plupart, cependant, se voit une première ébauche d'organisation, consistant en une enveloppe tégumentaire, généralement pourvue de cils vibratiles, de soies ou autres appendices propres à la locomotion, et à travers laquelle on aperçoit une ou plusieurs cavités digestives s'ouvrant au dehors par un ou plusieurs pertuis. Souvent même on y trouve une vésicule pulsatile, ainsi que des corpuscules particuliers que l'on considère comme des organes de reproduction.

150. *Division des protozoaires.* — Les protozoaires se divisent en deux classes :

  1° Les **Infusoires**,   2° Les **Rhizopodes**.

151. 1ʳᵉ Classe : les **INFUSOIRES**. — Ce sont des animaux microscopiques et de formes très variées (*fig.* 157). On les trouve dans les eaux dormantes et dans toutes celles où séjournent des matières organiques. Quelques-uns se rencontrent dans certains liquides de l'organisation animale. La plupart ont le corps percé de petites cavités que l'on considère comme autant d'estomacs, ce qui leur a valu le nom d'*infusoires polygastriques*, sous lequel on les désigne plus spécialement. La surface de leur corps est souvent couverte de petits cils vibratiles, de soies ou autres prolongements filiformes qui leur servent à se mouvoir.

La manière dont se propagent les infusoires a donné lieu à de nombreuses discussions parmi les naturalistes. Quelques-uns ont soutenu qu'ils pouvaient prendre naissance spontanément dans la décomposition des matières organiques; mais l'expérience a définitivement démontré que ces animalcules, comme tous les êtres vivants, naissent les uns des autres, tantôt au moyen de germes que transportent et répandent partout l'air et les eaux, tantôt par la division spontanée de leur corps en deux ou plusieurs parties (*génération scissipare*), dont chacune acquiert bientôt une existence indépendante, et forme un nouvel être en tout semblable au premier.

Fig. 157. *Infusoires.*

1. Monades. — 2. Vibrions. — 3. Volvoces. — 4. Epistylis (infusoire pédonculé). — 5. Trichode. — 6. Colpode.

Nous citerons, parmi les genres nombreux qui appartiennent à cette classe, les *Monades*, qui ne sont, pour ainsi dire, que des points animés, corpuscules infiniment petits, de forme globuleuse ou elliptique; les *Vibrions*, dont le corps filiforme est doué de mouvements ondulatoires très rapides; les *Volvoces*, ainsi nommés parce qu'ils tournent continuellement sur eux-mêmes; les *Trichodes*, dont le corps est couvert sur toute sa surface de cils courts et très fins; les *Colpodes*, dont la bouche porte sur son bord inférieur un faisceau de longs cils ou filaments soyeux. A cette classe appartiennent encore les *Noctiluques* (*fig.* 158), infusoires marins, de la grosseur d'une tête d'épingle, à qui les mers, principalement celles des pays chauds doivent leur phosphorescence. Au microscope, avec un fort grossissement, on constate que la lumière émise par les noc-

Fig. 168. *Noctiluques.*

tiluques est due à une multitude de petites étincelles isolées, se succédant avec rapidité dans les divers points de leur trame organique.

Nous rangerons enfin parmi les infusoires les *Microbes*, nom donné par M. Pasteur à des organismes microscopiques qui se développent dans la fermentation putride, dont ils sont les agents actifs et nécessaires, ainsi que dans certaines maladies contagieuses (sang de rate des moutons, charbon , pustule maligne , etc.), où on les désigne sous le nom de *Bactéries*. M. Pasteur a découvert (juillet 1881) que ces bactéries, atténuées dans leur vitalité par des moyens artificiels, et inoculées ensuite à des moutons ou autres animaux des espèces ovine ou bovine, les préservent de l'infection charbonneuse, à peu près de la même façon dont le vaccin nous préserve de la variole. Cette découverte, par les immenses services qu'elle peut rendre à l'hygiène publique, est appelée à prendre rang parmi les plus grandes dont s'honore la science moderne. Ajoutons qu'elle ouvre la voie à d'autres recherches du même genre, dont l'une d'elles, de date récente (1886), ne laisse déjà plus de doute sur la possibilité de prévenir, chez l'homme, par l'inoculation du virus même qui la produit, la plus terrible de toutes les maladies, la rage.

Les microbes sont constamment le produit de germes répandus dans les poussières atmosphériques, ce qui explique la conservation indéfinie des matières animales soustraites au contact de l'air, ou soumises à un refroidissement capable d'empêcher ces germes de s'y développer. Ces animalcules forment une famille nombreuse, placée sur les confins du règne animal et du règne végétal, quelques-uns d'entre eux, tels que la *Levûre de bière*, qui préside à la fermentation alcoolique, et le *Mycoderma aceti* ou Mère du vinaigre, appartenant à la classe des champignons. (Voyez le *Cours de chimie*, p. 413-430.)

2e CLASSE : les **RHIZOPODES**. — Dans cette classe, la dernière du règne animal, autrefois confondue avec celle des infusoires, se trouvent les êtres dont l'organisation est réduite à la plus extrême simplicité. Leur corps, dépourvu d'enveloppe tégumentaire, et sans forme déterminée, ne consiste plus que dans une petite masse ou particule microscopique, rarement visible à l'œil nu, de matière vivante, remplie de granulations mobiles, et susceptible de contractions lentes ou rapides. A cette classe appartiennent les *Amibes*, les *Radiolaires* et les *Foraminifères*.

Les *Amibes* (*fig.* 159) sont surtout remarquables par les changements de forme que subit leur corps à chaque instant. Il suffit pour les observer de placer sur le porte-objet du microscope une goutte d'eau de mer prise dans un vase qui a séjourné pendant quelque temps à l'air libre. On y voit alors une multitude de petits êtres ressemblant à de petites étoiles irrégulières, et dont les rayons sont très inégaux. Toujours en mouvement, ces rayons se modifient sans cesse : les uns s'allongent, d'autres se raccourcissent et finissent par rentrer dans le corps de l'animal, tandis que de nouveaux rayons naissent aussitôt sur d'autres points voisins ou éloignés. Ces prolongements servent d'organes de locomotion, en même temps qu'ils fonctionnent comme organes de préhension pour saisir et ramener dans l'intérieur du corps les particules nutritives situées à leur portée ; d'où le nom caractéristique de rhizopodes ou animaux à pieds-racines (ῥίζα, racine, et πούς, ποδός, pied) donné aux êtres rudimentaires qui composent cette classe

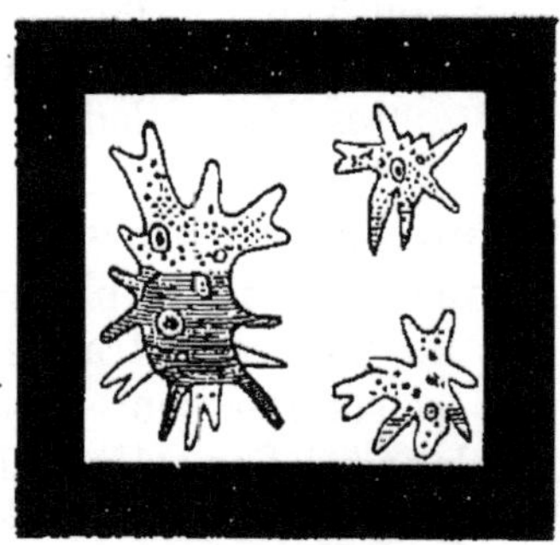

Fig. 159. *Amibes.*

Vus sous un fort grossissement.

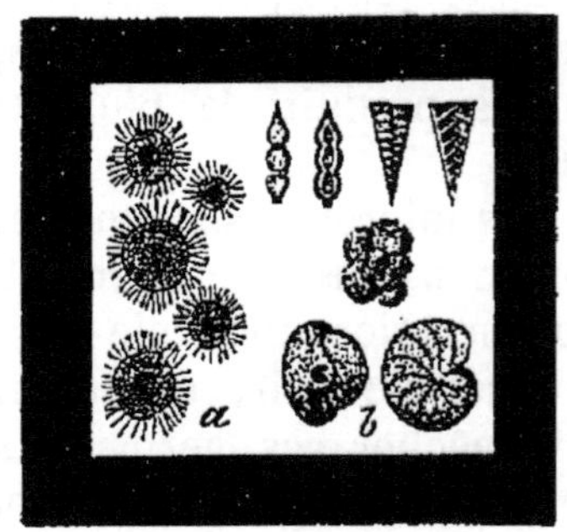

Fig. 160. *Radiolaires et Foraminifères.*

a. Radiolaires. — *b.* Coquilles très grossies de foraminifères.

et qui tous présentent cette même particularité. Les amibes ne sont pas exclusivement propres aux eaux salées ; on les

14.

trouve encore, mais plus rarement, dans certaines eaux douces, marécageuses ou stagnantes.

Les *Radiolaires* et les *Foraminifères* (*fig.* 160) sont, comme les amibes, uniquement composés d'une substance contractile, finement granulée (*sarcode*), et de forme variable. Mais au lieu de rester, comme ces derniers, toujours libres et nus, ils se recouvrent de formations siliceuses ou calcaires. C'est ainsi que chez les radiolaires le corps est parsemé de filaments rigides, s'irradiant dans tous les sens, et incrustés de matière siliceuse. Quant aux foraminifères, ils ont le corps enfermé dans des coquilles calcaires, de dimensions microscopiques ou à peine visibles à l'œil nu, remarquables cependant par l'élégance autant que par la diversité de leurs formes. Elles sont à une ou plusieurs loges disposées en séries linéaires ou spirales, et communiquent au dehors par de petites ouvertures (*foramina*), d'où sortent des filaments contractiles, que l'animal étend ou retire à volonté.

Les radiolaires et les foraminifères sont presque tous des animaux marins, vivant, en nombre incalculable, au fond de l'Océan. Malgré leur extrême petitesse, ces animaux ont contribué pour une large part, et depuis les premiers temps géologiques, à la formation de l'enveloppe terrestre. Des radiolaires ont laissé leurs squelettes fossiles dans la plupart des roches siliceuses d'origine neptunienne. Certains terrains, la craie, en particulier, et les couches calcaires de l'époque tertiaire sont presque entièrement formées par les coquilles agglomérées de foraminifères. Et de nos jours encore ces infatigables travailleurs de la mer, avec le concours des polypes, des mollusques et autres animaux à test solide, continuent, par l'accumulation incessante de leurs débris, à recouvrir les profondeurs océaniques de dépôts sédimentaires analogues à ceux qui constituent nos continents actuels.

Résumé.

I. Les MOLLUSQUES (troisième embranchement du règne animal) sont des animaux dépourvus de squelette intérieur et dont le système nerveux se compose de ganglions distincts, non symétriques, réunis entre eux par des cordons de communication. Leur peau molle, sensible et rétractile est tantôt nue, tantôt recouverte d'une coquille à une ou à deux valves.

II. L'embranchement des mollusques se divise en deux grands groupes ou sous-embranchements : les *Mollusques proprement dits* et les *Molluscoïdes* ou *Tuniciers*.

III. Les Mollusques proprement dits comprennent cinq classes: les *Céphalopodes*, les *Ptéropodes*, les *Gastéropodes*, les *Acéphales* et les *Brachiopodes*. Les Molluscoïdes ou Tuniciers forment deux classes : les *Tuniciers proprement dits* et les *Bryozoaires*.

IV. Les *Céphalopodes* sont caractérisés par de longs tentacules ou bras entourant la tête. Ces tentacules, au nombre de huit à dix, sont garnis de ventouses dont l'animal se sert pour se fixer ou maintenir sa proie. Exemples : poulpes, seiches, calmars.

V. Les *Ptéropodes* n'ont pas de tentacules; ils portent de chaque côté de la bouche deux nageoires en forme d'ailes. Ex. : clios, hyales.

VI. Les *Gastéropodes* sont munis d'un disque charnu placé sous le ventre et sur lequel rampe l'animal. Quelques-uns sont nus, mais la plupart sont munis d'une coquille univalve roulée en spirale. Ex. : limaçons, escargots, murex, volutes.

VII. Les *Acéphales*, ainsi nommés parce qu'ils semblent manquer de tête, ont le corps complètement recouvert par un prolongement de la peau (manteau), qui abrite sous ses replis les branchies en forme de peigne; coquille bivalve. Ex. : huître, moule, bénitier, taret.

VIII. Les *Brachiopodes* sont des mollusques acéphales, qui ne diffèrent des précédents que par deux longs bras charnus sortant de chaque côté de leur manteau. Ex. : lingule, térébratule.

IX. Les *Tuniciers* proprement dits sont pourvus d'un manteau très grand, dans lequel sont les branchies; tous sont marins. Ex. : ascidies, pyrosomes.

X. Les *Bryozoaires* ont le manteau peu développé; leurs branchies, complètement à nu, forment autour de la bouche une couronne de tentacules garnis latéralement de cils vibratiles. Ex. : plumatelles, flustres.

XI. Les Rayonnés ou Zoophytes (quatrième embranchement du règne animal) sont des animaux dont le corps, au lieu de présenter la symétrie bilatérale, a généralement une forme globuleuse ou rayonnée. Leur système nerveux, quand il est distinct, est constitué par un anneau ganglionnaire, d'où naissent des cordons nerveux qui se dirigent en rayonnant vers la périphérie du corps.

Cet embranchement se divise en trois grands groupes ou sous-embranchements : les *Échinodermes,* les *Cœlentérés,* les *Protozoaires.*

XII. Les *Échinodermes* sont des animaux marins, dont la peau, généralement dure et calcaire, est munie de pointes ou d'épines articulées. Ils forment trois classes : les *Holothuries,* les *Oursins,* les *Astéries* ou *Étoiles de mer.*

XIII. Les *Cœlentérés* sont essentiellement caractérisés par leur canal digestif, qui, au lieu de constituer un organe distinct, à parois propres, librement suspendu dans leur intérieur, est réduit à une simple cavité creusée en forme de cul-de-sac dans l'épaisseur même de leur corps. Ils comprennent trois classes : les *Acalèphes* (méduses), les *Polypes* (actinies, hydres, corail), les *Spongiaires* (éponges).

XIV. Les *Protozoaires* sont tous des animaux microscopiques ou de très petite taille, dont l'organisation est réduite à la plus extrême simplicité. On les divise en deux classes : les *Infusoires* (vibrions, trichodes, noctiluques) et les *Rhizopodes* (amibes, radiolaires, foraminifères).

FIN.

COURS ÉLÉMENTAIRE D'ÉTUDES SCIENTIFIQUES, rédigé d'après les nouveaux Programmes officiels des Lycées et des Collèges prescrits pour les examens du Baccalauréat, par MM. J. LANGLEBERT, professeur de sciences physiques et naturelles à Paris et E. CATALAN, docteur ès sciences, ancien professeur au lycée Saint-Louis et répétiteur à l'École polytechnique, professeur d'analyse à l'Université de Liège : nouvelle édition, revue et corrigée; ouvrage composé de 8 parties, *avec 1516 gravures dans le texte et 6 planches gravées,* br. 20 f.; — *rel. toile* 22 f.

Chaque Partie se vend séparément.

Première Partie, Arithmétique et Algèbre, rédigée d'après les programmes officiels, par *M. E. Catalan :* 10ᵉ édition; 1 vol. in-12, br. 2 f.

Deuxième Partie, Géométrie, suivie de Notions sur quelques Courbes, rédigée d'après les programmes officiels, par *M. E. Catalan :* 10ᵉ édition; 1 vol. in-12, *avec 230 gravures dans le texte,* br. 2 f. 50 c.

Troisième Partie, Trigonométrie rectiligne et Géométrie descriptive, rédigée d'après les programmes officiels, par *M. E. Catalan :* 10ᵉ édition; 1 vol. in-12, *avec 30 gravures dans le texte et 4 planches gravées,* br. 1 f. 50 c

Quatrième Partie, Cosmographie, rédigée d'après les programmes officiels, par *M. E. Catalan :* 13ᵉ édition; 1 vol. in-12, *avec 62 gravures dans le texte et 2 planches gravées,* br. 2 f. 50 c.

Cinquième Partie, Mécanique, rédigée d'après les programmes officiels, par *M. E. Catalan :* 14ᵉ édition; 1 vol. in-12, *avec 80 gravures dans le texte,* br. 1 f. 50 c.

Sixième Partie, Physique, rédigée d'après les programmes officiels, par *M. J. Langlebert :* 42ᵉ édition, revue et corrigée par l'auteur conformément aux nouveaux programmes de 1885 et 1886; 1 fort vol. in-12, *avec 339 gravures dans le texte et une planche en couleurs,* br. 4 f.

Septième Partie, Chimie, rédigée d'après les programmes officiels, par *M. J. Langlebert :* 39ᵉ édition, revue et corrigée par l'auteur conformément aux nouveaux programmes de 1885 et 1886, augmentée d'un *traité d'analyse chimique* et tenue au courant des progrès de la science les plus récents (1887); 1 fort vol. in-12, *avec 158 gravures dans le texte et un cahier chromolithographique,* br. 4 f.

Huitième Partie, Histoire Naturelle, rédigée d'après les programmes officiels, par *M. J. Langlebert :* 51ᵉ édition, revue et corrigée par l'auteur conformément aux nouveaux programmes de 1885 et 1886, et tenue au courant des progrès de la science les plus récents (1887); 1 fort vol. in-12, *avec 617 gravures dans le texte,* br. 4 f.

Ce Cours d'enseignement répond aux nouveaux programmes officiels de l'Enseignement secondaire classique et de l'Enseignement secondaire spécial des Lycées et des Collèges.

Résumé de Philosophie (Éléments de la Méthode et Principes de la Morale), rédigés conformément au programme de philosophie prescrit pour les examens du baccalauréat ès sciences, par *M. H. Joly,* professeur suppléant de *Philosophie* au collège de France : 2ᵉ édition; 1 vol. in-12, br. 1 f.

Applications modernes de l'Électricité, par *M. J. Langlebert;* in-12, *avec 41 vignettes,* br. 1 f. 50 c.

Paris. Imp. DELALAIN frères, rue de la Sorbonne, 1 et 3.